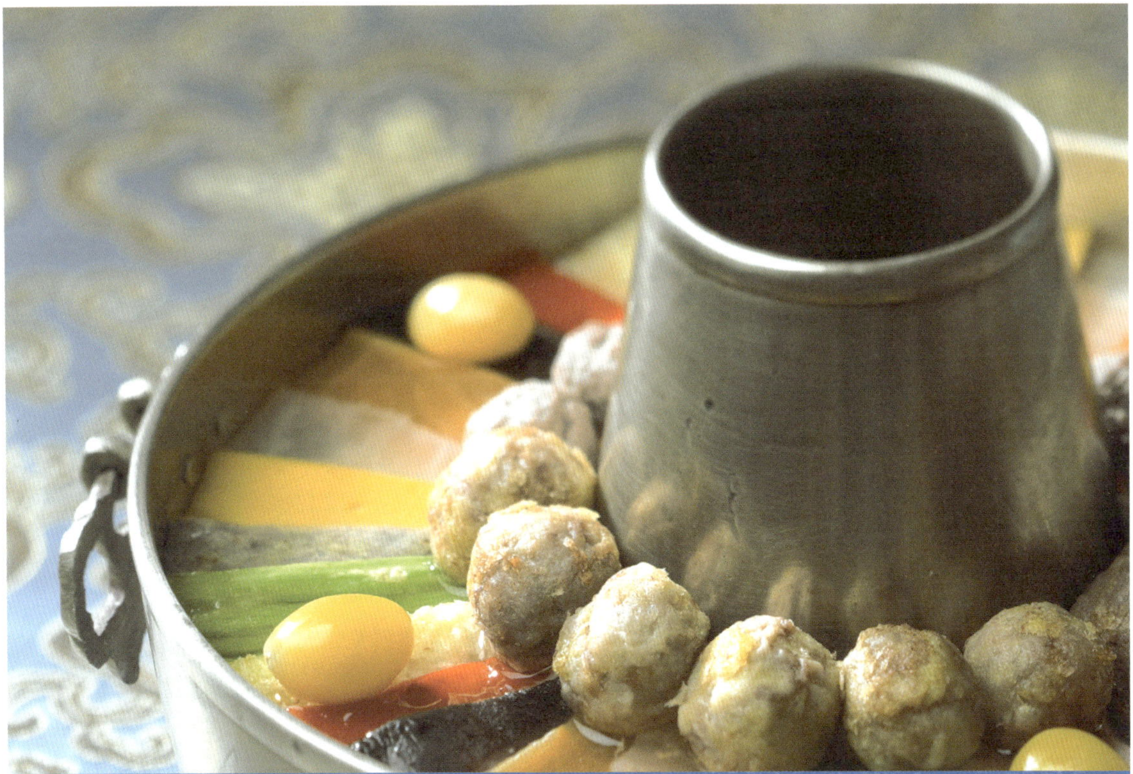

음식학자 정혜경 교수가 들려주는 한식의 세계

정혜경 지음

천년 한식 견문록

한국 음식에 녹아 있는 뜻밖의 우리 문화

이 시대 트렌드, 음식

현대는 새로운 미각의 시대이다. 세련된 식문화는 엘리트 문화의 상징이 되었다. 고급한 음식문화를 찾는 현상은 대개 명품열풍 다음에 온다고 한다. 값비싼 옷, 수입 가방 등의 명품 구매는 돈만 있으면 가능하지만 새로운 음식을 맛보는 것은 경제적 풍요와 미식 감각, 문화적 취향이 뒷받침되어야 하는 문화적 행위이다.

그런데 경제적으로는 빠듯하지만 취향이 세련된 경우는 어떠한가? 프랑스 사회학자 피에르 부르디외에 따르면 값비싼 프랑스 요리가 유행할 때 당시 곤궁했던 지식인들은, 프랑스 요리보다 값이 싸면서도 새로운 문화를 맛볼 수 있는 이탈리아 요리나 중국 요리를 선호했다고 한다. 이 음식들은 이탈리아 요리나 중국 요리에 프랑스 농민들의 요리법을 독창적으로 결합하여 만든 새로운 메뉴로, 지금으로 치면 일종의 '컨템퍼러리 퀴진Contemporary cuisine 동시대 유행요리'인 셈이다. 전통적인 프랑스 메뉴에 현대적인 요리 기법을 가미해 자극적이고 기름진 맛을 없앤 담백한 프랑스 요리로 다시 태어났다. 새로운 미각의 탄생은 새로운 트렌드의 탄생을 의미한다.

슬로푸드가 뜬다

20세기 후반은 경제와 정치면에서 미국의 독주 시대였고, 세계의 음식문화 역시 미국이 주도했다. 바로 미국식 패스트푸드와 패밀리 레스토랑이 그것이다. 하지만 21세기 들어 뚜렷하게 나타나는 움직임은 미국식 패스트푸드의 쇠락과 아시아식 슬로푸드의 부상이다. '빠르게 많이 먹는 것'에서 벗어나 '천천히 건강하게 먹는 것'으로 초점이 이동하는 것이다. 앞으로도 건강과 환경을 고려한 '자연 친화적인' 구호가 음식문화 주요한 흐름이 될 것이다. 글로벌화 속에서 엘리트층도 역시 이 흐름에 동참하여, 유기농 아시안 푸드가 전 세계 엘리트들 사이에서 각광받으면서 '오리엔탈 시대'가 열릴 것이다.

이런 흐름에 발맞춰 세계 곳곳에서는 '컨템퍼러리 퀴진'을 새로이 선보이고 있다. 실제로 동물성 육수와 지방을 많이 쓰는 전통적인 프랑스 요리조차 자존심을 버리고 변모를 거듭한다. 요즘 세계에서 잘 나가는 프랑스 요리사들이 선보이는 요리는 기름기 없이 담백하다. 음식문화의 중심이 서양에서 동양으로 점차 이동하는 요즘, 각광받는 '한국형 아시안 컨템퍼러리 퀴진'을 그려보는 것은 나만의 착각일까?

나는 단호히 '아니다'라고 말하고 싶다. 한국 음식은 영양과 조리법, 그리고 문화적인 배경을 고려할 때 충분히 세계적으로 인정받을 가능성이 있다. 한국음식이 세계화될 수 있는 가장 큰 장점은 무엇보다 이상적인 자연건강식이라는 점이다. 요즘 겉으로는 건강해 보여도 당뇨, 혈압, 콜레스테롤 과다 등으로 고생하는 사람들이 많다. 물론 생활습관병의 원인에는 운동 부족을 비롯한 다른 요인도 있겠지만 나는 식생활의 변화가 가장 큰 문제라고 본다. 이미 미국에서는 고열량 식습관으로 성인병 증가율이 위험수준에 이르자 1977년, 케네디상원위원이 포함된 '미국상원 영양문제 특별위원회'에서는 식생활과 국민건강에 관한 보고서를 제출하기에 이르렀다. 여기서 나온 해결책은 잃어버린 '이상적인 자연건강식'으로 돌아가야 한다는 것이었다. 하지만 그동안 우리는 서양문화를 받아들이면서 서양의 기름진 음식문화까지 받아들여, 우리 몸을 망치고 있다. 문제는 심각하여 가장 한국적인 음식을 먹는 중년 여성들의 식사를 조사해 보아도 그러하니 남성들이나 젊은 세대들의 식습관은 말할 것도 없다.

한국음식에 숨겨진 건강성

내가 서구의 학문인 영양학을 수십 년 동안 전공하면서 새삼 우리 조상들께 감사하는 것은 한국음식의 놀라운 건강성이다. 먹을거리가 풍요롭지 않던 시절의 유산인 데도 이런 식생활을 한다면 적어도 서양에서 문제되는 생활습관병에서 자유로울 수 있다는 자신감 때문이다. 이제 한국음식의 우수함은 대부분의 사람들이 동의한다. 그런데 왜 여전히 우리 음식은 외면당하고 있는 것일까? 앞에서도 언급했듯이 이제 음식은 더 이상 생존의 문제가 아니라 문화적인 코드의 일종으로, 아직 한국음식은 문화적인 코드로는 정착되지 못했기 때문인 것 같다.

최근 약 50년간의 우리 역사를 한 번 돌이켜보자. 집과 옷은 모두 서양식으로 탈바꿈해 버렸다. 한복은 명절에만 입고 한국인들의 의생활에서 아주 소소한 부분만 차지하고 있으며 온돌과 같은 옛 난방법 역시 서양식으로 도배된 아파트에서 극히 일부분만 차지하고 있다. 그런데 다행스럽게도 음식은 여전히 매일 한국음식의 삼총사라 할 수 있는 밥과 국, 김치를 먹는다. 물론 일식, 중식, 서양식을 비롯해 햄버거 피자 같은 수많은 종류의 패스트푸드를 먹기는 하지만 그런 음식이 우리 음식의 주류가 된 적은 없다. 그러나 이제는 우리의 식탁도 많이 변모했고, 특히 서구의 다국적 식품산업은 급속도로 우리 음식문화를 지배하기 시작했다. 우리의 식생활도 더 이상은 안전지대가 아니라는 위기감, 바로 그것이 이 책을 쓰게 된 동기다.

하지만 내가 희망적으로 느끼는 게 있다면 생활의 모든 것이 다 바뀌어 버린 지금도 비교적 음식에 전통이 많이 남아 있다는 것이다. 왜 그럴까? 그저 입맛이 보수적이기 때문일까? 아니면 다른 이유가 또 있는 것일까? 그런데 이런 질문보다도 더 심각한 것은 한국음식의 정체성이 한 번도 제대로 밝혀진 적이 없다는 것이었다. 하루도 빠짐없이 음식을 먹는데도 한국음식의 특성과 원리, 철학에 대해 쉽게 소개해주는 책은 드물다. 물론 음식에 관한 책들이 셀 수 없을 정도로 많다. 그러나 대부분이 요리책이고 한국음식의 정체성을 파헤친 책을 찾아보기 힘들다.

그동안 내가 만난 한국 문화를 전공자들은 우리 문화의 여러 요소 가운데 한국음식이야말로 국제적으로 대단히 경쟁력이 있다고 평가했다. 2003년 언론을 떠들썩하게 한 '사스' 예방 기능마저 있다는 김치의 국제적인 경쟁력에 대해 다시 언급할 필요가 없다. 앞으로 김치는 국제적인 건강식품으로 각광받을 것이다. 서양에서는 '채식과 육식의 비율이 7대 3인 지중해 음식'을 가장 이상적인 건강식으로 보는데, 한국음식이야말로 이 요소를 갖춘 건강식이다. 이런 한국음식이 지금까지 국제 사회에 알려지지 않은 것이 불가사의라고 지적하기도 한다.

한국음식의 원리를 찾아가는 여정

요즈음 사회 곳곳에서 한국음식을 새롭게 만들려고 하는 이른바 퓨전 음식 붐이 크게 일어나고 있다. 새로운 시도는 언제나 환영할 만하지만 근본이 갖추어진 다음에 새롭게 시도해야 경쟁력 있는 작품도 나올 수 있다. 그저 전통적인 음식을 적당히 섞어서 만든다고 해서 새로운 음식이 나오는 게 아니다. 정말 새로운 음식은 전통적인 원리에 충실할 때 탄생할 수 있지 않을까. 한국음식이 만들어지는 원리나 철학을 확실히 알고 있다면, 그 정신을 그 사상은 살리되 얼마든지 파격적인 변모가 가능하다. 한국음식의 문화적 차원을 깊이 이해하는 것이야말로 창조의 지름길이다. 하지만 그간 한국음식은 젊은 세대에게는 새롭게 다가가지 못했다.

최근 가장 유행하는 화두는 '문화'라는 말이 아닐까 한다. 그런데 입으로는 한국문화를 말하지만 도대체 한국문화의 진수는 무엇일까? 아마 다방면에서 한국문화에 대한 설명이 있겠지만, 나는 한국음식이야말로 '한국문화의 진수'라고 주장하고 싶다. 전 세계적으로 음식을 문화로 이해하고 즐겨 온 민족을 수준 높은 문화민족으로 이해하는 지금 바로 한식이 이러한 문화적 성취를 이루었기 때문이다. 2003년 방영된 드라마 〈대장금〉이 우리 궁중음식을 주제로 다루어 한류 붐을 일으키면서 나의 자신감은 더 커졌다. 또 전라도 지역의 계절에 따른 음식이나 혼례음식 상차림이 아름답게 묘사된 최명희의 『혼불』도 나에게 많은 자극이 되었다.

"찬모 서저울네도 번철에 도라지와 쇠고기와 갖은 양념을 넣고 참기름을 두르면서 간장, 후추, 깨소금, 파, 마늘이 서로 섞이어 익어가는 냄새에 양미간을 모은다, 이것은 음식 익는 냄새로 맛을 느끼면서 잘되어 가고 있을 때 보여주는 괜찮다는 표시이다.

그네는 도라지 크기로 잘라서 소금물에 살짝 데친 당근에 잣가루와 후추가루, 참기름을 버무리고는 번철에서 익은 것들을 채반에 내놓고 가지런히 챙기면서 색색깔로 빛깔을 맞추어 꼬챙이에 꿰었다."

화양적을 만드는 이 장면에서도 우리 음식의 기본 철학인 '섞임의 미학'과 오방색이 언어로 되살아난다. 음식 묘사로 우리의 삶과 문화를 세세히 드러낸 이 책을 읽으면서, 문화 코드로서의 우리 음식의 의미를 새롭게 생각하곤 했다. 특히 호박전 하나 부치는 데에도 기방의 요리 법도가 있음을 세세히 가르치는 모습이 나오는 기생에 관한 소설, 이현수의 『신기생뎐』을 보면서도 소위 음식을 전공한다는 내 역할이 무엇인지 돌아보게 되었다.

이 책은 총 5부로 구성되어 있다. 1부에서는 천년의 한식문화를 바탕으로 한식의 역사, 한식에 담겨 있는 우주론, 한식문화의 특성, 무엇보다 자연에서 나오는 한식의 건강성을 다루었다. 2부에서는 한민족의 문화를 음식을 통해 풀어보았다. 한국인에게 음식은 오래전부터 정情의 메타포이자 약藥으로, 권력의 코드로, 기원과 소망의 원천으로 작용했다. 3부에서는 한국의 향토음식, 통과의례음식, 절기음식과 대장금으로 대표되는 한류문화의 중심인 궁중음식을 비롯하여 서울반가음식, 한식 세계화의 현장인 한식당의 역사를 다루었다. 4부에서는 천년 한식의 역사를 찾아가는 과정으로 조상들이 남긴 『도문대작』, 『산가요록』, 『수운잡방』, 『음식디미방』 등과 실학사상의 발달로 태어난 여러 음식 관련서 등을 통해 한국음식의 탄생과정을 살펴보았다. 마지막으로 5부에서는 한국음식의 미학을 음식을 통해 구체적으로 풀어보았다. 한식의 기본인 밥에서부터 제2의 주식인 죽, 국수, 만두를 비롯하여 대표적 국물음식인 국, 탕, 찌개, 전골 등에 대해 알아본다. 또한 우리 민족 최고의 건강요리인 나물과 불의 미학으로 만들어지는 구이요리, 세심한 조리법이 필요한 조림, 찜, 선, 초 등의 요리와 묵히고 삭히는 발효음식인 김치, 장, 젓갈을 둘러보고 떡, 한과 및 음청류도 살펴본다. 그리고 음주가무 민족으로 빼놓을 수 없는 술 이야기와 현대에 새롭게 창조된 음식들도 다루었다.

한식은 온 우주를 담고 있는 음식이다. 한식을 공부하면서 가장 중요했던 것은 온 우주 속에서 우리 음식을 먹고 즐기고 사랑했던 과거와 현대를 살아가는 사람들이었다. 지금도 음식을 만들고, 먹고 즐기는 사람에 대한 사랑이 담기지 않은 음식은 아무리 맛있어도 내게 아무 의미가 없다.

수천 년 세월을 이어내려 온 우리 민족의 한국음식에 대한 사랑, 그리고 더 나아가 한국음식을 사랑하는 사람들에 대한 사랑으로 쓰인 이 책은 많은 분들이 함께 썼다고 해도 과언이 아닐 만큼 여러분의 도움을 받았다. 우선, 한국음식에 관한 많은 자료와 연구물을 남겨주신 한국 음식문화의 1세대 학자이신 故 이성우 교수님, 故 강인희 교수님, 故 황혜성 교수님, 故 정순자 교수님, 그리고 많은 선학들께 감사드린다. 그리고 출판을 맡아주신 교문사 식구들께도 감사드린다. 무엇보다 일하는 엄마로서 잘 돌보지 못했지만 같은 전공을 택해 함께 길을 가는 사랑하는 딸 다연과 세상 사람들을 이해하고 사랑하는 법을 가르쳐 준 사랑하는 아들 정운에게도 고마움을 전한다. 앞으로도 계속될 한국음식의 원리를 찾아 떠나는 긴 여정에 더 많은 분들이 참여해 주실 것으로 믿는다.

2013년 3월
저자 정혜경

'너희 밥상은 무엇이냐' 라는 질문에 대하여

김은실 이화여대 여성학과 교수

지구화시대 가장 쉬크Chick하고 포스트모던한 취향 중 대표적인 것이 음식이다. 어디서 어떤 재료를 사용하는가, 무슨 음식을 먹는가, 왜 먹는가 하는 것은 단지 생존을 위한 것일 뿐 아니라, 자신이 누구인지 취향과 태도를 드러내는 행위다. 요즘 한국에서도 다양한 외국 음식을 파는 식당들이 많아지고, 외식이 일상화되면서 음식이 '취향' 으로 부상하고 있다. 음식을 먹는 행위가 특정 음식 선호를 설명하는 지식과 교육적·문화적·사회경제적 배경 등을 드러내는 기표로 작동하는 것이다. 최근 많은 사람들이 와인을 단순히 마시는 데 그치지 않고 이에 대해 공부하면서 자신의 취향으로 만들려고 노력하는 풍경 또한, 마시고 먹는 행위가 학습하고 체험되어야 하는 문화적 실천임을 잘 보여 준다.

그런데 우리의 전통적인 한식 밥상에 대해서는 어떤가? 우리는 한식 밥상을 문화적 실천이라고 이해하고, 또 거기에 대해 잘 알고 있는가? 우리 한식 밥상을 잘 설명할 수 있는가? 많은 사람들이 지구화시대에 우리를 찾아오는 외국인 친구들을 한국음식점에 데리고 가는 경험을 일상적으로 하고 있고, 앞으로도 이런 경험은 더 늘어날 것이다. 외국인 친구들은 한국음식을 '맛있다' 고 하면서 이 음식의 재료가 무엇인지, 어떻게 만드는지, 언제부터 이러한 음식을 먹게 되었는지, 고유한 한국음식인지 아니면 외국에서 유래되었는데 한국화된 것인지 등 많은 질문들을 해온다. 그럴 때 우리 밥상, 우리 음식들에 대해 지식의 부족함을 느껴본 적은 없는가? 마치 일상적으로 한국어를 쓰는 우리들에게 누군가가 한국어의 원리를 물을 때 잘 설명하지 못하는 것처럼, 매일 먹는 한식이라고 해서 잘 알고 있는 것은 아니다.

정혜경 교수가 쓴 『천년 한식 견문록』은 바로 이러한 부족함을 메꿔주는 책이다. 아니 메꿔줄 뿐만 아니라 한국음식 문화에 대해 더 많이 생각하고, 연구해야 한다고 주장한다.

한국음식, 한국의 밥상은 20세기 초 식민지시대와 근대화의 강한 댓바람 속에서 오랫동안 소위 '문화'가 되지 못했다. 한국인들이 배고픔 때문이 아니라 대중적 취향으로 음식을 먹게 된 것은 그리 오래된 일이 아니다. 단지 생존을 해결하기 위한 밥상에는 문화적 의미가 부여되지 못했다. 20세기 동안 근대화 과정 속에서 근대화되는 것은 서구 문화를 습득하고 향유하고 그것들을 내 취향으로 만드는 것이었다. 그래서 클래식 음악을 열심히 듣고, 서양미술을 공부하고, 레스토랑에 가고, 그들의 에티켓을 배우는 것이 우리의 근대화의 과정이었다.

1970년대에 미국에서 유학했던 선생님들의 이야기를 들어보면 그들은 기숙사에서 김치나 된장찌개를 먹을 수 없었다고 한다. 한국음식은 서구 음식에 비해 냄새가 심하고 원시적인(혹은 전근대적인) 음식으로 간주되었고, 그 냄새로 한국성이나 민족성을 드러내는 것이 암묵적으로 금기시되었다는 것이다. 그래서 미국에 정착한 교포가 초대하여 한국음식을 대접해주는 것이 너무 고마웠다고 한다.

『천년 한식 견문록』은 어째서 한국의 밥상이 '문화'가 되지 못했는가를 설명하면서, 한국의 밥상이 보여주는 역사와 문화적 전통, 그 의미를 꼼꼼히 살핀다. 최근 한국문화를 세계화시키는 과정에서 한국음식 역시 문화의 한 항목으로 부상하고 있다. 이러한 배경 속에서 『천년 한식 견문록』은 한국음식을 단지 대중 소비문화의 한 항목으로 위치시키는 것보다, 한식 밥상이 만들진 역사와 의미체계를 고찰하는 문화적 접근이 필요하다고 주장한다.

또한 이 책은 이미 체화되어 일상화되어버린 한국음식을 어떻게 체계적으로 분류하는지, 역사적인 자료들은 어떻게 기록하고 있었는지를 이해하게 해준다. 무엇보다 한식 밥상을 새롭게 보게 하는 눈과 호기심 그리고 한국음식에 대한 지식과 정보를 제공해줌으로써, 한국음식에 대해 더 알고 싶다는 지적 욕구를 자극한다. 그간 한국사회에서 몸 관리와 관련하여 가장 중요하게 간주되어 온 '섭생'이라는 것이 어떠한 논리에 바탕을 두었는지, 손이 많이 가고 까다로운 한식의 유산인 서울의 반가음식이 왜 현대 사회에서 전승될 수 없었는지에 대해서도 관심을 놓지 않는다. 그리고 반가음식이 아니라 다양한 문화 접촉을 했던 중인계급의 밥상이 더 다양하고 화려했다는 것, 최고의 식경이라는 『음식디미방』『규합총서』와 같이 음식 조리법에 대해 글을 남겼던 위대한 여성들이 있었다는 것 그리고 그들은 며느리가 아니라 딸들에게 그 지식과 기술을 전승하고자 했다는 내용도 흥미롭다. 마지막으로 남성 유학자들이 쓴 음식관련 조리서의 내용, 이를테면 음식이 몸과 생명과 관련이 있으며, 음식사치 혹은 지나친 쾌락 등을 경계할 것 또한 신선하다. 이 책을 읽으면서 푸코가 섭생을 통한 그리스인들의 자기배려를 살펴 윤리학을 설명하고자 했는데, 조선의 유학자들이 쓴 음식 관련 저서들은 몸에 대해 그리고 생명에 대해 어떤 기록을 남겼는지 좀 더 알고 싶어졌다.

오염되지 않는 식료를 생산하는 것, 요리하는 것, 그리고 먹는 것, 이러한 과정을 엮는 공동체를 언젠가는 실현해보겠다고 꿈꾸는 나는 무료할 때 요리책을 보거나, 요리 사이트나 맛집 사이트를 항해한다. 이런 나에게 『천년 한식 견문록』은 한국음식문화를 연구하고 싶다는 충동을 일으켰고, 한국의 밥상문화는 에코주의적인 측면에서만이 아니라 사회정치적인 측면에서도 아주 재미있는 생각거리라고 느끼게 했다.

4 한식, 그 천년의 역사를 찾아서

5 한국음식의 미학

1

한식, 그릇에 자연을 담다

　필자가 서구의 학문인 영양학을 수십 년 동안 전공하면서 새삼 우리 조상들에게 감사하는 것은 한국음식에 숨겨진 놀라운 건강성이다. 먹을거리가 풍요롭지 않은 시절의 유산인데도 이런 식생활을 유지한다면 적어도 서양에서 문제되는 만성질환으로부터 자유로울 수 있다는 자신감 때문이다. 이제 한국음식의 우수성은 대부분의 사람들이 동의한다. 그런데 왜 여전히 우리 음식은 외면당하고 있을까? 이제 음식은 생존의 문제가 아니라 문화코드의 일종인데, 아직 한국음식은 문화적인 코드로는 정착되지 못했기 때문인 것 같다.

　최근 약 50년간의 우리 역사를 한번 돌이켜보자. 집과 옷은 모두 서양식으로 탈바꿈해버렸다. 한복은 명절에만 입고 한국인의 의생활에서 아주 소소한 부분만 차지하고 있으며, 온돌과 같은 옛 온방溫房법 역시 서양식으로 도배된 아파트에서 극히 일부분이다. 그런데 다행히도 음식은 여전히 매일 한국음식의 삼총사라 할 수 있는 밥과 국, 김치를 먹는다. 물론 일식, 중식, 서양식을 비롯해 햄버거, 피자 같은 수많은 종류의 패스트푸드를 먹기는 하지만 그런 것들이 우리음식의 주류가 된 적은 한 번도 없다. 그러나 이제 우리 식탁도 많이 변모했고, 특히 서구의 다국적 식품산업은 급속도로 음식문화를 지배하기 시작했다.

　하지만 한국음식의 희망을 말할 수 있다면 그것은 생활의 모든 것이 다 바뀌어버린 지금도 음식에는 전통이 비교적 많이 남아 있기 때문이다. 왜 그럴까? 그저 입맛이 보수적이기 때문일까? 아니면 다른 이유가 또 있는 걸까?

그런데 이런 질문보다 더 심각한 문제는 한국음식의 정체가 한 번도 제대로 밝혀진 적이 없다는 것이다. 하루도 빠짐없이 밥, 국, 김치를 먹는데도 한국음식의 특성과 원리, 철학에 대해서는 아직 쉽게 소개하지 못했다.

한국문화전공자들은 우리 문화의 여러 요소 가운데 한국음식이야말로 국제적으로 대단히 경쟁력이 있다고 평가했다. 2003년 언론을 떠들썩하게 한 '사스' 예방기능마저 있다는 김치의 국제 경쟁력에 대해서는 다시 언급할 필요는 없다. 앞으로 김치는 국제적인 건강식품으로 각광받을 것이다. 서양에서는 '채식과 육식의 비율이 7대 3인 지중해식'을 가장 이상적인 건강식으로 보는데 한국음식이야말로 이 요소를 갖춘 건강식인 것이다. 외국의 몇몇 음식평론가들은 이런 한국음식이 아직까지 국제 사회에 알려지지 않은 것이 불가사의하다고 지적하기도 한다.

그러면 한식은 어떤 음식일까? 한식은 서양음식과는 달리 가장 자연과 닮아 있는 이상적인 건강식이다. 그래서 여기서는 그릇에 자연을 담아내고자 하였던 우리 조상들의 음식에 대한 사상과 철학이 무엇이었는지를 살펴보려고 한다. 또한 한식에 담긴 우주론과 먹고 마시고 즐기는 그리고 밥과 반찬이라는 이중성의 음식문화도 살펴본다. 그리고 무엇보다 한식의 과학적인 건강성을 세계의 건강식인 지중해식과 비교하여 한식의 정체를 밝혀보고자 한다.

한식의 우주론
오방색과 오미

　한식은 온 우주를 담고 있는 음식이다. 음식 하나에 여러 가지 색과 다양한 식품재료, 형형색색의 고명, 갖은 양념 등을 모두 담아내기 때문이다. 이를 두고 혹자는 복잡하고 질서가 없다고 하는 모양이다. 얼핏 질서가 없어 보이지만 한식에는 카오스적인 온 우주의 질서를 담고자 한 옛 사람들의 지혜가 녹아 있다.

　이른바 동양에서는 음양오행설에 의한 우주론이 중요한 철학이었다. 한국음식은 이러한 음양오행의 원리를 실천하려고 하였다. 양이 하늘을 상징한다면 음은 땅을 상징한다. 이렇게 이야기하면 모두 정리되는 듯하지만 실은 그렇지 않다. 즉, 음양이란 어디까지나 상대적인 이론이다. 그래서 음을 상징하는 '땅' 위의 만물은 모두 '음'이 아니라 다시 음과 양의 세계로 구분된다는 것이다. 즉 만물에는 음양이 있고 동일물 내에도 음양이 있으며, '음' 속에도 음과 양이 있고, '양' 속에도 음과 양이 있다.

갓김치

나박김치

보쌈김치

백김치

한국에는 200여 가지에 이르는 다양한 종류의 김치들이 있다.

내가 네가 되고 네가 내가 될 수 있다는 생각 즉, 한 가지 재료나 한 가지 맛을 주장하지 않고 조화를 이루는 한국음식의 특징이 바로 여기서 나온다. 질서 없이 어느 순간 모든 것이 뒤섞여 있는 듯 보이지만 각 음식마다 우주의 원리가 살아 숨 쉬는 것이 바로 한국음식이다. 식물성 식품으로 생각되는 김치에도 동물성 식품인 젓갈이 들어가 기다림의 시간을 지나면 발효과정을 거쳐 전혀 상상할 수 없는 맛을 만들어낸다.

우리 민족이 오랜 세월 동안 기본으로 여겨온 다섯 가지 맛 즉, 오미는 신맛酸, 쓴맛苦, 단맛甘, 매운맛辛, 짠맛鹹이다. 이 다섯 가지 맛의 조화를 우리는 중시하였다. 서양에서는 매운맛을 맛으로 보지 않고 통각으로 분류하여 우리와는 다른 맛 체계를 보여준다. 우리는 매운 통각 자체도 맛으로 분류해 맛 체계에 넣었다. 대개 이 다섯 가지 맛이 어우러져 발효를 거쳐 맛을 내므로 발효음식의 맛은 다섯 가지 맛이 총체적으로 어우러진 것이다.

김치는 절임식품인데, 절임식품은 '제3의 식품'이라고 한다. 미래학자 앨빈 토플러가 절임식품을 '미래에 살아남을 좋은 음식'으로 규정하면서 붙인 이름이다. 절임식품의 맛 즉, 발효미醱酵味는 '제5의 맛'이라고 부른다. 인간이 느낄 수 있는 미각은 단맛, 신맛, 짠맛, 쓴맛이다. 이 네 가지 기본적인 맛이 섞이고 어우러져서 만들어진 새로운 맛이 바로 '제5의 맛'이라고 주장하는 것이다. 그런데 한국음식의 견지에서 본다면 발효미는 제5의 새로운 맛이 아니고 우리가 추구하는 다섯 가지 맛인 오미가 섞이고 어우러져서 기다림의 과정을 거쳐 탄생한 맛이니 우리 민족의 총체적 맛이다.

한국음식은 아름다움을 중시하였다. 음식을 만들 때 오방색 즉, 적赤, 청靑, 황黃, 백白, 흑黑의 조화를 염두에 두었다. 어린 시절부터 미술교육에서 색의 기본으로 중요하게 배웠던 것은 빨강, 주황, 노랑, 초록, 파랑, 남색, 보라의 일곱 가지 서양색이었다. 이 일곱 가지 기본색에는 흰색이나 검은색이 포함되지 않는다. 그래서 은연중에 흰색과 검은색을 중요한 색에 넣지 않았던 것 같다. 그런데 우리의 오방색은 다섯 가지 색임에도 불구하고 흰색과 검은색을 중요한 색으로 분류하였다. 그냥 남겨둔 여백도 흰색을 칠한 것이나 마찬가지로 보았다. 그래서 음식을 만드는 과정에서도 흰색과 검은색을 중요한 색감으로 사용하였다. 달걀 흰자를 따로 분리해 고명으로 사용하고 흑임자(검은깨)와 석이버섯 같은 다양한 검은색의 음식재료를 중요하게 사용하였다. 최근 서양에서 불고 있는 블랙푸드 열풍을 보면서 우리음식의 색감이 더 다양했음을 알게 되었다.

식품재료도 다섯 가지 곡식인 오곡(쌀, 보리, 콩, 조, 기장), 다섯 가지 과일인 오과(복숭아, 자두, 살구, 밤, 대추)를 다양하게 사용하고 오축(소, 양, 돼지, 개, 닭)을 집에서 기르면서 어느 쪽으로도 치우치지 않는 맛의 조화를 최우선으로 하였다. 보통 차고 더운 두 가지 온도체계를 중시하는 서양과 달리 우리는 차고, 덥고, 따뜻하고, 서늘하고, 평온한 다섯 가지 성질(한寒, 열熱, 온溫, 량凉, 평平)을 구분하여 이를 맛에 응용하였다. 그래서 뜨거운 음식을 먹고도 '아, 시원하다' 라고 말한다.

또한 맛과 계절의 조화까지 고려해 봄에는 신맛이 많아야 하고, 여름에는 쓴맛이, 가을에는 매운맛이, 겨울에는 짠맛이 많아야 한다고 하였다. 봄에는 겨울을 지난 우리 몸이 나른해져 비타민이 필요하다. 이때 새콤하게 무쳐낸 봄나물은 우리 몸에 가장 좋은 보약이라고 생각하였다. 너무 더워 입맛이 떨어지는 여름에는 인삼, 당귀, 쑥 같은 여러 약재의 쓴맛을 통해 몸의 기를 보하려 했다. 가을에는 긴 겨울을 나기 위한 준비로 미리 매운맛으로 열기를 더해 우리 몸에 따뜻한 기운을 주었다. 건조하고 혹한의 날씨인 겨울에 접어들면 수분증발량이 늘어나므로 수분보충을 위해 짠맛을 선호했던 것이다.

오신채의 철학

그렇다면 우리음식에 숨어 있는 오행의 철학을 가장 잘 구현한 음식은 무엇일까. 우리 민족이 긴 겨울을 지나고 봄이 오면 반드시 먹었던 음식은 오신반五辛盤 혹은 오신채五辛菜(혹은 오훈채五葷菜)였다. 우리 조상들은 입춘에 오신채 또는 오신반이라는 나물을 먹었는데 이는 다섯 가지 매운맛과 색깔이 나는 햇나물 모둠음식으로 파, 마늘, 달래, 부추, 그리고 지금은 거의 찾아보기 어려운 흥거라는 자극적이고 향이 강한 식물을 말한다. 오신채는 불교나 도교에서는 금하지만 민속에서는 화합과 융합을 상징하는 온 우주의 기운을 함유한 식품으로 여겨졌다. 우리음식의 중심철학인 몸을 보하고 함께 어우러짐을 중시하는 상징의 음식인 것이다.

시대와 지방에 따라 오신채를 상징하는 나물 종류는 달라졌지만 원래는 경기도 내 산이 많은 지역에서 긴 겨울을 지내고 나오는 햇나물을 눈 밑에서 캐내 임금께 진상하여 수라상에도 반드시 올렸다. 그러면 임금은 오히려 신하들에게 이 오신채를 하사하여 함께 나누어 먹는 의례를 통해 왕과 신하 사이의 결속을 다졌다.

햇나물 무침을 먹는 이유는 영양학적으로 보면 겨우내 결핍된 신선한 야채를 보충하기 위함이었을 것이다. 이후 민간에서도 이를 본받아 입춘절식立春節食으로 먹는 풍습이 생겼다. 입춘일에 조상들은 여러 가지 나물 가운데 노랗고 붉고 파랗고 검고 하얀 다섯 가지 나물을 골라 무쳤다. 오행의 철학을 밥상에서 실천함으로써 온 우주의 기를 받아들이는 경건한 의식을 치른 셈이다.

노란색 나물을 가운데에 놓고 동서남북에 청, 적, 흑, 백의 사방색이 나는 나물을 놓았는데, 이는 임금을 중심으로 사색당쟁을 초월하라는 정치화합의 의미가 있었다. 오신채의 또 다른 의미는 인생을 살아가면서 겪게 되는 다섯 가지 고통(生苦, 老苦, 病苦, 死苦, 愛苦)을 맵고, 쓰고, 시고, 쏘고, 짠 오신채를 먹음으로써 잘 극복하라는 처세의 교훈도 담겨져 있다.

일반 백성들도 인(仁-비장-청색), 의(義-간-백색), 예(禮-폐-적색), 신(信-심장-황색), 지(志-폐-흑색)를 상징하는 나물을 만들어 먹으며 가장을 중심으로 형제자매와 일가친척들이 가족의 화목을 이루고 자손을 가르쳤다.

고명의 음양오행론

한국음식의 마무리는 고명으로 이루어진다. 고명은 아름답게 꾸며 식욕을 돋우려는 목적으로 음식 위에 뿌리거나 얹는 장식을 말한다. 다른 어느 나라에도 마지막을 이렇게 아름다운 고명으로 장식하는 음식은 없다. 전 세계인이 달걀을 먹고 있지만 달걀을 노른자와 흰자로 구분해 노른자는 오방색의 노란색을, 흰자는 오방색의 흰색을 상징하는 코드로 사용해 조리된 음식에 마지막 생명을 불어넣는 음식은 없다.

고명은 만든 음식의 모양과 빛깔을 돋우어주는 역할을 한다.

달걀뿐만 아니라 다양한 식품들이 고명으로 사용된다. 우리의 고명은 원칙적으로 식품이 가지고 있는 자연의 색조를 이용하는데, 예로부터 음양오행설의 다섯 가지 색인 흰색, 노란색, 파란색, 빨간색, 검은색을 이용하였다. 물론 오색을 모두 갖추는 것이 좋으나 때로는 한두 가지만 쓰는 경우도 있다. 그래서 음식을 만들고 난 후 우주를 상징하는 음양오행론의 오방색 고명으로 음식만들기를 마무리하고 만든 이의 숨결을 불어넣은 것이라고 보인다. 1560년대 고 조리서인 『음식디미방』에서는 이 고명을 일컬어 '교태嬌態'라고 하였다. 우리는 아름다움을 추구하는 여성을 일컬어 '교태스럽다'라고 표현한 민족이다. 바로 우리 음식도 최고의 아름다움을 고명을 통해 추구한 것이 아닐까?

고명에는 어떤 식재료들이 쓰였을까? 흰색으로는 달걀흰자로 만든 지단, 껍질을 벗겨 하얗게 볶은 흰깨와 실백, 흰 파 등이 쓰이고, 노란색으로는 달걀노른자로 만든 지단이 쓰인다. 파란색은 미나리, 호박, 오이 등의 채소가 쓰이고, 빨간색은 실고추, 고춧가루 등이, 검은색은 석이, 표고, 목이버섯 등이 쓰인다. 음성을 상징하는 동물성 식품과 양성을 상징하는 식물성 식품 그리고 오방색, 오미가 다 어우러진 식품들

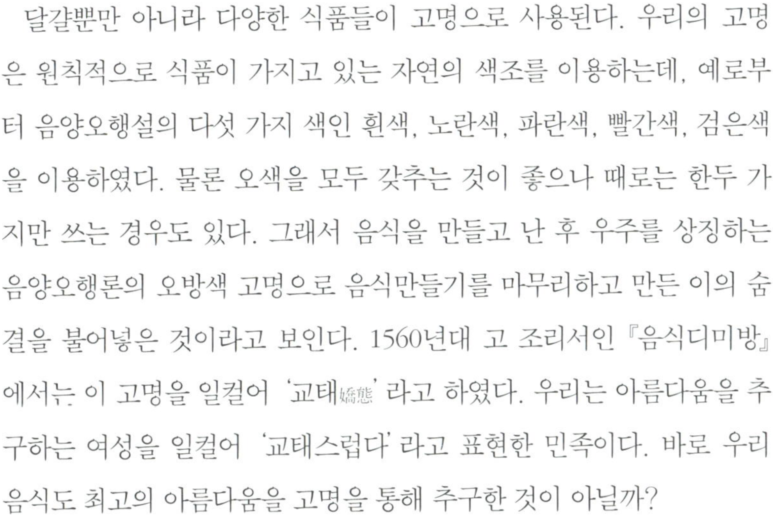

〈기도하는 백김치〉, 박은선
김치가 또다른 모습으로 변신해
신선함을 준다.

이 주로 고명으로 사용되었던 것이다.

우리가 즐겨먹는 잔치국수를 예를 들어 살펴보자. 흰 국수를 국수장국에 말아 그릇에 담고 황색과 백색 지단채를 올리고, 미나리로 만든 미나리 초대를 얹고, 실고추와 석이를 조금씩 얹어, 거기에다 고기로 만든 완자라도 얹으면 전혀 다른 음식으로 재탄생한다. 물론 음식은 보다 먹음직스럽게 보인다. 유난히 손재주가 뛰어난 우리 민족은 거의 신기에 가깝게 달걀지단을 얇게 부칠 수 있었고 또 유난히 얇게 석이채를 썰어 마지막 장식으로 음식의 격을 높였다. 역시 고명은 매우 한국적인 표현의 마지막 음식장식이 아닐 수 없다.

떡볶이의 세계화와 오색론

떡볶이는 우리 민족이 즐겨 먹는 음식 중 하나다. 최근에는 떡볶이를 우리나라의 대표 메뉴로 선정하고 세계로 내보낸다는 의미에서 '떡볶이 연구소' 까지 만들어졌다. 길거리 음식인 떡볶이를 세계화하기 위해 정부까지 나서서 지원하고 있다. 한국인다운 발상이다. 반도체나 휴대전화처럼 이미 세계적인 한국 브랜드 외에도 한국음식이 전 세계인에게 알려져 한국을 대표하는 브랜드가 된다니 가슴이 벅차다.

그런데 떡볶이의 다양한 변신을 지켜보고 있자면 여기에서도 우리음식의 철학이 읽힌다. 원래 떡볶이는 간장양념을 한 심심한 맛이었다. 즉, 쌀에서 뽑아낸 하얀색 떡을 주로 구워 먹거나 간장에 찍어 먹는 형태였다. 아니면 소고기와 채소를 넣고 간장과 갖은 양념으로 맛을 내는 소위 궁중떡볶이를 즐겨 먹었다. 그러다가 조선 중기 이후부터 중요한 양념으로 등장한 고추장이 현재의 고추장 떡볶이에 쓰이기까지는 무려 몇 백 년의 시간이 걸린 것으로 추정된다.

우리들이 떡볶이라고 할 때 주로 떠올리는 빨강 떡볶이는 1950년 이

후 등장한 것으로 생각된다. 이 빨강 떡볶이가 매운 맛을 좋아하고 떡을 즐기는 한국인의 입맛에 딱 맞아떨어진 것이다. 지금은 온 국민이 즐기는 국민 간식이 되었다.

김치, 비빔밥, 전통술과 함께 한식 세계화의 대표 음식인 떡볶이는 그 조리법도 다양하다.

　그런데 최근 들어 재미있게 본 것은 빨강 떡볶이와 간장으로 맛을 낸 하양 떡볶이 외에도 노랑 떡볶이와 파랑 떡볶이의 등장이다. 여러 가지 자연채소의 색을 이용해 파랑 떡볶이와 노랑 떡볶이도 만들어낸 셈이다. 음식을 선택할 때 중요한 것 중 하나가 시각적 효과이다.

　이런 측면에서 가장 성공한 것이 일본음식이다. 기가 질리도록 아름답고 앙증맞게 음식을 담아내는데, 이는 서양 사람들이 일본음식을 대할 때 아름답다고 느끼는 요인 중 하나다. 그래서 먹고 싶다는 생각이 들게 한다. 음식은 그 나라에 대한 문화적 로망을 나타낸다. 즉, 다른 나라의 문화체험을 비교적 손쉽게 음식으로 하는 것이다. 그래서 음식 전쟁이란 곧 문화전쟁을 의미한다. 일본음식이 세계적인 음식이 된 데에는 무엇보다 눈에 보이는 음식의 아름다움을 맛 못지않게 중요시한 일본인들의 전략이 있었다.

　한식도 일본음식 못지않게 우선 보기에 좋도록 하는 이 오색론의 미

오방색의 컬러 떡볶이떡과 가래떡

학을 항상 음식에 적용해왔다. 앞서 이야기한 고명이 대표적인 예다. 그런데 거기서 한걸음 더 나아가 떡볶이 같은 음식조차 다양한 오방색 음식으로 만들어내 새롭게 창조하려는 것이 음식에 대한 한국인의 철학인 것이다.

양념의 철학

흔히 음식을 만들 때면 별 생각없이 기본적으로 넣는 것들이 있다. 우리음식의 기본이라 여기는 파, 마늘, 고추, 깨소금 등과 같은 양념이다. 기본적으로 한국음식에서 빼놓을 수 없는 것들이지만 오랜 세월 우리와 함께 해왔기 때문에 오히려 별다른 주목도 관심도 받지 못했다. 그러나 '양(약)념'이라는 글자를 잘 살펴보면 그 속에서 음식에 대한 조상의 철학을 읽을 수 있다. '약 약藥'에 '생각할 념念'을 썼으니 그야말로 약을 짓는다는 생각으로 음식에 양념을 사용했던 것이다. 서양에서는 향신료가 발달했고 대표적인 향신료인 후추를 얻기 위해 노력하던 중에 콜럼버스가 미 대륙을 발견했다.

서양인들은 다양한 맛을 얻기 위해 죽음을 불사하며 전쟁을 치르고 항해를 하며 향신료를 찾고 개발하였다. 향신료의 역사가 곧 음식의 역사라고 할 정도로 향신료에 대한 서양인들의 집념은 끈질겼다. 그러나 서양인들은 향신료를 음식에 사용할 때 우리처럼 '약'의 개념으로 사용하지는 않았고, 단지 음식에 맛과 향을 더하는 것을 중시하였다. 그

한국음식의 식재료들

물과 불

인류탄생과 함께 해온 물과 인간의 가장 위대한 도구인 불의 조화로 우리 음식문화의 구성요소인 음식과 도자기 그리고 술이 탄생된다. 이들은 깨끗한 물을 바탕으로 불의 힘을 빌려 우리의 정성을 담아 가치를 만들어내는 것으로, 물과 불이야말로 기본 중의 기본이다.

원재료

원재료가 신선하고 최상의 품질일 때 음식도 제 맛을 찾을 수 있다. 삼면이 바다인 한국은 신선한 해산물 공급이 가능할 뿐만 아니라 국토의 70퍼센트가 산으로 이루어져 다양한 나물, 야채, 콩류 등과 같은 원재료 역시 최상의 것으로 재배된다.

소금

소금은 자연에서 얻어지는 것으로 오랜 역사를 지닌 식품이다. 생명유지는 물론 생활에 없어서는 안 될 식품이자 방부제 역할을 한다. 식욕과 소화를 촉진시키며 부패를 방지하고 피부를 보호하여 오미를 증진시킨다.

쌀

쌀은 한국인의 주식으로 지하수 맑은 물과 천혜의 기후에서 자라 최고의 가치를 인정받고 있다. 단맛이 있어 먹기 좋고 주로 밥을 지을 때 사용하지만 가루를 내 떡을 만들기도 한다. 쌀은 소화흡수율이 높아 남녀노소가 부담을 느끼지 않고 먹을 수 있는 우수한 식품이다.

고추장

고추장은 매운맛을 좋아하는 우리 민족이 만들어낸 고유의 음식이다. 메주와 쌀, 고춧가루 등을 섞어 오랜 기간 정성을 다해 발효시켜 만든다. '정성이 곧 보약이다' 라는 믿음이 담겨 있는 고추장은 단백질, 비타민, 캡사이신 등 유익한 영양성분이 많이 함유되어 있다.

간장

간장은 음식의 간을 맞추는 기본조미료로 조리법에 따라 그 종류가 다양하게 나누어진다. 전통적인 조선간장은 콩만을 원료로 하여 메주로 숙성시킨 전통발효과정을 통해 만들어지며 국이나 찌개 맛을 결정하는 결정적인 요소가 된다.

된장

된장은 음력 10월쯤 메주콩을 삶아 메주를 쑤고 발효시킨다. 맑은 물, 순수한 우리 콩, 천일염, 전통옹기, 맑은 햇살 등이 혼연일체되어 태어나는 조선 재래된장은 맛이 좋을 뿐만 아니라 항암물질이 함유되어 있어 그 효능 또한 뛰어나다.

식초

술이 발효되면서 우연히 만들어지게 된 식초는 음식 맛을 돋우고 풍미를 좋게 할 뿐만 아니라 건강과 미용에도 좋다. 톡 쏘는 맛의 성분은 대사를 활발하게 하고 스트레스를 해소시키는 등 다양한 효과가 있다. 최근에는 식초를 활용한 건강음료가 다양하게 출시되기도 했다.

새우젓

삼면이 바다인 지형적 특성상 일찍부터 젓갈이 다양하게 발달되었다. 새우젓은 살이 희고 통통하여 맛이 고소하고 보통 김치 담글 때 사용되지만 최근에는 다양한 소스로도 개발되었다. 새우 내장의 소화효소로 인해 육류섭취 때 소화효과가 빠르고 식욕감퇴, 피부예방 등에도 도움이 된다.

에 비해 우리 민족은 맛 이상으로 몸을 보호하는 '약'의 개념을 우위에 두고 했던 것이다. 우리에게는 음식이 곧 몸이고 약이었다.

양념은 음식의 맛을 돕기 위해 쓰이는 중요한 식재료였다. 음식을 만들 때 재료가 가지고 있는 좋은 향기와 맛은 그대로 살리고, 좋지 않은 맛은 상쇄시키기 위하여 양념을 사용해왔다. 즉, 누린내나 비린내는 좋은 냄새가 아니므로 이 냄새를 없애거나 약하게 하기 위하여 파, 마늘, 생강, 산초, 후추, 계피 등 향기가 특이한 것을 적당량 넣어왔지만 이는 다 몸을 보하는 중요한 약재들이라는 점이다. 우리가 일반적으로 많이 쓰는 양념으로는 우선 소금이 있고 간장, 된장, 고추장처럼 콩을 발효시켜 얻은 '장'류가 기본적인 양념으로 중요하게 사용되어 왔다. 그리고 서양에서는 주로 음식을 튀기거나 볶는 데 사용하는 식물성 기름을 주요한 맛을 내는 재료로 사용해왔는데, 예를 들면 참기름이나 들기름 같은 것은 고소한 맛을 내면서 몸에 꼭 필요한 필수지방산을 공급해주는 역할을 한다. 특히 들기름에는 오메가3 지방산이 풍부해 심장병 예방에 좋다. 올리브오일만 세계적으로 유명해진 감이 있지만 들기름은 중요한 오메가3 지방산이다. 그리고 고소한 맛을 내기 위해 깨소금도 중요하게 사용한다.

그외에도 단맛을 내는 꿀과 설탕이 있고, 맵고 자극적인 맛을 내는 실고추, 고춧가루, 계피가루, 겨자 등을 효율적으로 사용해왔다. 그리고 '가시'라는 식초균을 이용해 식초를 직접 만들어 집안 대대로 사용하는 전통이 구한말 무렵까지 있었으니 양념을 얼마나 중시했는가를 알 수 있다.

이중성의 음식문화
밥과 반찬의 조화

우리가 자랑하는 음식인 김치도 사실 밥이 없으면 먹기 힘들다. 그런데 최근 이탈리아의 한 일간지에서 김치를 비빔밥이나 불고기처럼 주요리로 소개한 것을 보고 당황한 적이 있다. 한국의 민족음식으로 김치가 많이 알려지다 보니 아마도 김치를 주 요리로 받아들인 것 같았다. 그런데 우리는 밥 없이 김치만 먹기는 힘들기 때문에 김치를 주 요리로 생각하기는 어렵다. 김치는 원래 밥을 먹기 위해 만들어진 음식이었다. 그러니까 한식의 특징은 밥과 반찬이 함께 있는 이중성의 음식문화인데 외국인들은 이를 잘 몰랐던 것이다.

한식의 기본구성은 밥과 반찬으로 모든 음식은 밥에 곁들이는 반찬으로 간주한다. 밥과 반찬이 어울려야 비로소 한 끼 식사가 된다. 다양한 음식으로 구성되는 서양의 주 요리와는 다른 식사체계이다. 심지어 우리나라와 비슷한 식사체계를 가진 중국과도 다소 차이가 있다. 중식의 기본구성은 판飯과 차이菜이다. 판은 밥이나 국수처럼 곡류로 만든 음식을 뜻하며 차이는 육류, 채소 등 다양한 재료로 만든 요리를 뜻한다. 그러나 판과 차이는 서로 독립적이며 종속적인 관계는 아니다. 각각 그것만으로도 한 끼 식사가 될 수 있다.

최근 한식은 많이 변화했다. 서양식이나 중국식처럼 한식을 코스로 접대하는 상차림법이 일반화되고 있다. 당연한 시대의 추세이다. 다른 아시아 국가들도 고유의 상차림문화가 있지만 자국음식을 세계에 내어놓고 접대하는 과정에서 코스식 상차림문화로 바뀌었다.

그렇다 하더라도 밥과 반찬으로 구성되는 이중성의 음식문화는 전통음식문화의 중요한 특징이다. 코스식은 접대문화에서 가장 효율적인 방법이지만 대부분 접대보다는 자신과 가족들을 위해 상을 차리고 이때는 한상차림이 선호된다. 그렇다면 주식인 밥과 이를 먹기 위한 반찬을 함께 차려서 먹는 것이 여러모로 편하고 좋다. 영양학적으로 보아도 주식인 곡류음식과 식물성 식품과 동물성 식품으로 이루어지는 반찬 2~3가지 종류로 식단을 맞추면 열량 과잉문제가 없으면서 5대 영양소의 균형을 맞추기가 수월하다. 밥과 반찬의 균형감각을 갖는 이중성의 음식문화가 효율적이다. 그리고 접대 음식문화보다는 밥과 반찬이 차려지는 일상적인 식사 때 우리음식이 가장 건강하다.

이중성의 음식문화는 우리 음식문화의 중요한 특징이다. 우리는 매운맛을 즐기는 민족이라고 세계적으로 알려져 있다. 하지만 남아메리카가 원산지인 고추의 매운맛을 음식에 효율적으로 잘 응용한 민족이지 매운 맛만 즐기는 민족은 아니다. 한식은 대부분 맵지 않다. 특히 반가음식의 경우 그 맛의 핵심은 담백함이다. 오히려 아무 맛도 나지 않는 듯한 담백함이 서울 반가음식의 맛이기도 하다.

그런데 한식의 특징을 모르니 최근에는 매운맛만 추구하고 이를 우리민족의 맛으로 내세우는 것 같다. 예를 들면 담백한 맛과 매운맛이 함께 존재하는 생선찌개가 우리 음식문화의 전통인데 이제는 '매운탕'이라는 국적불명의 용어로 불리는 것 같아 속상해지곤 한다. 또한 조화미 역시 한식의 중요한 특징이다. 조화미는 다양한 식품재료들이 사용되어 각각의 맛이 함께 어우러져서 어느 하나의 맛이 아닌 전체의 맛을 내는 것이다. '섞음의 철학'으로 만드는 비빔밥이나 구절판, 잡채 같은 음식이 좋은 예다. 어느 한 가지 특성을 강조하기보다는 여러 특성을 함께 보여주는 것이다.

우리 민족을 일컬어 성격이 급하다고 한다. 혹자는 얇은 양은냄비처럼 빨리 끓었다가 빨리 식는 냄비근성이라는 표현도 쓴다. 그래서 이렇게 빨리 6·25 전쟁의 잿더미에서 일어서 선진국 대열에 들어섰는지도 모른다. 음식을 봐도 그렇다. 대개 국이나 찌개요리는 온갖 재료를 한꺼번에 넣고 빠르게 끓여낸다. 주문한 음식을 가장 빨리 먹을 수 있는 민족이기도 하다.

그렇지만 우리나라처럼 느린 음식이 발달한 민족도 없다. 서양에서는 치즈나 요구르트 같은 발효음식이 발달해 이를 슬로푸드라고 하지만 실제로 1년 이상 묵힌, 심지어 60년 이상 된 간장이나 된장처럼 느린 음식이 존재하는 민족도 없다는 점에서 보면 우리는 결국 '빨리빨리'와 '느리게'의 이중성을 함께 추구한 민족이라 할 수 있다.

대체로 보아도 우리 음식문화에는 이중적인 요소가 존재한다. 지리적 조건 때문에 농경문화가 발달했지만 삼면이 바다여서 독특한 수산물문화가 발달하였다. 또 음식문화는 상부계층에서 하부계층으로 전파되는 특성을 갖는데, 우리나라 역시 상층과 하층간의 식생활 이중구조가 과거부터 계속되어 왔다. 과거 전통사회에서 음식이 권력을 상징하는 코드로 작용하기도 했지만, 최근에는 먹을거리가 풍부해져 그 격차는 과거에 비해 줄어들었다. 하지만 오히려 최상류층에서는 고급재료로 그들만의 독특하고 배타적인 음식문화를 형성해가고 있다.

우리 음식문화 특유의 이중성은 최근 서양식과 한식의 공존이라는 이중의 형태로 나타나고 있다. 식생활의 서구화로 인해 전통 음식문화가 붕괴되지 않을까 우려하고 있는 것이 현실이다. 특히 아이들의 식탁을 위협함은 물론이고 국가경제와 건강의 측면에서도 염려스러운 것이 사실이다. 그러나 이는 끊임없이 다양성을 추구해오고 이중성의 문화를 가져온 우리민족의 특성이라고 받아들여야 할 것 같다. 전통음식의 우수성을 잘 알기 때문에 전통음식문화 속에 서양의 식생활을 포용하는 이중성의 음식문화를 앞으로도 잘 유지할 것이라 믿는다.

오감으로 즐기는 한식 문화

　　이어령 선생님은 『디지로그』라는 책에서 정보이든 음식이든 무엇이
든지 먹는 한국인의 속성, 먹는 것으로 상징되는 아날로그의 문화코드
와 인터넷으로 대표되는 디지털 문화코드를 통해 현대 사회를 설명하
고 있다. 음식을 물질로만 이해하고 분석해서, 건강문제까지 해결하려
는 많은 식품학자와 영양학자들이 읽었으면 하는 책이라 지인들에게
종종 선물하기도 한다. 선생님은 "그 나라의 음식 속에는 그 나라 미래
의 운명이 숨어 있다"고 하셨다. 최근 한식의 세계화를 외치면서 우리
음식을 세계에 팔아먹는 데 혈안이 되어 있는 사람들에게 한국 음식문
화에 숨어 있는 민족성이 무엇이지 혹은 한식과 관련된 미래의 운명에
대해 한 번이라도 생각해본 적이 있는지를 묻고 싶다. 한국인은 생활문
화가 대부분 다 바뀌었지만 여전히 한식을 주로 먹는다. 우리의 먹을거
리는 수천 년을 이어 온 강력한 유전자로서 우리 몸에 각인되어 있다.
먹을거리 외에도 한국인은 먹는 행위에 관한 한 다른 민족과 다른 유전

자를 갖고 있는 듯하다. 한국인들은 기쁘거나 슬픈 일을 당했을 때 먹고 마셔서 기분을 해결하려는 속성이 있다. 물론 만남에서 식사가 중요한 역할을 하는 것은 서구도 마찬가지이다. 그렇지만 결혼식은 그만두고라도 장례식에 조문하러 가서도 꼭 밥을 먹고 나와야 예의를 다한 것으로 생각하고, 죽고 나서까지 음식상을 차려 대접받는 민족은 드물어 보인다. 먹고 마시는 일을 무엇보다 중시하는 한국인의 특성이 여기서 나온다. 먼 길을 떠나는 자식에게 꼭 밥 한 끼라도 먹여 보내야 하는 절절한 모성은 우리 민담의 중요한 소재다.

〈주막〉, 김홍도
일반 서민들이 다니던 주막 풍경

　이는 현대에도 이어져 무슨 일이 있을 때, 만남을 원하는 표현으로 가장 손쉽게 '식사나 함께 하자', '술이나 한잔 하자', '커피나 한잔 하자'고 한다. 그리고는 이러한 먹고 마시는 과정을 통해서 모든 문제를 해결하기도 한다. 또한 대부분의 접대문화는 음식뿐만 아니라 더 나아가 술을 매개로 하여 이루어져서 먹고 마시는 일을 무엇보다 중시하는 한국식 문화를 이해 못하는 외국인들을 당황하게 한다.

　또한 한국인은 풍류의 민족으로 유난히 놀러 다니는 것을 좋아한다. 특히, 산이나 바다로 놀러 다닐 때마다 항상 먹을 것을 잊지 않고 챙겨 나간다. 고기를 구워 먹는 것을 즐겨 삼겹살에 고기 굽는 불판까지 잊지 않고 챙겨 다니는 통에 온 산과 계곡을 고기냄새로 진동하게 한다. 최근에는 이러한 행위들이 금지되어 많이 없어졌지만 먹는 것에 대한 집착은 매우 집요하다. 그래서 이어령 선생님은 관광을 볼 관觀의 관광이 아니라 먹을 식食의 식광이라고 하였다. 이를 굳이 이야기하자면 입을 만족시키는 것을 무엇보다 중시하였던 구강성의 문화라고 할 수 있을 것 같다. 그래서 '좋아도 술 한잔, 또 슬퍼도 술 한잔'에 담아, 먹어서 모든 것을 풀어버리려 한 특유의 음식문화 특성을 볼 수 있다.

다른 나라의 고속도로를 달려보면 가끔씩 있는 휴게소는 몇 가지 간단한 음료나 끼니를 해결하고 떠나는 장소에 불과하다. 그러나 우리나라의 휴게소는 어떠한가. 도심 속 온갖 종류의 음식이 진열되어 판매되는 푸드 코트를 방불케 한다. 오히려 다른 곳에서는 맛볼 수 없는 휴게소 특유의 명물 음식들마저 존재해 사람들을 유혹한다. 숯불구이 오징어, 통감자 구이, 찐 옥수수, 호떡 등 다양한 음식들이 즐비하고 마치 통과의례를 치르듯이 그곳의 음식을 사먹어야만 자신이 하고 있는 여행을 완수했다고 생각하는 듯하다. 그러니 식광食光이 맞다.

거기다 타인과의 약속도 대개 식사 약속의 즉흥성에서 이루어지기도 한다. 직장이 파하면 함께 어울리고, 또 길 가다 만난 친구라도 금방 어울려 먹거나 마시고 나면 친해지고 모든 교제가 이러한 장소에서 이루어지게 마련이다. 급하고 다혈질적인 성격으로 모든 문제를 가능한 한 빨리 해결하고 벗어나려고 할 때 이를 즉흥적으로 해결해주는 매개체로 작용하는 것이 바로 음식과 술이었던 것 같다. 그래서 유난히 풍류가 발달하고 놀이문화를 더 즐겁게 해주는 술과 다양한 술안주용 음식, 놀이를 즐기면서 만들어 먹던 화전 등의 음식이 발달하였다.

유난히 잔치 음식이 발달하고 모든 행위를 함에 있어서 보고, 먹고, 마시고, 즐겨서 온몸으로 느끼고 체험하는 것을 중요한 가치로 생각하는 한국인의 구강성과 즉흥성은 우리의 음식문화를 잘 설명해주는 부분이다.

개성경단

우매기

연안식혜

가자미식혜

깨져가고 있는 북한의 음식문화

부모님의 고향은 황해도이다. 그래서인지 냉면이나 만두, 호박김치, 육전 같은 황해도 음식을 많이 먹고 자랐다. 물론 어렸을 때 그게 황해도 음식인지 잘 몰랐으며 나중에 음식문화를 공부하면서 알게 되었다. 어릴 적부터 어머님이 즐겨 만들어 주시던 음식이 북한 음식이었고 필자에게는 향수 어린 음식인 셈이다. 큰 언니가 시집갈 때 집에서 구절판이며 신선로로 차린 음식으로 손님을 접대하던 기억이 남아 있다. 아마도 음식으로 보면 최고인 개성음식의 전통이 황해도음식에는 남아 있었다고 생각된다. 그래서인지 늘 북한음식을 연구해 보고 싶다는 생각이 있었다. 특히, 한국음식의 전통이 여지없이 깨어져 나갈 때면 북한에는 그대로 옛 음식의 전통이 남아있겠지 하는 막연한 생각을 하곤 했었다.

39

서울 반가음식의 사례연구를 하면서 더욱 그런 생각이 들었다. 조선조 궁중음식의 전통은 고려의 수도였던 개성음식에 있고 서울 반가음식과 가장 가까운 음식원형이 개성의 음식이라는 사실 때문이었다. 그래서 기회가 되면 개성에 가서 개성음식을 한 번 먹어 보고 싶었다. 그런데 기회가 와서 가게 되었는데 음식을 보러가는 여행은 아니었고 북한 어린이의 영양지원 사업에 관련되어 개성과 평양을 다녀왔다.

다 사람 사는 세상인지라 두 곳 다 식당에서 식사를 대접받을 기회가 있었다. 먼저, 개성에서는 냉면과 불고기, 온반 등 개성음식을 잘한다는 식당이어서 기대가 컸다. 그런데 맨 처음에 나온 음식이 우리가 예전에 먹던 형태의 소위 '사라다'였다. 샐러드는 서양음식으로 채소를 먹는 서양식 조리법으로 만든 음식이다. 최근에는 다양한 형태의 소스류가 소개되어 들어오고 이를 활용한 서구식의 샐러드 바까지 생겨 다양한 샐러드를 즐기지만 예전에는 마요네즈를 듬뿍 묻힌 사라다를 즐겨 먹었다. 따라서 최근에는 이 한국풍의 사라다는 더 이상 중요한 음식으로 제공되지는 않는다.

그런데 개성의 식당에서 몇 가지 과일과 채소를 마요네즈에 버무린 사라다를 유리볼에 담아서 제일 처음 중요한 음식으로 내놓는 것이다. 그 후 냉면과 숯불향이 아직 남아 있는 맛있는 불고기가 나왔지만 그래도 사라다는 나에게 참 충격적이었다. '개성에 개성음식이 없구나.' 개성음식의 전통은 남아 있지 않아 보였다. 음식이란 계속 연구하고, 만들고, 먹어보지 않으면 살아남기 어렵다. 북한음식은 그 점에서는 다른 길을 걸었다. 앞으로 개성음식을 살리고 보존하려면 남한에 계시는 개성 분들을 모시고 사례연구를 하지 않으면 개성음식의 실체를 보기 어렵겠구나 라는 생각을 하였다. 그런데 개성음식의 전통을 가지고 개성에서 남하하신 분들이 이제는 거의 돌아가시고 생존해 계신 분이 많

비빔국수 조리법

1. 국수사리에 기름과 간장, 맛내기 (다진 파, 마늘 깨소금, 고추가루)를 두고 가볍게 비빈다.
2. 고기꾸미를 두고 같이 비벼서 그릇에 담기도 하고 꾸미를 보기 좋게 색을 맞추어 담기도 한다. 비빔국수의 국물과 꾸미는 너무 차거나 덥지도 않게 먹기 좋을 정도로 하는 게 좋다.

지 않다는 점이다. 지금이라도 이 분들의 기록을 남겨야겠다는 생각을 하였다.

이러한 생각은 평양에서도 마찬가지였다. 대부분 변형된 음식밖에 만날 수 없었다. 나름대로 개량화한 음식들은 전통 평양음식과는 더 멀어 보였다. 특히 더 괴로운 점은 소위 서구에서 게맛을 내는 가공식품으로 개발한 게맛살제품의 남용이었다. 이 게맛살을 음식 어디에나 생선 대용으로 마구 넣고 있었다. 개량한 음식으로 생각했거나 아니면 한국이나 외국 사람들의 입맛에 맞는 식품이라고 생각했는지 모른다.

그래도 위안받은 점이 있다면 북한에서 출판된 조리책에는 그래도 전통이 비교적 살아 있다는 점이다. 예를 들어 전통 잡채에는 당면이 들어가지 않는데 북한의 조리서에 소개된 잡채에도 당면이 보이지 않는다. 그러나 손님접대용 요리는 전체적으로 중국의 영향을 많이 받아서인지 중국풍의 기름진 요리가 많이 보여 전통 개성요리나 평양요리는 찾아보기 어려웠다.

그리고 오히려 매우 매워진 우리의 음식과는 달리 북한음식에는 고

고기 비빔밥 조리법

1. 흰쌀은 불리었다가 밥을 지어 놓는다.
2. 닭고기는 삶아서 찢은 다음 양념은 무치고 국물은 양념한다.
3. 도라지, 고사리, 미나리, 버섯, 콩나물로 나물을 만든다.
4. 돼지고기는 가늘게 찢어 양념에 계속 볶다가 밥을 넣고 다시 볶은 다음 그릇에 담는다. 그 위에 여러 가지 나물을 얹은 다음 볶은 참깨와 김가루를 뿌리고 달걀로 고명하여 낸다.

춧가루가 많이 사용되지 않는다. 우리는 비빔국수라면 고추장에 비빈 국수를 떠 올리지만 북한 비빔국수는 고추장을 사용하지 않은 전통국수이다. 비빔밥과 같이 여러 가지 나물들과 고기(그들은 꾸미라고 부른다)를 넣고 간장으로 맛을 낸 국수였다. 역시 비빔밥이라면 고추장을 떠올리는 우리와는 달리 북한의 비빔밥은 그 종류가 매우 많고 고추장 양념을 사용하지 않은 담백한 비빔밥 요리법도 많다. 참고로 비빔국수와 고기비빔밥을 소개한다. 비빔국수는 국수물이 없이 꾸미를 잘 만들어 두고 비벼먹게 만든 국수이다. 비빔국수는 영양가 높은 꾸미와 잘 어울려 입맛을 돋운다.

지금의 상황을 보아도 한국과 북한의 음식문화는 상당히 다르다. 한국은 미셸린 가이드에 소개된 최고 요리사가 오픈한 음식점을 비롯하여 세계 각국의 다양한 음식문화가 선보이고 있다. 그런데 비해 북한은 고유의 음식을 간직하고 발전시키는 게 더 필요한 시점에서 오히려 어설프게 외국음식을 수용하는 게 아닌가 싶어 걱정된다. 국적 불명의 사라다나 대표적인 서구의 가공식품인 게맛살, 그리고 맛내기까지 앞으로 한국과 북한의 음식은 더 다르게 전개될 가능성이 크다. 그전에 북한의 전통음식을 제대로 담아내는 작업이 한국에서라도 이루어져야 할 것이다.

자연을 담은 음식, 한식의 건강성

　일요일 새벽마다 동네 목욕탕에 간다. 사우나에서 여러 사람을 만나 세상 돌아가는 이야기를 듣게 되는데 그중 대부분의 화제가 건강에 관한 것이다. 이곳에 오는 사람들 대부분이 건강에 적신호가 켜진 중년여성이기 때문일 것이다. 실제로 많은 여성들이 당뇨병, 고혈압, 고지혈증과 같은 만성질환에 시달리고 있다.

　그런데 그들의 식생활에 대해 가만히 듣다보면 만성질환에 시달리는 여성들이 왜 이렇게 많아졌는지 이해하게 된다. 식사내용을 보면 우리의 전통식생활이 어느새 고지방 서양식으로 바뀌어가고 있으며 전통식사로부터 멀어지고 있음을 느끼게 된다. 그중 서구식 빵과 단것을 즐기는 한 여성은 당뇨병에 시달리고 있으며, 채식보다 육식을 즐기는 또다른 여성은 비만과 고혈압, 고지혈증의 위험요인을 안고 있다. 우려스럽지만 서구형 만성질환이 대한민국에 많아진 것을 피부로 느끼는 순간이었다. 이는 대부분 식습관에서 오는 문제로 우리의 전통식생활을 멀리한 탓이다. 비교적 음식에서 보수적인 중년여성들이 이 정도라면 젊은 세대의 식생활은 이미 많이 서구화되었음을 의미한다. 현재 어린이들과 청소년들이 중년이 되었을 때 상황이 더 나빠질 것은 말할 나위도 없다.

최근 선진국에서는 심혈관계질환, 당뇨, 암, 고혈압 등과 같은 만성질환과 전쟁 중이다. 이것뿐만이 아니다. 혹독한 살과의 전쟁도 엄청난 기세로 치르고 있다. 비만이 만병의 근원이라는 것은 잘 알려져 있다. 여기에는 여러 가지 원인이 있겠지만 주요 원인은 과도한 지방섭취이다. 한마디로 식생활이 잘못된 것이다. 비만인 사람들의 식사가 육류를 기본으로 하는 육식문화라는 것은 이제 상식처럼 여겨진다. 그러니 성인병에 걸리지 않을 재간이 없다. 그 때문에 그들은 이런 식생활을 바꾸고 싶어 하는데 그게 결코 쉬운 일이 아니다. 한번 형성된 식습관은 그렇게 쉽게 바뀌지 않기 때문이다. 더 구체적인 예를 들어보자. 1977년 발표된 미국 상원 영양문제 특별위원회의 보고서를 보면 이렇게 씌어 있다.

아무도 깨닫지 못하는 사이 현대인의 식생활은 비자연적인 것으로 전락하였다. 암, 당뇨병, 심장병은 물론이고 심지어 정신분열증까지도 잘못된 식생활에 기인하는 식원병食原病이라 할 수 있다. 현대인들이 겪고 있는 성인병의 다수는 잘못된 식사 즉, 비자연적인 식사로부터 기인한다는 결론을 내릴 수밖에 없다.

30여 년 전 이 보고서가 발표되었을 당시 만성 성인병에 시달리던 많은 미국인들이 큰 충격을 받았다. 그러나 이는 이제 결코 남의 이야기가 아니다. 우리나라 역시 거의 비슷한 상황에 처해 있기 때문이다. 최근 우리사회에도 성인병이 지속적으로 증가하고 있다. 이 보고서는 우리의 전통음식문화가 사라지고 서구의 음식문화가 횡행하는 한국사회에 경종을 울린다. 그런데 놀라운 것은 이 보고서에서 권장하는 식사형태나 식사지침이 우리나라 전통식사에서 모토로 삼고 있는 것과 크게 다르지 않다는 것이다. 그 지침은 다음과 같다.

1. 현재 섭취하고 있는 총칼로리 중 전분질의 양을 40~50퍼센트에서 55~60퍼센트까지 높일 것.
2. 지방의 양을 40퍼센트에서 30퍼센트로 낮출 것.
3. 지방과 콜레스테롤 섭취량을 낮출 것.
4. 설탕 소비량을 40퍼센트 감소시켜 15퍼센트 수준으로 내릴 것.
5. 소금 섭취도 감소시킬 것.

서구의 영양학을 주로 가르치는 필자는 서양의 이런 현상들을 주목하면서 우리민족이 음식에 관한 한 얼마나 축복받은 민족인가 하는 생각을 갖게 되었다. 그러나 최근 우리사회에 나타나고 있는 현상을 보면서 필자가 그동안 해온 일에 대해 심각하게 고민하게 되었다. 영양학자들에게는 가장 중요한 일이 한국음식의 건강성을 확실하게 알리는 일일 터인데 필자는 그동안 무엇을 했는가 하는 자책에 빠졌다.

최근 우리나라 음식문화를 보고 있으면 아주 불안하다. 서구사회에서조차 이른바 '정크푸드'라 지칭되어 그 섭취량이 감소하고 있는 패스트푸드가 한국에서는 오히려 섭취량이 증가해 성인 비만 인구뿐만 아니라 아동 인구의 비만까지 증가하는 현상이 벌어지고 있기 때문이다. 그리고 이로 인해 최근에는 아동에게서까지 성인병이 발병되는 상황을 보면 앞으로 우리의 음식문화가 어디로 갈 것인지 여간 걱정스러운 게 아니다. 상황이 이토록 악화된 것은 우리의 전통음식을 외면한 대가가 아닌가 하는 생각마저 들게 한다. 전통음식을 연구한 사람으로서 더 큰 자괴감을 느낀다. 훌륭한 음식문화를 지켜왔던 우리 선조들에게 고개를 들 수 없을 것 같다. 그리고 현대 한국인들은 선조들로부터 받은 음식문화의 축복조차 지킬 수 없는 한심한 사람들이 될 수도 있겠구나 하는 생각도 든다.

아마 이 글을 읽는 독자들은 한국인이 음식문화의 축복을 받았다는 말을 믿기 어려울지도 모르겠다. 그러나 영양학적으로 볼 때 한국음식은 세계에서 유례를 찾기 어려운 건강한 음식이라는 점은 확실하다.

한국음식이 그렇게 좋은 음식이라면 건강과 다이어트를 위한 음식이 전 세계적으로 열풍을 일으키고 있는 지금 왜 한식은 아직도 주목받지 못하고 있는 것일까? 아니 한국에서조차 우리음식이 다른 나라 음식에 밀리고 있다. 이는 모두 우리음식에 대한 무지에서 오는 현상이다. 도대체 한국음식의 어떤 면이 그렇게 우수하다는 것일까?

우리의 전통문화를 소개할 때 받는 가장 따가운 시선은 '우리 것은 무조건 좋은 것'이라는 국수주의자로 매도당하는 것이다. 그래서 이런 우려를 불식시키고자 우리음식을 객관화시키는 시도를 많이 한다. 이런 작업에는 우리음식을 다른 나라 음식과 비교하는 것이 효과적인데, 그 일환으로 전 세계적으로 탁월한 건강식으로 인정받고 있는 지중해식 식사와 우리의 전통음식을 비교해 살펴보는 것이다.

지중해식 식사가 건강식으로 인정받고 있는 것은 지중해식 식사를 하는 사람들의 심장병 발병률이 현저히 낮을 뿐만 아니라 서구에서 장수하는 사람들의 식사를 분석해본 결과 지중해식 식사를 하는 사람이 많다는 조사결과가 나왔기 때문이다.

질병 발병률을 낮추는 지중해식 식사

미국 미네소타 대학 명예교수인 얀셀키즈는 미국, 그리스, 핀란드 등 7개국 40~50대 남성 1만 2천 명을 대상으로 심장병 발병률을 조사한 결과, 그리스 크레타 섬 주민의 심장마비 사망률이 1만 명당 9명으로 가장 낮았던 반면, 핀란드 동부지방 주민의 심장마비 사망률은 1만 명당 992명이었다. 무려 100배 이상의 차이를 보인 것이다. 이런 엄청난 차이가 난 데 대해 얀셀키즈 교수는 크레타 섬 주민들은 올리브유 등 심장 건강에 유익한 불포화지방을 주로 먹는 반면, 핀란드 주민들은 버터나 치즈 등 심장에 해로운 포화지방을 주로 먹었기 때문이라고 말했다.

뿐만 아니라 스페인의 라셰라스Lasheras 등과 같은 학자들이 80세 미만의 노인 74명과 80세 이상의 노인 87명을 9년 동안 추적해 연구한 결과에서도 비슷한 결론이 나왔다. 즉, 지중해식 식사가 사망률을 31퍼센트까지 낮춘다는 것이었다.

사실 전체 열량으로 따지면 지방섭취율(30~40퍼센트)은 지중해식 식사나 미국식 식사가 별 차이가 없다. 하지만 지중해식은 지방의 72퍼센트를 불포화지방(올리브유, 카놀라유, 생선, 씨앗, 견과류 등)에서 얻기 때문에 건강에 무리가 없을 뿐만 아니라 오히려 건강을 증진시키기까지 한다. 이런 지방에는 혈관 건강에 유익한 고밀도지단백HDL이 많이 있기 때문이다.

이런 결과가 발표된 이후 지중해식 식사에 대한 연구가 많이 진행되었는데, 지중해식이 심장혈관 질환은 물론 당뇨, 비만, 암(유방암과 대장암)과 같은 성인병에도 좋다는 결과들이 계속 나오고 있다. 특히 심장마비를 경험한 프랑스인 4백여 명을 4년에 걸쳐 조사 연구한 결과가 이를 뒷받침해주는데, 이 실험은 피실험자의 절반에게는 서양식을 주고, 나머지 절반에게는 지중해식 식사를 주는 방식으로 진행되었다. 그랬더니 지중

해식을 먹은 사람들의 경우 심장마비 재발위험이 50~70
퍼센트 낮아진 것으로 나타났다.

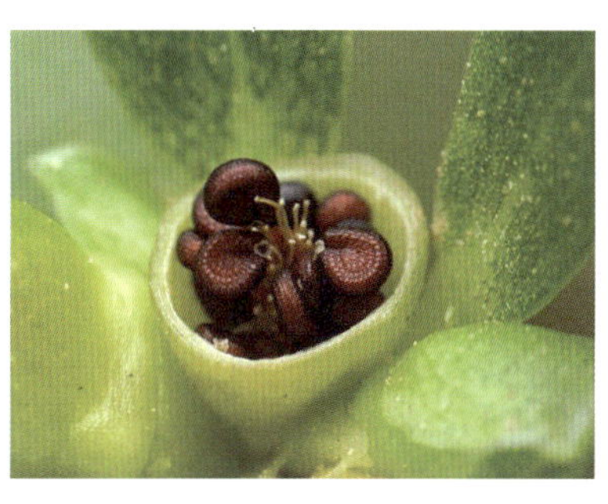

쇠비름
오메가 3 지방산이 많은 쇠비름
은 열매가 타원형으로 8월에 익
으며 가운데가 옆으로 갈라져서
종자가 나온다.

오메가 3 지방산이 많은 한국음식

크레타 사람들을 식사 때 지방섭취 수준이 비슷한 미국
인과 비교조사해본 결과 암 사망률이 미국인의 절반이고
관상동맥경화에 의한 심장병 사망률이 20분의 1에 불과
했다. 뿐만 아니라 크레타 사람들보다 지방을 3분의 1밖에 먹지 않는
일본인들에 비해서도 이들의 전체 질병 사망률은 일본인의 절반밖에
되지 않았다. 참으로 놀라운 결과이다.

더 놀라운 것은 같은 지중해식 식사를 하는 이탈리아인도 전체 질병
사망률이 크레타인의 두 배나 되는 것으로 나타났다. 그 비결은 크레타
인들이 오메가 3 지방산을 많이 먹는 데서 찾을 수 있다. 지방산에는
포화지방산이나 (단일)불포화지방산, 트랜스 지방산 등 여러 지방산이
있는데, 이 오메가 3 지방산이 많은 식품이 건강에 좋다는 것이다. 오
메가 3 지방산이 많은 음식으로는 등푸른 생선, 푸른잎 채소, 아마기
름, 쇠비름, 카놀라유, 호두, 대두유 등을 꼽을 수 있다.

오메가 3 지방산을 충분히 섭취하는 '오메가 다이어트 식사지침'이
라는 것이 있다. 여기서 문제가 되는 것은 오메가 3 지방산인데, 서양
에서는 아마씨로 만든 기름으로 오메가 3 지방산을 섭취한다면 우리에
게는 들깨기름이 있다. 특히 한국인은 세계에서 유일하게 들깨에서 기
름을 짜 먹는 민족이다. 이런 좋은 식습관이 서양에서는 지중해식에 들
어 있다는 것인데, 그럼 지중해식 음식은 구체적으로 어떤 것일까? 지
중해식은 아주 간단하게 말하면 올리브유를 듬뿍 뿌린 샐러드와 파스
타를 먹고 과일로 식사를 끝내는 것을 말한다. 또 식사 중에 포도주로

오메가 다이어트 식사 지침

1. 오메가 3 지방산이 풍부한 식품을 먹는다.
2. 올리브유 등에 많이 들어 있는 단일불포화지방산을 식용유로 사용한다.
3. 매일 7회 이상 과일이나 야채를 먹는다.
4. 콩류와 견과류에 들어 있는 식물성 단백질의 섭취량을 늘린다.
5. 육류는 주로 살코기를, 유제품은 저지방을 선택해 동물성 지방이나 버터, 코코넛 기름 등에 많이 들어 있는 포화지방산의 섭취를 줄인다.

자주 목을 축여야 하며 고기는 양고기나 닭고기를 매주 한 번 정도 먹고 생선을 매주 두 번 정도 먹는다. 이것을 정리하면 다음과 같다.

- 불포화지방(올리브유, 카놀라유, 생선, 씨앗, 견과류 등)을 즐겨 먹고 포화지방(육류, 육가공 식품)의 섭취량을 줄인다.
- 적절한 양의 적포도주를 즐긴다.
- 콩을 많이 먹는다.
- 가공되지 않은 전곡류(곡물류)를 즐긴다.
- 과일과 채소 섭취량이 많다.
- 우유와 낙농제품을 소량 즐긴다.

그러면 한국의 전통식사는 어떤가. 지중해식과 비교해보면 공통점이 많아 재미있다. 우선 우리는 전통적으로 참기름이나 들기름, 콩기름 같은 식물성 기름을 주로 이용해 음식을 만들어 먹었다. 거기다 나물의 종류도 뒤지지 않는다. 우리 식탁에는 온갖 종류의 나물요리가 즐비하다. 또 주식으로 곡류식품도 많이 먹는다. 사실 술도 그렇다. 우리에게는 전통적으로 술을 즐기는 반주문화가 발달되었다. 뿐만 아니라 김치

오곡밥, 두부조림, 상치쌈

나 간장, 고추장과 같은 발효식품들을 매우 즐겼다. 발효식품의 효능은 이제 대부분이 인정한다. 그런가 하면 육류섭취는 극히 제한적이다. 물론 이전에는 고기가 없어서 못 먹었을 수도 있지만 아무튼 우리음식은 자연에 가까운 건강식이다. 이런 한국음식의 특징을 지중해식처럼 정리하면 다음과 같다.

- 불포화지방(참기름, 들기름, 콩기름 등)을 즐겨 먹고 포화지방(육류, 육가공 식품)의 섭취량이 적다.
- 적절한 양의 전통술을 즐긴다.
- 콩(두부, 된장, 간장류 등)을 많이 먹는다.
- 전곡류(밥, 잡곡밥, 오곡류)를 즐긴다.
- 채소(김치, 나물 등) 섭취량이 많다.
- 우유와 낙농제품을 소량 즐긴다.

그런데 지방섭취량을 살펴보면 한국식 전통식사는 지중해식보다 많지 않기 때문에 어떻게 보면 우리의 식사가 지중해식보다 더 건강하다고도 볼 수 있다. 사정이 이런데도 한국 전통음식이 세계적인 건강식으로 알려지지 않은 것은 우리의 책임이 크다고 할 수밖에 없다. 더구나 요즘 자라나는 세대들이 서구식을 더 즐기는 것을 보면 안타깝다. 한국 전통음식을 전공한 사람의 하나로 우리음식의 건강성과 문화적 가치를 제대로 홍보했더라면 하는 생각이 들어 무한한 책임감을 느낀다.

채식과 육식의 이상적인 비율

우리음식은 채식과 육식의 비율이 8:2 정도 되기 때문에 영양학적으로 볼 때 매우 이상적인 음식이다. 그래서 영양학자들은 한국음식은 기본적으로 채식에 근거한 식사라고 주장한다. 채소란 사람들이 기르거나 저절로 난 온갖 나물을 지칭하는 푸성귀나 남새 등을 의미한다. 남새는 무나 배추처럼 심어서 가꾸는 나물을 말하는 반면, 나물은 먹을 수 있는 풀이나 나뭇잎을 지칭하기도 하고 그것을 조미해 무친 것을 뜻하기도 한다.

우리 조상들은 나물을 많이 먹었고 식사에서 채소를 대단히 중요시했다. 이는 조상들이 썼던 용어에서도 드러난다. 기근饑饉이라는 단어는 우리에게 매우 친숙한 말이다. '기饑'란 곡식이 여물지 않아 생기는 굶주림을, '근饉'이란 채소가 자라지 않아 일어나는 굶주림을 뜻하는 것으로 해석된다. 곡식이 중요시되는 것은 당연한 것이지만 그만큼 채소도 중요시되었던 것을 알 수 있다. 그런 연유이겠지만 옛집을 보면 항상 부근에 채소밭을 만들어놓고 채소를 길러 반찬으로 먹었다. 그러니 채식이 우리 조상들의 일상식이 되는 것은 당연했다.

그런데 우리 전통음식은 채식에 기반을 두면서도 동물성 단백질을 소량 포함시켜 영양상의 이익을 극대화하는, 채식과 육식의 가장 조화로운 혼합비율을 보이고 있다. 과거 한 텔레비전 프로그램에서 육식문화의 문제점을 광범위하게 다뤄 우리사회에 채식열풍이 불었던 적이 있다. 이 프로그램은 과도한 육식의 문제점을 심도 있게 다루어 서구형

호박나물

가지나물

냉이조갯살무침

오이뱃두리

육식의 문제점을 실감나게 전달해주었다. 그러나 한 가지 아쉬운 것은 이런 육식문화의 문제점을 극복할 수 있는 대안으로 채식이 제기된 점이다. 여기서 문제가 되는 것은 채식만 고집하는 것이다.

물론 채식은 그 나름대로 장점이 많은 식사법이다. 그러나 채식만으로는 영양의 균형을 맞추기가 대단히 힘들다. 채식을 나이에 관계없이 일률적으로 권하는 것은 바람직하지 않다. 가령 육체적으로 모든 성장이 끝난 성인에게는 채식이 크게 문제되지 않는다. 그러나 성장을 위해 단백질이 절대적으로 필요한 아동에게는 채식이 심각한 영양문제를 가져올 수도 있다. 요즘 청소년들은 체격조건이 좋아졌다. 이게 다 단백

한국음식의 특징

한국음식의 특징으로 우선 꼽을 수 있는 것은 자연친화적이라는 점이다. 땅에서 나는 오곡을 비롯한 곡류음식을 가장 귀하게 생각하고, 그중에서도 쌀을 주식으로 선택한 지혜는 훌륭하다. 쌀은 밀가루에 비해 단백질을 구성하는 아미노산의 조성이 우수하기 때문이다.

물론 우리 조상들이 쌀만 먹은 것은 아니다. 쌀과 동시에 오곡밥과 같은 잡곡밥을 즐겼을 뿐만 아니라 땅에서 나는 온갖 종류의 채소를 나물로 활용하여 먹을거리로 이용했다. 뿐만 아니라 자연의 식재료를 자연상태에 가장 가깝게 유지한 채 오래 저장해놓고 먹기 위해 발효음식을 발달시켰다. 대표적인 민족음식인 김치를 비롯해 영양가 높은 콩으로 만든 된장이나 고추장 등이 모두 이런 예에 속한다. 그리고 우리 몸에 없어서는 안 될 지방성분을 주로 참기름이나 들기름과 같은 식물성 기름에서 섭취한 지혜는 모두 자연을 닮아 있는 식사라고 할 수 있다.

아울러 재미있는 점은 철학적으로 해석해도 우리음식에는 훌륭한 원리가 숨어 있다는 것이다. 우리음식의 맛과 색을 살펴보면 자연의 법칙을 그대로 따르고 있음을 알 수 있다. 시각에 따라서는 견강부회한다는 비판도 있을 수 있지만 음양오행론을 대입해보면 우리음식은 매우 철학적이다. 우선 음양론에 입각해보면 우리음식은 음성(동물성 식품)과 양성(식물성 식품)의 조화를 꾀하고 있다. 반면, 오행론 입장에서 보면 색깔로는 오방색(적, 황, 청, 흑, 백)의 조화를, 맛으로는 오미(단맛, 신맛, 짠맛, 매운맛, 쓴맛)의 조화로움을 추구하고 있다. 이렇게 우주의 내적 원리에 맞는 음식이기 때문에 우리음식을 자연에 가장 가깝다고 하는 것이다.

질을 충분히 섭취했기 때문이다. 따라서 육식에 따른 문제를 개선하려 할 때 채식만을 권장하는 것보다 한국의 전통음식에서 그 해법을 찾아야 한다.

건강 면에서 유익한 채식에 기반을 두면서도 적절한 양의 동물성 식품을 포함하는 한국의 전통음식은 영양학적으로도 매우 우수한 음식이다. 우리의 전통음식에는 식물성 식품과 동물성 식품의 비율이 8:2 정도로 나타나는데, 음식학자들은 이 비율을 건강성을 지향하는 식사의 황금비율로 간주하고 있다. 한국음식의 건강성은 바로 이 황금비율에서 나오는 것이다.

이 황금비율은 영양학적 측면뿐만 아니라 한국음식을 다채롭게 만드는 데에도 공헌한다. 왜냐하면 건강성 못지않게 한국음식이 지닌 아름다움과 특유의 맛도 채식과 육식의 조화로운 만남에서 오기 때문이다. 육류를 제한하고 주로 채식에만 의존했다면 그렇게 다양한 음식문화를 만들어내는 데 실패하지 않았을까. 다양한 재료를 사용해 다양한 맛을 추구하는 것이 음식문화 발달에는 기본이기 때문이다. 그동안 우리 선조들이 육식의 유혹에 빠지지 않고 최고의 건강유지를 위한 채식과 육식의 황금비율을 지켜낸 점, 이것이 바로 한국음식의 지혜일 것이다.

우리음식이 이렇게 채식과 육식의 황금비율을 유지하게 된 것이 처음부터 그런 환상적인 식단을 구성하려는 의도에서 비롯된 것은 아니었다. 오히려 당시에는 육류가 부족하여 맘껏 못 먹은 것이지 육류가 많은 데도 의도적으로 적게 먹은 것은 아니었다. 따라서 당시에 육류가 흔했다면 이런 채식과 육식의 황금비율이 지켜지지 않았을 것이다. 그런 정황이 요즘 많이 보이는데, 육류가 흔해지니 채식 위주의 식습관을 가진 민족이라는 게 무색할 정도로 육류를 많이 먹고 있다.

그러나 한국음식이 건강식이라고 할 때 채식과 육식의 황금비율을 지킬 수 있었던 것은 바로 콩에서 단백질을 섭취했기 때문이다. 채소를 한겨울 내내 신선하게 먹을 수 있는 김치나, 콩을 가공한 간장, 고추장 등 우리음식의 대표선수격인 발효식품은 실로 대단한 식품이고, 우리는 이 때문에 한국음식의 황금비율을 지켜올 수 있었던 것이다.

정情의 메타포로서 음식

약藥으로서 음식

권력 코드로서 음식

기원과 소망의 원천으로서 음식

2

한식을 알면 한국문화가 보인다

　21세기는 문화의 시대라고 한다. 세계화와 정보화에 따라 인적 자원과 물적 자원의 교류가 자유로워지면서 국경의 의미가 점차 사라지고, 민족의 정체성 또한 복합적인 양상을 띤다. 그러다 보니 오히려 민족의 정체성을 확립하기 위한 자민족의 역사와 문화 찾기가 중요해졌다. 현재 세계의 각 나라는 문화를 통해 민족의 정체성을 찾고, 우수하고 독창적인 자국의 문화적 가치를 확인하며, 미래의 새로운 전망을 제시하는 문화교육에 집중하고 있다. 소위 혹독한 문화전쟁을 치르고 있는 셈이다. 여러 형태의 문화 중에서도 음식문화는 지구촌의 다양한 인종과 국가의 정체성을 규정하는 새로운 코드이다.

　새로운 문화코드로 등장한 음식은 물질문화와 정신문화 그리고 이를 엮어내는 사회조직으로 이루어져 있다. 그래서 음식문화를 규명하려 한다면 한국문화 전체의 맥락에서 바라보는 총체론적 관점이 중요하다. 음식문화의 이러한 구분 자체도 편의상 그렇게 나누는 것일 뿐 이들은 실제 서로 유기적으로 긴밀하게 얽혀 있다. 음식문화는 구성분야나 다른 문화분야와 기계적으로 경계지워진 것이 아니다. 음식문화는 전체문화의 맥락 속에서 타문화와의 유기적 관계를 염두에 두고 바라봐야 한다. 이 모든 것을 총체적으로 접근할 때라야 음식문화는 역동적으로 이해되고 살아 있는 구체적인 문화로 파악될 수 있기 때문에, 한국음식 속에 나타난 우리의 문화속성을 읽어보려고 한다.

　사람들은 당질이나 지방 혹은 단백질과 같은 영양소를 섭취하는 동시에 음식을 통해 상징과 의미를 먹는다. 즉, 사람들은 음식을 통해 배고픔 같은 생리적인 욕구를 충족함과 동시에 문화를 소비한다. 인류학자 매클렌시는 『문

화를 먹는다는 것*Consuming Culture*』을 통하여 음식은 힘power을 상징할 뿐만 아니라 사람들 사이의 친분관계 및 종교 그리고 더 나아가 매직magic이라고까지 표현하였다. 우리나라의 음식도 오랜 역사 속에서 형성되어 왔기 때문에 우리의 문화를 그대로 담고 있다고 생각된다.

그렇다면 우리민족은 어떤 특성을 가진 민족일까? 우리민족의 정체성에 관해서는 많은 담론이 이루어져왔다. 필자는 먹는 것만큼 그 민족의 특성을 가장 잘 보여주는 영역도 없다고 생각한다. 우리민족의 음식문화를 통해 우리가 볼 수 있는 것은 무엇일까? 우리민족을 설명해주는 단서를 우리의 음식문화 속에서 찾아보려고 한다.

우리민족이 오천 년의 긴 역사 속에서 음식을 통해 전달하려 한 이야기들은 무엇일까? 우리민족의 특성으로 이야기되는 정情은 어떻게 발현되고 있을까? 음식을 생명의 근원으로 삼고 몸을 다스리고 병을 치료하고자 했던 우리민족의 특성은 어떻게 이해되어야 할까? 어려웠던 식생활 속에서 권력의 매개체로서 힘의 상징으로 기능했던 음식들은 어떠한가. 끊임없이 신에게 음식을 바치며 제사를 지내고 복을 기원했던 의례 속에서 우리민족의 문화적 특성을 읽어낼 수 있을 것이다. 이를 파악하기 위해서는 여러 가지 방법론이 존재하겠지만 주로 조선시대 판소리 소설과 기속시, 풍속화를 도구로 삼았다. 한국음식의 특징을 '정情의 메타포'로서의 음식, '권력의 코드'로서의 음식, '약藥'으로서의 음식, '기원과 소망의 원천'으로서의 음식 등 네 가지 범주로 나누어 살펴보았다. 앞으로 더 많은 우리 음식문화 코드가 찾아지고 읽힐 것이라 생각된다.

정情의 메타포로서 음식

　2008년 노벨문학상 수상자였던 르 클레지오는 한국인의 특성을 한마디로 표현한다면 '정情'이라고 하였다. 그렇지만 이를 뭐라 표현하기는 참 어렵다는 말을 남겼다. 필자에게는 이 말이 매우 인상적이었다. 우리 민족성을 이야기할 때 '정'이라는 특성을 빼놓고 이야기할 수는 없다. 뿐만 아니라 '정'은 단연 우리의 음식문화인 음식나눔 속에 가장 잘 드러난다고 자신 있게 이야기할 수 있다.

　특히 가족을 나타내는 말이 '식구食口'인 것처럼 한국인에게 밥상을 같이 한다는 것은 가족이 된다는 의미를 포괄적으로 내포한다. 한국인은 식사할 때 밥, 국을 제외하고는 찌개, 반찬 등을 여럿이 나눠 먹는 경우가 많은데, 이는 일종의 타액 나눔 밥상공동체 의식이라고까지 말할 수 있다. 다른 외국인들이 보면 사실 이해하기 어려운 부분이기도 하지만 말이다. 우리나라 음식문화는 특별히 '숟가락 문화'라고 특징지어 설명되듯이 찌개 등의 국물 건더기가 푸짐하게 담긴 음식이 발달해 이러한 푸짐한 음식을 앞에 두고 흐르는 사람들 사이의 정감이 우리만의 독특한 음식문화라고 특징지을 수 있다.

'음식 맛은 손맛'이라는 말이 있듯이 음식의 맛은 이성적인 판단의 대상만은 아니다. 음식을 나눌 때의 마음, 주는 사람의 정을 담은 마음이 음식을 더욱 맛깔나게 하는 것이다.

판소리 소설에 나타난 정(음식) 나눔

판소리 소설 여러 장면에서 음식을 나눔으로써 마음을 전달하고 정을 표현하는 장면을 볼 수 있다. 먼저, 『심청가』에서 심청이 밥을 빌려 아버지를 봉양하는 장면이다. 음식을 통해 표현된 우리민족 고유의 나눔의 정은, 심청의 처지를 안타까워하여 "담어 뜬 밥이라도 아끼지 않고 덜어주며 김치, 젓갈 등을 고루고루 많이 주니"라는 구절을 통해서도 알 수 있다.

밥 푸는 여인더리 뉘 안니 탄식ᄒ리 네가 발셔 져리 커셔 혼ᄌ 밥을 비난고나 너의 모친 ᄉ라씨면 네 졍경이 져리 되랴 쯜쯜 탄식 셔를 츠며 담어쓴 밥이라도 익기준코 더러 쥬며 짐치 젓갈 갈 건기 등물 고로고로 마니 쥬니 두 셔너 집 어든 거시 쌀리 혼쎄 싱이 넝넉케 되난고나 심청이 엿쓰오디 빌어온 밥이나마 ᄌ식의 졍성이니 셜워 말고 줍슈시오 죠흔 말노 위로 ᄒ여 그여이 먹게 ᄒ니 날마닥 어더온 밥 혼 죠막의 오쇡이라 힙밥 콩밥 팟밥이며 보리 지장 슈슈밥이 갓갓지로 다 잇씨니.

—신재효 정리, 『심청가』

(심청이 밥을 얻어 아버지를 봉양하는 장면)

또한 음식은 우리의 속마음을 전달하는 매개체 역할을 한다. 다음의

『춘향전』 두 장면을 보면 등장인물은 같으나 상황이 바뀜에 따라 달라지는 음식내용을 통해 춘향모의 마음이 어떻게 변했는가를 읽어낼 수 있다.

상을 듸리난듸 통영판으 금亽화기 유리접시 홀융니 채련난듸 설긔 송평 절편니며 국슈 착면 잣쩨우고 빈당 삿탕 어과즈며 닌삼 정과 연근니요 님실 곡감 보은 듸쵸 호도 빅즈 졋듸리고 어호 육호 졈복 녹코 미쵸리 즈반 싱치 구어 쳠장 슈육 제육니며 듸양판 갈비찜 소양판 제윳졈 쩍벽기 죠란호고 치수 경기 인삼치 도라지 수근치며 싱쳥 푸러 홧치 호고 계란을 겻드리고 청동화로 빅탄무더 젼골판 올여 녹코 찬긔름을 쥬루룩 부워 제즈 홋쵸 곳쵸 녹코 싱강 파 만를 우으 닉쿤 후의 야간니라 셥셥호옵니ᄃ 로련임 쳔만으 마리로셰 술 흔 부어들고 도련임 약쥬 바드시오.

—백성환 창본, 『춘향가』
(춘향모 이도령에게 대접하는 장면)

부억의로 통통 드러가 먹든 밥 졔리짐치 풋고쵸 단간장 닝슈 쩌 쇼반의 밧쳐 들고 셔방님젼 듸리오며 더운 진지할 동안의 우션 요구나 호옵쇼셔.

—백성환 창본, 『춘향가』
(걸인행색을 하는 이몽룡에게 향단이 밥 차려주는 장면)

딸의 신분상승을 꿈꾸는 춘향모에게 양반집 자제인 이 도령은 백마 탄 왕자님일 것이다. 그래서 귀한 과일, 전복, 약포, 수육 등 진수성찬을 아끼던 백자접시에 담아 술 한 잔 가득 부어 대접하며 이것도 부족하여 "야간이라 차린 것이 없다"라고 한다. 음식으로 표현되는 춘향모의 정성과 마음을 읽을 수 있다. 반면, 상황이 바뀌어 거지행색으로 나타났을 때에는 배고프다는 이 도령을 춘향모가 그냥 보내려 한다. 하지만, 향단이 춘향과의 정을 생각하여 소반에 식은 밥, 김치, 풋고추, 간장 등 조촐한 음식을 차려온다. 이 두 장면에서 극명하게 나타나는 것이 바로 상차림의 내용이다. 상차림을 통해 우리는 등장인물의 마음속에 숨어 있는 의식을 읽어낼 수 있다. 음식은 이렇게 의식을 나타내는 기호로서 작용한다.

풍속화에 나타난 정(음식) 나눔

음식을 나눔으로써 마음을 나누는 모습은 소설뿐만 아니라 풍속화를 통해서도 읽을 수 있다. 조선 후기 풍속화는 인물이나 상황 등의 사실 묘사가 특징이기 때문에 한 컷의 기록사진처럼 당대 모습과 의식을 순간 포착하고 있다. 들일을 하다 일손을 멈추고 언덕 위 커다란 나무 아래서 점심 먹는 모습을 그린 김득신의 작품부터 살펴보자. 커다란 식기와 술병이 넉넉함과 풍요로움을 더해준다. 식사 중이거나 식사와 함께 반주로 마실 술을 기다리는 일꾼들, 돌아앉아 아기에게 젖을 물리고 있는 아낙, 또 다른 술항아리를 들고 오는 소년과 강아지, 개울에서 물고기를 잡는 아이들, 나막신을 신고 징검다리를 건너오는 노인과 아이 등 여러 인물들이 등장해 자연스러운 모습을 연출한다. 서민들의 일상생활이 인물들의 생생한 표정과 함께 기록사진처럼 잘 표현되어 있다. 젊은 장정들이 일곱 명이나 되니 아마도 품앗이를 하는 듯하다. 품앗이는 서로 일손을 빌려주거나 빌리는 전통적인 풍습이며 음식과도 불가분의 관계에 있다.

이웃 간에 일손을 도와 같이 일을 할 때 차려내는 식사는 들일일 경우에는 들밥으로 일컬어지기도 하며, 식사 중간에 새참이 차려지기도 한다. 그래서 '품앗이 식단'이라고도 하며 이는 공동체 전체를 위한 것

〈풍속8곡병 風俗8曲屏〉, 김득신
사람들이 들일을 하다 일손을 멈추고 언덕 위 나무 아래에서 다 함께 점심을 먹고 있다.

〈강변회음 江邊會飮〉, 김득신
버드나무 그늘에 배를 묶어놓고
사람들이 둘러앉아 생선을 먹고
술을 마시며 풍류를 즐기고 있다.

이기 때문에 일반적으로 계절에 맞는 식단을 준비하되 다양한 음식을 술과 함께 차려낸다. 넉넉한 양의 음식을 준비하여 서로의 마음을 느끼며 정을 나눌 때 그 관계는 더욱 돈독해지고 동질성을 갖게 되면서 소속감이 형성된다.

김득신의 〈강변회음 江邊會飮〉은 강가 버드나무 그늘에 배를 묶어놓고 사람들이 둘러앉은 모습을 그렸다. 먹을거리가 풍부하지 않던 시절이라 생선 한 마리를 가운데 두고 둘러앉았다. 생선을 두고 한 사람은 젓가락질을 하려고 나선다. 다른 한 사람은 이미 젓가락에 낚인 살 한 점을 입에 넣고 있다. 이 두 사람 양옆에는 역시 젓가락을 움켜쥔 두 사람이 사기 밥그릇으로 손을 가져간다. 등을 보이고 앉은 아이는 왼손에 작은 사기그릇을 받쳐 들고 있고, 둘러앉은 네 사람 뒤쪽에도 어른 두 명이 자리를 잡았다. 또 다른 사람은 왼손으로 술병을 쥔 채 오른손으로 감미로운 술 한 잔을 들이키고 있다. 또 다른 한 사람은 이미 배를 채운 다른 사람은 정겨운 표정으로 무릎을 세우고 앉아 이들의 모습을 묵묵히 지켜본다. 버드나무 뒤쪽에는 아이 하나가 숨어서 부러운 듯 바라보고 있다. 넉넉하지 않은 생선 한 마리를 두고 서로 나누어 먹는 모습을 연출한 정나눔의 현장이다.

김홍도의 〈기로세연계도 耆老世聯楔圖〉는 개성 만월대에서 문인들이 계회 契會를 벌이고 있는 광경을 그린 작품이다. 중앙에 큰 잔칫상 하나가 놓여 있고 이를 중심으로 계원들이 사방에 둘러앉아 있다. 저마다 1인용 술상을 받고 앉아 있는 계원들 앞에 시중들고 있는 동자들이 바쁘게 움직이는 모습이 보인다. 우리의 음식상차림을 설명할 때 한 번에 상을 차려 음식을 내는 교자상차림의 문제점을 지적한다. 찌개그릇에 숟가락이 함께 들어갔다 나갔다 한다고 하기도 한다는 것이다. 그러나 그림에서 보듯이 과거 전통의 손님 접대상에서는 아무리 번거로워도 엄격한 외상차림이었음을 알 수 있다. 일제시대 이후 간편한 교자상차림으로 변한 듯하다. 그림 왼쪽 소나무 숲에는 기로연耆老聯에 참석하지 못한 구경꾼들이 잔치에 함께하지는 못하지만 그래도 술을 파는 들병이 주위에 둘러앉아 잔술을 마시고 있다.

그림에 등장하는 수백 명의 사람들을 살펴보면 어린이, 마부, 저 혼자 술에 취해 땅바닥에 주저앉아 있는 취객, 심지어는 벙거지를 쓰고 밥을 얻으러 온 거지 모습도 보인다. 이처럼 다양한 사람들이 모여 북적대는 연회장 주변풍경은 동네잔치를 방불케 한다. 기로연은 조정이 사대부들을 위해 베푸는 일종의 경로잔치이지만 그들만의 잔치가 아니라 이웃과 함께하는 축제였던 것이다. 그래서 잔치음식과 발효음식, 그리고 정성情誠을 한국 음식문화의 특징으로 들기도 한다. 음식에 대한 정성은 잔치음식에서 잘 확인할 수 있으며, 음식 그 자체만이 아니라 그것을 먹는 사람에게도 세심하게 쏟아지는 배려이다. 음주가무와 함께하는 축제 현장에서 정성들여 만든 음식을 이웃과 함께 나누는 것이 마음을 나누는 것이요, 정을 나누는 것이다.

〈기로세연계도 耆老世聯契圖〉, 김홍도
개성 만월대에서 문인들이 계회를 벌이고 있는 광경을 그린 그림이다.

기속시紀俗詩에 나타난 정(음식) 나눔

한국인은 '우리'라는 말을 자주 사용하며 '우리'를 경험하는 상황에서 '정'이라는 독특한 한국적 친밀감을 경험하게 된다. 이는 품앗이, 계, 두레 등 농경의식과 혼례, 회갑 등의 통과의례 문화와 밀접한 관련이 있는 것으로, 이러한 행사에는 반드시 음식나누기가 행해진다. 음식을 같이 나눈다는 것은 곧 동질성을 갖는 것을 의미한다. 이렇듯 '정'은 우리민족을 대표하는 정서이며 우리사회의 공동체 의식을 형성하는 근간이 되기도 하는데, 나눌수록 더욱 풍성해진다고 믿었다. 특히 우리민족만의 독특한 나눔의 정을 표현하는 데에는 음식만 한 매개체가 없다고 본 것이다. 기속시에 표현된 '정'을 나누는 매개체로서 한국 음식문화의 특성을 살펴보자.

正初修賀太奔忙 정초의 새해 인사 몹시도 분주하니

飽喫人家歲饌床 여러 집 세찬상을 배불리 먹었네.

湯餅雉膏甘飣果 기름진 꿩탕떡국 그리고 단 강정

饁時供具赤堪嘗 삽시간에 내오니 또한 맛있게 먹네.

—유만공, 『세시풍요』(설날 아침)

위 작품은 설날 아침 차례가 끝나면 나이 많은 어른들께 순서대로 새해 첫인사인 세배를 드리는 모습을 표현했다. 새해 첫날 마을 어른들과 친척 어른들을 일일이 찾아뵙고 건강과 안녕을 기원하는 세배를 드리고, 세찬상歲饌床을 대접받는 모습에서 우리민족의 정을 느낄 수 있다. 세찬상에 오르는 떡국과 한과는 우리민족의 정을 상징적으로 표현하는 매개체라 할 수 있다.

七旬纔滿老公卿 일흔의 나이에 막 접어든 늙은 공경들

入社嗜英盛代榮 기로소 들어가니 태평성대의 영광이네.

靈閣淸晨祇拜後 이른 새벽 영각에서 공손히 절한 뒤

酪酥初進椀盈盈 주발에 가득 담긴 타락죽 처음 내오네.

—유만공, 『세시풍요』(설날 아침)

　

기로소耆老所는 기신耆臣들이 들어가는 곳으로 봄과 가을 두 차례의 기로연이 열렸다. 기로소에서 주발에 가득 담아 대접하는 타락죽은 쌀을 물에 불려 맷돌에 갈아 절반쯤 끓이다가 우유를 섞어서 만든 아주 부드러운 죽으로, 이가 약한 노인들을 배려한 영양식이었다. 진상품인 귀한 우유를 연초 노인들에게 대접하는 이런 모습은 매우 아름다운 미풍양속이라 할 수 있다.

　

賀箋封發趁新正 신정을 맞이하여 하례 전문 올리니

差使星馳上漢京 차사가 혜성처럼 한양으로 달려가네.

親友欣逢腹邑倅 친한 벗이 살진 수령 기쁘게 맞이하여

屠蘇一醉大關情 도소주에 한번 취함은 우정 때문이네.

—유만공, 『세시풍요』(설날 아침)

　

설날 먹는 도소주에 관한 시인데, '도屠'는 잡귀를 몰아내고 '소蘇'는 사람의 정신을 깨운다는 뜻으로 설날 아침에 차례를 마치고 세찬과 함께 마시는 찬술이다. 도소주는 도라지, 산초山椒, 방풍防風, 백출白朮, 육계피肉桂皮, 진피陳皮 등을 조합하여 빚는데, 마실 때 젊은 사람은 한 해를 얻으므로 먼저 마시고, 늙은 사람은 한 해를 잃으므로 뒤에 마신다고 한다. 위 작품에서 도소주는 친구간의 우정을 확인하고 관계를 돈독히 해

주는 매개역할을 한다. 주인공을 취하게 하는 것은 도소주가 아니라 친한 벗의 우정이라고 한 표현에서 작가의 멋스러움을 느낄 수 있다.

> 金英初掇煮團餻　노란 국화 처음 따다 동그란 전 지져놓고
> 桑落新醞滴小糟　작은 지게미 떠 있는 상락주도 처음 걸렀네.
> 紅葉秋園成雅集　단풍든 가을 정원에 고아한 모임 가지니
> 風流何似强登高　이 풍류 어찌 억지로 등고하는 것과 같으랴.
>
> ─유만공, 『세시풍요』(중양절)

　위 작품은 중양절의 풍속을 읊은 것인데, 단풍이 드는 가을 향기로운 국화전과 상락주로 친한 친구들과 동산에 모여 풍류를 즐기는 장면이다. 상락주는 뽕잎이 지고 가을 누에치기도 끝나는 시기에 마신다는 의미에서 붙여진 이름이다. 시구에서 느껴지는 향긋한 국화향과 상큼한 상락주향은 가을동산의 모임을 더욱 정겹게 전달하고 있다.

> 棗頰初丹栗顆成　대추 볼 처음 붉고 밤송이 벌어질 때
> 白新稻飯土蓮羹　하얀 햅쌀밥에 토란국 끓이네.
> 家家上塚如寒食　집집마다 한식처럼 성묘하러 가니
> 明月中秋感慨情　달 밝은 중추날 감개한 정이더라
>
> ─유만공, 『세시풍요』(추석)

　추석은 온 가족이 모여 정을 나누는 민족의 대명절이다. 시에 표현된 대추, 밤송이, 햅쌀밥에 토란국은 풍성한 한가위를 표현하고 있으며, 집집마다 한식처럼 벌초伐草하고 성묘하는 시구에서는 조상을 공경하는 우리의 미풍양속을 읽을 수 있다. 풍성한 음식, 꽉 찬 달 그리고 조상을

공경하고 가족을 사랑하는 한가위 풍경에서 우리민족의 정감 어린 정취를 흠뻑 느낄 수 있다.

隣朋相訪抵深更　밤 깊도록 이웃의 친구를 방문하어

燈燭連街恣夜行　등촉 이어진 거리를 마음껏 다니네.

卵樣饅頭花樣炙　계란 모양 만두와 화양적으로

剩供饌品別般情　특별한 정을 담아 넉넉히 대접하네.

—유만공, 『세시풍요』(제석除夕)

　섣달 그믐날 밤에 잠을 자지 않고 밤을 새우는 풍습을 수세守歲라 하는데 한해를 정리하고 새해를 설계하는 송구영신 풍속의 하나라 할 수 있다. 이날은 잠을 자지 않고 밤을 새우기 위해 윷점을 쳐서 그해의 길흉을 점치기도 한다. 부인들은 세찬 준비에 바삐 움직여야 하며 또 호롱불을 들고 왕래하는 묵은 세배꾼들도 있고 친구집에 찾아가 어울리는 등 자연히 수세가 이루어지게 된다. 이렇게 여러 사람들이 모이는 곳에는 언제나 맛있는 음식이 빠질 수 없는데, "알 모양 만두와 꽃 모양의 화양적으로 특별한 정을 담아 넉넉히 대접하네"라는 구절과 같이 음식에 듬뿍 담긴 풍성한 우리민족의 정을 느낄 수 있다.

軟菜推與翁　부드러운 나물 영감에게 밀쳐주고

焦飯盆翁鉢　누룽지 밥을 영감 사발에 덜어주네.

爲翁不耐寒　영감님 추위를 많이 탄다 하고

短裙裂作襪　짧은 치마 찢어서 영감 버선 짓네.

—이양연, 『촌노부』

위 작품은 궁벽한 산골에서 평생 고락을 함께하며 쌓인 연륜만큼이나 깊이 있는 노년의 사랑을 곡진하게 형상화한 작품이다. 작가는 이들의 진실한 인간미와 깊은 애정을 따뜻한 시선으로 잔잔하게 그려내고 있는데, 부드러운 나물과 누룽지밥은 치아가 약한 남편을 생각하는 부인의 따뜻한 정이다. 이렇듯 음식은 서로의 정을 나누고 확인하며 고달픈 삶에 에너지를 불어넣는 상징적인 매개체인 것이다.

약藥으로서 음식

한국의 전통문화는 그 배경에 자연이 있다. 자연의 생명력이 스며든 소박한 아름다움이 우리의 전통음식에 들어 있다. 이 소박함은 거부감 없는 색깔과 맛으로 표현이 된다. 우리에게 보약은 별다른 것이 아니다. 자연을 담은 음식을 먹으면 보약이 된다. 옛날부터 약식동원藥食同原 즉, '약과 음식은 그 근원이 같다' 라는 표현으로 식생활의 중요성을 말하였는데, 이는 우리가 섭취하는 음식이 건강을 지키고 질병을 치료하는 것과 밀접한 관련이 있음을 뜻한다.

토끼전에 나타난 약선 음식문화

부후허실ᄒ기ᄂ 칠포믹이 두렷ᄒ고 미침완삭ᄒ기ᄂ 팔리믹이 두렷ᄒ고 상단하촉ᄒ기ᄂ 구도믹이 두렷ᄒ고 심소쟝은 화오 간담은 목이오 폐대장은 금이오 신방광은 슈오 비위ᄂ 토라 간목이 티과ᄒ미 목극토에 비위믹이 샹ᄒ고 담셤 셩셩ᄒ니 화극금에 폐대쟝이 샹홈이라 심명즉 만병이 식ᄒ고 간샹즉 만병이 싱ㅎ니 다른 믹은 다 관계치 안이ㅎ되 뎨일 간믹이 슈샹ㅎ니 비위믹이 샹ㅎ야 병이 복쟝에 드니 스지가 무거웁고 눈이 어둡기는 풍의쟉란이며 구미 가졋치기는 비위 샹흔 연고이라 속으로 드러 복쟝이 져리기는 음양으로 난 병이니 음양풍도 두세 가지 긔운이라~ 인묘는 목이오 신슐튝미는 토이로다 목극토ㅎ니 오힝에 일넛스되 갑인진슐은 대강슈오 진간손스는 원송목이라 슈셩목을 식이자면 인간증산 천년토간이 약이로소이다

—심정순·곽창기 창본, 『수궁가』

위 글은 토끼전의 한 장면으로 용왕이 큰 잔치를 치른 후 병이 나 백약으로 치료해도 효과가 없어 토끼 간을 처방받는 대목이다. "복장이 절이기는 음양으로 난 병이니"에서 용왕의 병이 음양의 부조화로 난 병임을 알 수 있다. 즉, 용왕은 주색에 빠져 병을 얻었기에 양기가 넘치는 상태다. 왜냐하면 술은 음양의 원리상 '화火'에 해당하는 것으로 '양'이므로, 술병에 걸린 용왕은 양기가 지나쳐 생긴 것이다. 동양의학적 관점에서 보면 모든 병은 음양의 부조화에서 온다. 따라서 왕은 넘쳐나는 양이 아니라 모자라는 '음'을 보완해야 한다. 산중의 토끼는 여성적인 동물이므로 음에 속한다. 용왕은 음양의 조화를 이루어 건강을 회복할 수 있다는 것이다.

약선 처방에서도 이류보류(以類補類, 무리로써 무리를 보한다)라는 말이 있다. 체내에 부족한 것을 다른 동물의 같은 것으로 보충한다는 뜻이다. 예컨대 무릎을 튼튼히 하려면 소의 도가니를 음식재료로 구성해 조리해 먹으면 사람의 무릎 등이 튼튼해진다는 논리이다. 또한, 술을 많이 먹어 간이 나빠지게 되었으니 신선한 간을 먹어야 한다는 단순한 논리도 있지만, 간의 기능은 신체 중 눈과 직접적인 관계가 있다. 한방에서 간은 인간의 정신을 상징한다. 결국 간은 정신적으로는 마음을,

육체적으로는 눈을 상징하고 있으며, 용왕의 눈이 흐려졌다는 것은 당시 지배층의 부패를 풍자한다. 반면, 토끼라고 하는 것이 동쪽을 맡았으므로 새벽 닭이 울 때 가장 먼저 태양의 양기를 받아먹고, 달나라에 가서는 계수나무 그늘 속에 장약 찧을 적에 음약을 받아먹은 동물이다. 토끼는 이렇듯 태양과 달의 음양기운의 정기를 받아 간경이 좋으니 눈이 밝아 별호를 명시明視라 한다. 술로 정신도 흐려지고 눈이 나빠진 용왕이 간경이 좋은 토끼 간을 먹으면 병환이 즉시 낫고 불로장생하리라는 것이다. 토끼는 간경이 좋아 눈이 밝기 때문이다. 왕이 토끼의 간을 먹어야 한다는 것은 왕의 눈과 정신이 어둡다는 방증이다.

강아지로다 기라니 반갑다 월명송하방룡정이오 일츌운봉계견헌이라 선경에도 기눈 잇고 인간 기로 의론컨더 오륙월 복기쟝 어혈든 더 니죵든 더 속병든 더 즁병 곳혜 보신 초로 잡아 먹고 가쥭 벗겨 글피당혀도 호고 세시복납에 힝양포고홀 졔 파나 만히 넛코 푹 고으면 기쟝국도 됴커니와 안성청룡 수당피가 소고 메여 ~ 송아지로다 송아지라니 더욱 됴타 ~ 너를 잡아 두죡 압뒷다리 션지 니쟝은 설넝탕 집으로 보니고 안심 밧심 두 볼기눈 졍조 한식 단오 츄석 소명일긔졔소에 젹감으로 실컨 쓰고 벙거지골 넙이할미 가리찜 양복기가 십샹이오 가쥭은 벗겨니여 북도 메고 신도 짓고 털은 골나 벙거지 요속호고 뿔은 켜서 활각지 빗치기 살젹미리가 십샹일다 ~ 사슴이오 얼시고 더욱 됴타 우리 룡왕 병환 즁에 록룡은 신경 부죡혼 더 잡스시고 록혈은 눈 침침호고 각긔나눈 더 십샹이니 사심이거던 잡어라 ~ 그러면 도야지오 ~ 제혈이 록혈보다 효험이 치낫고 졔육 쳣졈이라니 슐안쥬에 데일이오 국슈부빔 탄평치에 져육 업스면 맛 잇다더냐 잡말 말고 잡아라

—심정순·곽창기 창본, 『수궁가』

위 장면은 수궁에 잡혀간 토끼가 위기를 모면하려는 대목인데, 여기에서 우리는 음식을 통해 병을 치유하려는 우리민족의 약선 음식문화를 읽을 수 있다. 우리조상들은 만물이 '기氣'라는 보이지 않는 존재에 의해 성립한다고 믿었다. 사람이 생명을 유지하는 것은 기가 혈과 함께 체내를 구석구석까지 순환하기 때문이라고 생각했다. 질병이란 평형상태를 유지했던 '기'가 불균형에 빠진 상태로 보았다. 이는 '항상성Homeostasis'이 깨진 상태가 질병이라고 보는 서양의학의 관점과 유사하다.

'기'의 불균형은 스트레스와 같은 내적 요소에 자연계의 '기'로 인식되는 추위 및 더위와 같은 외적 요소가 결합함으로써 발생한다는 것이다. 아직 병이 생기지는 않았지만 신체가 가지고 있는 평한 기의 균형에 발작이 생긴 상태를 넓은 의미의 병으로 보고, 이 단계에서는 평소에 먹는 음식을 조절하는 것만으로도 기를 고르게 다스릴 수 있는 것을 약선으로 보았다. 음식을 약으로 먹는다는 이야기이다. 다시 말해 음식을 상약으로 보는 것이 약선의 기본개념이다. 우리가 섭취하는 모든 식품은 한, 양, 평, 온, 열, 등과 같은 고유의 성질을 지니고 있으며, 이를 제대로 파악해 건강유지의 지침으로 삼고 있다. 즉, 오뉴월 복개장은 어혈, 중병 끝에 보신을 목적으로 먹고, 복날에는 파를 많이 넣고 푹 고아 개장국을 끓여 먹으면 좋다고 한다. 녹용은 신경부족한 데 좋고, 사슴혈은 눈 침침한 데 좋고, 돼지혈은 그 효험이 사슴혈보다 낫다고 하였다.

그러면 그저 가기 섭섭하니 약이나 일너다고 그는 그리하여라 팔기탕이나 써 보아라 지료가 무엇이냐 고리 여덟 잡아 등마루 쎄 각각 여덟 마리식 하고 거복의 챵ㅈ 여덟 쎔식 하고 샹어 가죽 여덟 쟝 하고 홍어신 팔십 기하고 리어 왼눈동ㅈ 여덟 되 하고 감을치 쓸기 여덟 죵ㅈ 하고 병어 등심 여덟 근 하고

즈라 목아지 디밋 잡고 드는 칼로 드립더 메여 여닯 움 숨 ㅎ고 방어 기름 여
닯 동의 합ㅎ야 노코 즈가사리 메역이 여닯 바지게 베여 법게 딱지에 폭 고아
한 동의 되거던 미일 세 스발식만 먹게 되면 병은 츠츠나을 것이니 음식은 대
구 쎠셔 죠셕으로 먹고 입만 날만ㅎ거던 굴근 봉어 미일 여듯 마리씩 비 짜고
닉쟝 너여 버리고 위어를 잡어 짓쭈들겨 그 속에 가득 넛코 록으라지게 고아
먹으면 그 병이 운권쳥뎐ㅎ리라

— 심정순·곽창기 창본, 『수궁가』

이 인용문은 토끼가 다시 뭍으로 도망치며 자라에게 용왕의 약에 대
해 한수 가르쳐주고 가는 장면이다. 약명은 팔개탕, 재료로는 고래 8마
리의 등마루뼈 8개, 거북 창자 8뼘, 상어 가죽 8장, 홍어신 80개, 잉어
왼눈동자 8되, 가물치 쓸개 8종지, 병어 등심 8근, 자라 목 8움큼, 방어
기름 8동의, 자가사리 8바지게, 미역 8바지게이다. 용기는 법게 딱지이
며, 한 동이 될 때까지 푹 고아 조리하며 세 사발씩 복용한다. 또한 팔
개탕과 더불어 대구찜과 봉어, 위어를 고아 함께 먹으면 병이 낫는다고
하였다. 여기서도 역시 '약식동원' 사상을 읽을 수 있다. 이렇게 판소
리 소설 곳곳에서 식품을 이용해 병을 치료하려는 당시 민중들의 의식
을 엿볼 수 있다. 이는 조선시대 인본주의와 민생복지 정신을 바탕으
로, 식품도 하나의 약성분으로 보고 음식섭취를 통해 의학적인 치료를
하는 약식동원 관습이 토착화되어 식이요법이 이루어지게 되었다. 또
한 조선 후기에 들어서 실학의 발달로 과학적인 식생활 문화가 한층 더
발전되는 요인이 되었다.

풍속화와 기속시에 나타난 약식동원 사상

약식동원 사상은 소설뿐만 아니라 풍속화에서도 읽을 수 있는데, 다

〈채애도 採艾圖〉, 윤두서
우리 민족은 겨우내 부족했던 비타민을 봄나물로 보충하였다.

음 몇 가지 작품을 통하여 조선시대 당시 음식과 관련된 백성들의 의식을 읽을 수 있다.

윤두서의 〈채애도 採艾圖〉는 봄날에 두 여인이 산기슭에서 쑥艾 캐는 모습을 담은 작품이다. 여인들은 머릿수건을 둘러쓰고 속바지가 드러나도록 치마를 걷어 올려 일하기 편한 복장이다. 망태기와 칼을 든 여인은 캘 쑥을 찾은 듯 막 허리를 굽힌 자세이고, 뒤쪽 여인은 쑥을 캐느라 굽혔던 허리를 펴거나 혹은 빠뜨리고 지나친 쑥이 없나 돌아보는 듯한 뒷모습이다. 갓 돋은 향긋한 쑥과 봄나물은 기나긴 겨울 동안 부족한 비타민을 보충해주고, 그 추운 겨울을 이긴 강인한 생명력은 지친 우리의 몸에 새로운 활력을 불어넣어준다. 또한 봄나물의 향과 맛 덕분에 잃었던 입맛을 다시 찾고 기력을 회복할 수 있는 것이다.

槿薺靑靑苜蓿香　푸른 씀바귀와 냉이 향기로운 목숙
早春新菜正堪嘗　이른 봄 새로 돋은 나물 매우 맛있네.
山家韻事隨時物　산가의 운치 있는 일은 시절사물 따라서
會酌陽坡煮艾湯　양지 바른 언덕에서 쑥국 끓여 술 마시는 것.

—유만공, 『세시풍요』(한식 寒食)

유만공의 작품에서도 우리민족은 푸른 씀바귀와 냉이, 향기로운 쑥 등 이른 봄에 새로 돋은 나물을 즐겨 먹었음을 알 수 있다. 이처럼 우리민족은 계절에 따라 따사로운 언덕에서 향기로운 시절음식을 나누며 살아가는 것이 운치 있는 일이고 삶을 여유 있게 즐기는 방법이라 생각한 것이다. 제철에 나는 신선한 식품을 섭취하는 것이야말로 병을 예방하고 치료하는 데 가장 근본적인 방법이라 할 수 있다. 특히 이 글에 표현된 쑥은 냉증과 부인병 등에 효과적이어서 식재료뿐만 아니라 약초로 말려 미리 준비해두고 사용하였다. 이처럼 식품으로 병을 예방하고 치료하려는 우리민족의 약식동원 사상을 읽을 수 있다.

김득신의 〈풍속 8곡병 風俗8曲屛〉은 노적가리가 마당 한구석을 차지하고 그 주위에 떨어져 있는 곡식을 쪼아 먹는 닭과 떼적을 두른 소가 외양간 앞에 한가롭게 서 있는 장면을 통해 한 해 동안의 고된 농사일이 끝났음을 말해준다. 겨울채비를 위해 뜰 아래에서 새끼를 꼬고 돗자리를 짜는 모습, 비스듬히 비켜 누워 만족스럽게 내려다보는 노인의 모습, 물동이를 머리에 이고 어린 자식과 함께 마당으로 들어서는 아낙네, 사랑방에서 글 배우기에 열중하고 있는 학동의 모습 등에서 풍요로움을 읽을 수 있다.

특히 노적가리 옆에 쌓여 있는 무와 배추는 김장준비를 위한 것이다. 김장은 연중행사 중 하나로 겨울과 이듬해 햇채소가 나올 때까지 겨울반찬이 되며, 우리 몸을 보호해주는 영양제가 되는 것이다. 특히 조선 중기 이후 고추가 김치에 사용되면서 김치 보존기간이 길어지게 되어 김장을 대량으로 하는 풍속이 정착되었으며, 젓갈 사용 등이 보편화되어 동식물성 식품이 한층 조화를 이루게 되었다.

김득신(金得臣, 1754~1822)과 비슷한 시대를 살았던 유만공(柳晚恭, 1793~1869)의 한시에서 우리는 〈풍속 8곡병〉과 관련된 내용을 살펴볼 수 있다.

〈풍속8곡병 風俗8曲屛〉(7면), 김득신
농사일이 끝나고 한가롭게 시간을 보내고 있는 사람들의 모습에서 풍요로움이 느껴진다.

秋圃收來負郭村　성 밖 마을에서 가을 채소 수확하니
靑靑菘葉白菁根　푸르고 푸른 배추와 흰 무 뿌리라네.
家家滿甕沈漿菜　집집마다 항아리에 가득 담근 김장은
準備三冬品飯餐　삼동의 정갈한 반찬 준비한 것이라네.

—유만공, 『세시풍요』(중양절 重陽節)

위 시에서도 볼 수 있듯이 가을 채소를 수확하여 집집마다 항아리에 가득 담는 김장은 보편화된 연중행사임을 알 수 있다. 이처럼 우리민족은 겨울에 부족하기 쉬운 비타민이나 무기질 등의 영양소를 가을에 미리 준비하여 균형 잡힌 식생활을 유지하고 몸을 보호하는 지혜를 발휘했다.

조선 후기 선비화가 조영석의 〈채유採乳〉는 갓을 쓰고 도포를 입고 가죽신을 신은 다섯 사람이 우유를 짜고 있는 모습을 그렸다. 가장 오른쪽에 자리잡은 사람은 끈으로 암소 뒷다리를 묶어 암소가 버둥거리지 않도록 하고, 또 다른 한 사람은 쪼그리고 앉아 바가지로 우유를 담고 있다. 이렇게 채유採乳하는 이유는 타락죽駝酪粥을 만들기 위함이다. 타락죽은 불린 쌀과 우유로 묽게 쑨 부드러운 죽으로, 당시 허약한 노인에게 알맞은 영양보충제로 쓰였으며 궁중 내의원에서 만들어 임금께 올렸다고 한다. 이를 통해 우유와 우유조리식품이 부분적으로 존재하였음을 알 수 있다. 하지만 당시 소는 귀한 가축이었고 그 수가 많지 않았기 때문에 우유로 만든 식품이 대중화되지는 않았다. 서민들은 염소나 산양 등의 가축에서 짠 우유로 묽게 죽을 쑤어 노인을 봉양했을 것이다.

七旬纔滿老公卿　일흔의 나이에 막 접어든 늙은 공경들

入社嗜英盛代榮　기로소 들어가니 태평성대의 영광이네.

靈閣淸晨祇拜後　이른 새벽 영각에서 공손히 절한 뒤

酪酥初進椀盈盈　주발에 가득 담긴 타락죽 처음 내오네.

—유만공, 『세시풍요』(설날 아침)

타락죽
찹쌀가루에 우유를 넣어 쑨 타락죽은 어린이나 환자에게 영양식으로 좋은 음식이다.

　풍속화뿐만 아니라 기속시에서도 타락죽에 관한 내용을 확인할 수 있다. 유만공의 〈세시풍요〉를 살펴보면 타락죽이 임금의 귀한 하사품임을 알 수 있다. 귀한 우유로 죽을 만들어 연초에 노인들에게 대접하는 모습은 아름다운 우리의 미풍양속임에 틀림없다. 죽은 소화가 용이하므로 요즘에도 노인식, 유아식, 병인식으로 많이 쓰이는데, 과거에도 쌀을 기본으로 하는 견과류, 어패류, 채소류 등 다양한 종류의 죽이 많이 발달되었다. 이렇듯 부드러운 음식으로 허약한 노인들의 몸을 보하는 노인식은 우리민족의 약식동원 사상과 효 사상을 함께 읽을 수 있는 대목이다.

권력 코드로서 음식

　조선시대에는 임금이 신하에게 음식을 내려주는 봉송奉送이라는 제도
가 있었다. 하사품 중에서 중요한 것이 음식이었다는 사실은, 당시에는
음식이 귀했다는 점과 함께 음식이 중요한 권력의 코드였음을 보여준
다. 그중 유명한 것이 영·정조 시절의 실학자였던 이덕무가 왕으로부
터 하사받은 식품들이다. 이덕무는 검서관으로 있던 1782~1793년 동
안에 하사받은 식품목록을 『선고적성현감부군연보先考積城縣監府君年譜』라
는 긴 이름의 저서에 일일이 기록해놓았는데, 그 기록을 보면 식품의
다양함에 놀라게 된다. 백미 같은 것도 있지만 웅어, 밴댕이, 게, 준치,
대하, 생전복 같은 다양한 어류부터 산 꿩, 사슴 뒷다리, 양의 어깻죽지
등의 육류, 그리고 생률, 당유자, 귤 같은 과일류와 게젓, 절인 준치 같
은 젓갈류 등의 음식이 나온다. 거기다 쇠고기에 채소를 섞어 구운 음
식 그릇까지 등장하는 것으로 보아 신하들에게 음식을 내림으로써 친
밀감과 충성을 구한 것이 아닌가 생각된다. 그리고 일단 윗사람이 아랫

사람에게 음식을 내린 것은 음식이 이 시대의 중요한 권력 코드였음을 짐작케 한다. 권력을 잡는다는 것은 음식에 대한 지배와 독점을 의미하는 것이기도 했다.

고대로부터 인류의 역사는 인간의 1차적 욕구인 배고픔을 해결하기 위한 생존전쟁이었다. 채집과 수렵 경제에서 벗어나 정착하여 농사를 지으면서 배고픔은 어느 정도 해결되었지만, 이제는 경제적 생산물을 독점하는 현상이 발생하였다. 생산물을 독점한 사람들은 음식물을 분배하는 과정을 통해 사람들을 지배한다. 우리나라는 고대부터 농경을 통하여 삶을 유지해왔다. 따라서 식재료를 기를 수 있는 토지는 생존과 직결된다고 할 수 있다. 조선시대 토지소유는 부를 축적하는 좋은 수단이었으므로 왕실이나 양반, 관리 등은 토지소유에 열을 올리게 되었다. 이러한 가운데 토지는 소수의 거대 토지소유자들에게 편재되어 토지소유에서 배제된 대부분의 농민들은 소작농으로 전락할 수밖에 없었던 것이다. 소작농으로 전락한 양인농민들은 지주에게 높은 비율의 전세(약 50퍼센트의 소작료)를 부담해야 했을 뿐만 아니라 국가에 대해서도 여러 가지 과중한 의무를 지고 있었다. 따라서 이들은 항상 가난에서 헤어날 수 없는 처지에 놓여 있었다. 그러므로 가난한 농민들은 경제력을 갖추고 있던 양반이나 중인들이 풍요로운 식생활을 누릴 수 있었던 것과는 대조적으로 식량조차 부족한 상황에 처해 있었다. 농경사회의 식량은 곧 경제력이며 힘이었다.

판소리 소설에 나타난 권력 코드로서의 음식

그 놈이 심스기 일려흔디 형제 윤기 잇슬손야 부모의 분지젼답 져 혼즈 차지흐고 농스짓키 일삼난대 웃물 죠흔 놈의 모을 붓고 노푼 논의 물을 갈나 집푼 논의 물갈이와 구렁논의 찰베흐고 살픈 밧틔 면화흐기 자갈밧틔 셔숙

갈고 황토밧터 참외노며 빈탈밧터 담비흐기 토옥한 밧터 파슬을 갈아 울콩 물콩 청듸콩이며 돔부 녹두 지장이며 창찌 들찌 피마즈를 시이 시이 심어두고 씨을 츠져 지슴미여 츄슈동장 노젹흐야 친고빈기 몰노보고 형제윤기 져발인 이 엇지안이 무도 홀야.

—『홍보전』

판소리 소설 『홍보전』의 한 대목으로, 놀부는 부모의 분재전답을 저 혼자 차지하여 부자로 살아간다. 조선 후기는 이앙법의 보급으로 모, 맥 이모작이 일반화되어 쌀, 보리, 조 같은 주곡 생산량이 현저히 증가해 부를 축적하고 잉여농작물의 상품화를 촉진시키는 결과를 가져왔다. 또한 토지소유는 식량뿐만 아니라 다양한 상품작물들을 재배하고 유통시켜 부의 축적으로 연결되었다. 위 인용문에서 보듯이 놀부는 주곡뿐만 아니라 참외, 담배, 울콩, 물콩, 청태콩, 동부, 녹두, 참깨, 들깨, 피마자 등과 같은 상업적인 작물을 심어 토지를 효과적으로 관리하였다. 이렇게 하여 놀부는 엄청난 재산을 축적해 그의 집에는 노적가리가 태산같이 쌓여 있고, 대청 뒤주에는 쌀이 가득했던 것이다.

쇼리을 병역갓치 질너노니 홍보 짱의 업쎠지며 두 숀 합장 무릅꿇코 지셩으로 비는 말이 비논이다 비논이다 형임젼의 비논이다 사러지다 사러지다 형임 덕퇴 살러지다 베ㄱ되면 흔 말이요 쌀이 되면 스 되만 쥬옵시고 되ㄱ 되면 닷 되 돈이 되면 두 돈만 쥬옵시면 품을 판을 못갑퓨며 일을 한들 공이 할ㄱ 형임 동싱 이니 몸도 어제 겨역 그제 즈고 오늘 앗침 식젼이요 차마 곱파 못살것쇼 쌀도 베도 못쥴 테면 찬 밥이니 한 술 쥬옵쇼셔 시근 밥도 업거덜낭 쓰러기니 씨경이 니 쳐분듸로 쥬옵시면 세 싣이ㄴ 굴문 즈식 구완흐야 솔이것쇼.

—『홍보전』

반면, 맨몸으로 쫓겨난 흥부와 흥부 아내는 온갖 품을 다 팔고 있다. 오뉴월 보리치기, 대동방아 찧기, 김장하기, 음식하기, 용정방아 찧기, 물긷기 등을 하는데, 이는 보수가 아주 낮은 일거리들이기 때문에 흥부네 식구들은 "제삿날에나 밥맛"을 볼 정도였다. 그리하여 흥부는 매품이라도 팔지 않을 수 없는 지경에 이르게 된다. 이처럼 조선 후기 농촌사회에서 품팔이 노동으로 생활하는 것 즉, 생산수단을 상실한 빈민층은 최저생활도 보장받지 못했던 것이다. 흥부는 품을 팔기도 하고 구걸도 하며 연명하다가 하루는 형을 찾아 양식을 꾸려다 매만 맞고 쫓겨나게 된다. 벽력같이 소리를 지르는 놀부 밑에 엎드려 자식들을 생각하며 자존심까지 모두 버린 흥부의 모습을 보면 먹고 사는 것이 얼마나 힘겨웠는지 알 수 있다. "쌀 서되 〉 찬밥 한술 〉 싸래기 〉 술지게미 처분대로"라고 표현했듯이 놀부의 힘(경제력) 앞에 생존을 위한 흥부의 간절한 바람을 상징적으로 읽을 수 있다. 이처럼 『흥보전』은 당시의 경제적 양극화 현상을 음식이라는 기호를 통해 효과적으로 표현하고 있다.

여보쇼 이기 엄멈 어셔 밥좀ㅎ쇼 빅미 닷 셤으로 ㅎ야 비곱푼디 먹어보시 흥보 안 이 얼는 나셔 일변 밥을 깁피 지여 집처갓치 멍셕으다 수복 담숙 쓰어녹코 가장 즈식 불녀들어 어셔 오쇼 먹어보시 ㅅ방의서 와 ㅎ더니 만슈산의 구름뫼듯 걸비청의 낭치뫼듯 밥싼 멍셕 가숭으로 휘휘 둘너쓰고 안져 후닥닥 후닥닥 양팔 숀질 쥬먹밥을 셋쥭방울 던진 다시 엇지 먹어노왓쩐지 숀이 츠츠 늘어지고 빅쪽지가 발짝 되지바지게 산목이 단복차게 먹어노은 거시 세상도 귀창ㅎ게 되얏구ㄴ 비에 못이기여 이만ㅎ고 안져씰 제 고기로 오는 팔이 휘휘 날여 이고 눈 죽것다 나 죽거던 팔 이 놈으로 윈고즈을 솜으리라 이러할 제음의 흥보 안이도 밧턴 속의 밥을 엇지 먹어던지 밥셜스가 나것구는 쓸여 업데여 이고 죵이야.

―『흥보전』

이 장면은 흥부가 첫 번째 박을 타고 나온 쌀로 밥을 해먹는 장면이다. 흥부에게 주어진 박은 그의 선행에 대한 보은이다. 그런데 박에서 나온 것은 주로 당시 평민들의 '식의주'를 해결할 수 있는 쌀 궤, 각종 비단, 집 짓는 목수 등이다. 이는 당시 평민들의 생존에 가장 필요한 기본적인 생필품임을 알 수 있다. 물론 오늘날에는 먹는 일이 어느 정도 해결되었으므로 '의식주'라 하지만, 작품이 구전될 당시 조선시대 평민들에게 입는 일보다는 먹는 일이 더욱 시급했을 것이다. 따라서 박에서 먹는 것이 제일 먼저 나온 것은 충분히 짐작할 수 있다. 흥부의 박에서 펼쳐진 세계는 권력이나 명예를 추구하던 양반들과는 무관한 어디까지나 '식의주'가 여의치 않던 당시 평민들의 소박한 꿈이었다.

오죽하면 첫 번째 박에서 나온 백미 닷 섬으로 모두 밥을 지어 멍석에 집채같이 수북하게 담아놓고 밥 설사가 나오도록 먹었다고 표현했겠는가. 이는 당시 가난했던 서민들을 사실적으로 표현한 대목이기도 하다. 당시 서민들이 현실적으로 꿈꿀 수 있었던 것은, 죽어서나마 좋은 세상에 태어나 의식주 걱정없이 잘 살아보자는 것이었으리라. 즉, 서민들의 경우 그들의 현실적인 곤고함을 잠시라도 잊기 위해 현실과는 다른 세계 즉, 박의 세계를 작품 속에서 꿈꾸어본 것이다. 이렇듯 『흥보전』 속의 음식은 토지를 가진 자와 갖지 못한 자를 서열화하는 코드로 작용한다. 또한 박이라는 비현실적인 세계를 통해 가장 먼저 도달하고픈 이상적인 세계의 표상이기도 하다. 다음은 『적벽가』의 한 대목이다.

曹操 大宴을 排設ㅎ야 술 만이 걸으고 썩 만이 치고 소 만이 잡고 돗 만이 잡고 기

잡고 닭 잡아셔 護軍을 질근ㅎ고 連環흔 쉰 戰船을 大江中央 덩실 씌여 푸른 복판

—『적벽가』

(조조 진영 출병 전 잔치 장면)

『적벽가』에서는 조조가 전투 출병 전에 술, 떡, 소, 돼지, 개, 닭을 잡아서 군졸들에게 잔치를 여는 장면이 나온다. 이렇듯 생산물을 독점한 권력가들은 음식물 분배과정을 통해 사람들을 지배하게 되는데, 그들은 음식과 술을 하사하여 군주의 은혜를 표현하기도 하며, 식례를 통해 상하질서를 규제하기도 한다. 조선 후기 쌀은 조세 대상이었으며, 소작농의 경우 높은 비율의 소작료를 바치고 나면 농작 때라도 이들에게 돌아가는 쌀은 별로 없었다. 그리고 쌀을 갖고 있더라도 이를 식량으로 이용하기보다는 값이 더 싼 잡곡이나 기타 물품을 구입하기 위한 화폐로 이용하였다. 이렇게 귀한 쌀로 만든 술과 떡 그리고 값비싼 고기는 역시 서민들이 쉽게 가질 수 없는 힘의 상징인 것이다. 조조는 출병 전 군졸들의 사기를 진작시킬 요량으로 연회를 베푼다. 음식물을 베풀어 충성과 복종을 약속받으려는 것이다.

풍속화와 기속시에 나타난 권력 코드, 음식

음식이 경제력과 힘을 상징한다는 내용은 판소리 소설뿐만 아니라 풍속화나 기속시에서도 쉽게 찾아볼 수 있다. 〈타작도〉는 수확기를 맞은 농촌의 타작모습을 그린 것이다. 볏단을 내리쳐 알곡을 털어내고 있는 여섯 명의 소작인들과 그 뒤편에서 이들을 감독하는 마름이 비스듬히 누워 있는 풍경이다. 낫으로 벤 볏단을 한 다발씩 묶어서 말린 다음 하게 되는 타작은 힘이 많이 드는 고된 노동임에 틀림없지만, 일 년 내내 추수를 기다렸던 농민들에게는 일 년에 몇 번밖에 없는 쌀밥 먹을 기회이기 때문에 즐거운 일일 것이다. 김홍도는 힘들게 노동하는 농민의 모습과 담뱃대를 물고 한가하게 졸고 있는 양반의 모습을 한 장면에 표현했지만, 특유의 해학과 중용의 관점에서 바라봐 갈등과 대립을 부각시키지는 않았다. 하지만 가슴과 배가 드러난 총각의 얼굴은 벼타작

<타작도>, 김홍도
힘들게 일하고 있는 소작농들과 담뱃대를 물고 한가로이 감시하고 있는 마름의 모습이 해학적으로 그려져 있다.

이 그다지 즐겁지 않은 듯 얼굴을 잔뜩 찡그린 채 볏단을 머리 뒤로 젖혀 통나무에 내려칠 자세다. 반타작도 되지 않는 소작인의 현실과 비애가 표현된 듯하다. 이 작품에 등장하는 음식은 쌀과 술이다. 적은 양의 쌀이라도 얻기 위해 힘든 노동을 감수해야 하는 소작인들과 그 귀한 쌀로 만든 술을 술병에 담아 한가로이 마시며 졸고 있는 양반의 상반된 모습은 힘의 대비를 음식을 통해 상징적으로 보여준다.

신윤복이 그린 <주사거배 酒肆擧盃>는 금주령 아래서 술을 마시고 있는 양반들을 풍자하고 있는 풍속화이다. 혜원이 살았던 시기인 18세기 말 서울의 술집모습인 듯한데, 기와집과 초가집 지붕들 사이로 보이는 풍경, 마루 뒤편의 장이나 장 위에 놓인 많은 백자자기 등은 술과 밥을 팔며 나그네를 유숙시키는 일반 주막과는 다른 모습이다. 트레머리를 하고 남색치마와 짧은 저고리를 입은 주모는 오른손으로 국자를 들고 술을 담는다. 한잔 술에 거나해진 손님들이 떠들썩하며 떠나려는 참인지 마당에서 서성이고, 아직도 아쉬운 듯 부뚜막 주변을 맴도는 나머지 일행을 재촉하고 있다.

혜원이 살던 조선 정조 시대에 가장 빈번하게 내려진 것이 엄격한 금주령이었다. 이는 그만큼 술빚기가 많았다는 반증이기도 하다. 그러나 실제로는 제대로 지켜지지 않은 듯하다. 양반들은 술을 마시다 들켜도 벌을 받지 않고 백성들만 재산을 빼앗긴다는 원성이 자자했다. 이렇듯 당시 백성들은 생존을 위한 식량도 부족해 굶주리고 있었으나 금주령이 내려진 상황에서 곡식으로 술을 빚어 몰래 마시는 관원들의 행위는 질타받아 마땅했고, 혜원은 이러한 행위를 풍속화를 통해 꼬집고 있는 것이다. 〈주사거배〉에서 술이라는 음식을 힘과 권력의 상징으로, 또한 부적절하게 부를 축적한 산물로 읽고 해석하는 것이 지나친 과장은 아닐 것이다.

〈주사거배 酒肆擧盃〉, 신윤복
금주령 아래에서 양반들이 기생들과 몰래 술 마시는 모습을 풍자하고 있다.

酒禁怕官家 관가에서 내린 금주령이 두려워
屠蘇不敢釀 도소주조차 담그지 못하네.
百姓爾何知 백성들이여 그대들이 어찌 알리
淸酒溢大盎 큰 항아리에 청주가 넘치는 줄을.

—이덕무, 『세시잡영』

이덕무의 한시 〈세시잡영〉에서도 백성들에게는 도소주(屠蘇酒, 설날 아침에 차례를 마치고 세찬歲饌과 함께 마시는 찬술로 나쁜 기운을 물리친다고 한다. 도라지, 방풍, 산초, 육계를 넣어 빚었다)조차 담그지 못하게 하면서 관가에서는 큰 항아리가 넘칠 정도로 청주 담그는 모습을 읊조리면서 부조리한 현실과 빈부격차로 인해 질곡에 빠진 백성들의 삶을 표현하고 있다.

김득신의 〈풍속 8곡병〉은 주변에서 찾아볼 수 있는 평범한 생활상을 예리하게 포착하여 회화한 작품이다. 이른 봄을 암시하듯 암벽 군데군데 꽃들이 피어 있고, 중앙에 솟아오른 노송 아래에서 봄나들이 나온 듯한 사람들이 시를 읊고 거문고를 뜯으며 한가로이 시회詩會를 하고 있다. 기녀들도 함께 등장하는 이 작품은 풍속화 주제로 자주 사용되는 풍류 장면이다. 꽃이 피는 이른 봄 서민들은 농사준비로 바쁘게 움직여야 하고 보릿고개로 힘겨워 할 시기인데, 양반들은 술을 마시며 비스듬히 누워 기녀들과 더불어 봄날을 즐기고 있다. 아래쪽에는 두 아낙이 함지박에 담은 음식을 머리에 이고 걸어오고 있고, 큰 술병을 든 아이가 힘겹게 술병을 들고 따라오고 있다. 머리에 인 음식은 시회를 즐기는 양반들을 위해 장만한 음식일 것이다. 이 풍속화 역시 술과 음식을 나르는 시종들과 그것을 대접받으며 술과 거문고에 취해 봄을 즐기는 양반들의 모습을 통해 당시의 계급사회 즉, 힘과 권력을 가진 자와 그것을 갖지 못한 자 사이의 관계를 음식이라는 매개체를 통해 극적으로 표현하고 있다. 술과 음식 역시 힘과 권력의 상징으로 가진 자만이 누릴 수 있었던 당대의 기호품인 것이다.

〈풍속8곡병風俗8曲屏〉(1면), 김득신
음식을 나르는 시종들과 술에 취해 봄을 즐기는 양반들의 모습을 예리하게 그려냈다.

棗花時節急移秧　대추꽃 피는 시절 서둘러 모를 심어야 하니
暴雨纔晴又赫陽　폭우가 겨우 그치나 했더니 다시 불볕이로다.
伏月豪家徒釀飮　부자들은 일없이 복달임 잔치 벌이는데
夏畦人自劇奔忙　여름날 밭 매는 사람들은 정신없이 바쁘다네.

　　　　　　　　　　　　　　　—유만공, 『세시풍요』(복일伏日)

　이 한시는 유만공의 『세시풍요』 중 복날에 관한 시로 삼복더위에 복달임 잔치를 벌이는 부자들과 뙤약볕 아래 논두렁에서 일하는 농부의 대조적인 상황을 제시하여 계층 간 빈부갈등을 표현하고 있다.

　김홍도의 〈모당 홍이상 평생도〉(회혼례)는 모당 홍이상(慕堂 洪履祥, 1549~1615)의 삶을 모델로 그의 주요일대기를 그린 것이다. 평생도는 삶의 각 단계에 대한 사실적인 기록이 아니라 당대 보편관념으로 보았을 때 가장 이상적이라 생각되는 장면들의 조합이다. 즉, 평생도는 관직 생활의 일대기적 구성을 기반으로 평생의례의 장면들을 첨가하여 이상적인 삶을 전형화하면서 성립된 것이다.

　따라서 권력층이었던 양반들은 오복이 갖추어진 삶을 누리고자 하는
세속적 열망과 함께 영화로운 삶이 자손대대로 지속되기를 바라는 염
원으로 평생도를 제작하여 집안대대로 보존하였다. 회혼례는 해로하는
부부의 결혼 60주년을 기념하는 축하잔치로, 자손과 친지들이 모인 가
운데 노부부가 혼례 차림을 하고 혼례의식을 재현하며 자손들로부터
축하를 받는 행사이다. 이 작품에서 회혼례가 치뤄지는 곳에는 모란 병
풍이 둘러쳐져 있고, 청화백자에 꽂힌 모란꽃이 대청마루 중앙에 좌우
로 놓여 있다. 붉은 비단에 초록색 단을 두른 대례상 위에는 갖가지 먹
음직스러운 고배음식들이 즐비하게 높여져 있다. 회혼은 당사자들의
축복뿐만 아니라 자손과 친척과 벗들의 영광이다. 회혼례는 노부부의
장수를 기원하는 효 의식이기도 하지만, 가문의 우월성과 힘을 과시하
는 방법이기도 했다. 따라서 회혼식에 차려진 대례상의 고배음식들은
그 가문의 지위와 권세만큼 높이 올라가고 풍성해져 그 기쁨과 영광을
널리 알리는 가장 효과적인 매개체로 쓰인다. 마당에서는 많은 사람들
이 구경하고 있고 이 회혼식이 끝나면 같이 음식을 먹고 마시며 즐거워
할 것이다. 나눠먹는 음식이 풍성할수록 주인공에게 돌아가는 축복 또
한 클 것이다. 이렇듯 음식은 즐거움의 근본이기 때문에 그것을 제공할
수 있다는 자체로 큰 힘이 되며 많은 사람들에게 영향력을 미칠 수 있
다. 특히 이 작품의 시대적 배경인 조선시대는 농경사회이기 때문에 곡
식(식품)이 곧 경제력이고 힘이 되는 것이다.

〈모당 홍이상 평생도〉, 김홍도
〈평생도〉 중 부부가 회혼례하는
장면으로 자손과 친지들이 모여
노부부의 결혼기념일을 축하하
고 있다.

기원과 소망의 원천으로서 음식

우리민족만큼 제사를 열심히 모시는 민족도 없을 것이다. 아직도 죽은 조상을 잘 모셔야 복을 받는다는 사상이 뿌리 깊이 남아 있으며 대부분의 가정에서 조상들에게 제사를 지내고 있다. 제사는 풍성한 제사상을 차려 조상을 모셔야 하는 것으로 생각하며, 무엇보다 기원과 소망이 있을 때 음식을 차려 대접을 잘해야 한다고 여긴다. 제사음식은 제례를 거치면서 신이 잡수시고 남긴 신성한 음식으로 바뀐다. 제사를 행하고 난 이후의 음식은 음복이라는 과정을 거쳐 신의 축복이 전달되는 매개체 역할을 한다. 이때 차려진 음식과 술을 신과 가족 모두가 함께 나누어 마시고 먹는 것은 가족의 결속을 다지는 행위였다. 또한 재물은 원래 신령을 기쁘게 하기 위해 마련된 것이지만, 신령에게 바쳐진 후 다시 사람들에게 나누어줌으로써 신령과 인간이 교감을 이루는 데 쓰인다. 즉, 제물은 관념세계와 실제세계를 이어주는 매개물인 것이다.

판소리 소설 곳곳에서 신에게 축복을 비는 행위가 묘사되는데, 그곳에는 언제나 정성들인 음식이 놓여 있으며 때로는 이른 새벽 우물에서 길어온 정화수로 정성을 담아 소원을 빌었다. 『심청전』에서 심청어미가 해산할 때 심봉사는 세 사발 정화수로 삼신상을 차려 지성으로 순산을 비는 장면이 나온다. 생명을 유지하는 데 물은 매우 중요한 구실을 하며, 농업을 주로 해온 우리 전통사회에서 물은 곡물이 익는 데 반드시 필요한 것이었다. 그래서 물은 특별히 귀하고 아껴야 하는 것으로 인식되었고, 그중에서도 이른 새벽 우물에서 길어온 물은 더욱 고귀한 것으로 여겨졌다. 심봉사는 사랑과 정성을 깨끗한 정화수에 담아 천지신명께 간절히 기원하는 것이다.

> 해복 긔미가 잇는대 아이고 배야 아이고 허리야 심봉사가 일변은 반갑고 일변 놀내야 집 한 줌을 정이 추려 새사발 저오하수 새 소반에 밧처노코 심봉사 의관을 증제하고 지성으로 비는 말이 고이 순산식켜주오 혼미중에 탄생하니 선인옥녀 쌀이로다.
>
> ─이선유 창본, 『심청가』
>
> (심청어미가 해산할 때 심봉사가 삼신상을 차려 기원하는 장면)

심청전에서 심청이 인당수에 가기 전 새벽 어머니 산소에 찾아가 밥 한 그릇, 술 한 병, 나물 한 접시를 차려놓고 하직인사하는 장면이 나온다. 이 음식들은 평소 백성들이 반주를 곁들인 일상식임을 알 수 있다. 여기에서 신령이 싫어한다는 고추음식인 김치가 빠져 있긴 하지만, 신령에게 올리는 음식이 때론 평소 인간들이 즐겨 먹던 음식인 것이다. 이렇듯 신령이란 실제로 인간이 지닌 대부분의 특성을 지녔다고 생각하며, 신령이 좋아할 것으로 예상되는 제물 대부분은 그것을 준비하는 인간들이 먹기에도, 생각하기에도 합당하기 때문에 선택하는 것이다.

우리민족에게 신령은 늘 가까이에서 살아 있는 사람들과 함께한 것임을 알 수 있다.

　달밤조 깁푼 밤의 밥 혼 그릇 졍이 지여 현쥬를 병의 너코 나무시 혼 졉시로 모친 손쇼 추져가셔 계ㅎ의 진셜ㅎ고 이통ㅎ며 우리 모친 소명일은 고소ㅎ고 졔ㅅ날리 도라온들 보리밥 혼 그릇슬 뉘가 추려 노와 쥬며 혼인들 맛나것쇼니 숀의 치린 졔물 망죵 흠향ㅎ옵쇼셔.

—신재효 정리, 『심청가』

(심청이 인당수 가기 전 어머니 산소에 하직인사하는 장면)

다음은 심청이 인당수에 빠지기 전 고사를 드리는 장면이다. 음식의 단위가 굉장히 큰 것을 봐서 그 규모를 짐작할 수 있다. 술도 동의 째, 밥도 섬밥을 짓고, 소와 돼지도 통째로 삶아놓고, 삼색 과일과 오색 탕수 등 갖은 음식을 차렸다. 이렇게 규모가 큰 굿이나 고사에 빠지지 않고 등장하는 귀한 제물이 있으니, 바로 돼지다. 돼지는 우리나라에서 약 2,000여 년 전부터 사육되기 시작한 것으로 짐작된다. 돼지는 굿에서 대감을 상징하는데, 이는 지상을 관장하는 신령들과 관련이 있다고 믿기 때문이다. 돼지는 풍년과 평안을 구하는 데 영험을 지닌 제물이다.

　의복 니여 입고 고소를 추릴 젹의 동의 술 셤밥 짓고 왼 쇼 머리 수지가마 큰 칼 쏘즈 올여 노코 큰 돗 잡아 통차 살마 긔난 다시 밧쳐 노코 솜식실과 오식탕슈 어동육셔 좌포우혜 돠홍우빅 버러 노코 심청을 목욕식켜 소복을 졍이 입페

—신재효 정리, 『심청가』

(심청이 인당수 빠지기 전 고사드리는 장면)

음식에 기원을 담아 복을 비는 장면은 소설뿐만
아니라 풍속화에서도 찾아볼 수 있다. 신윤복이 그
린 〈무녀신무 巫女神舞〉에서는 여자 무당이 트레머리
위에 갓을 올려놓고 왼손에 부채를 든 채 춤을 추
고 있다. 무당 앞에는 굿을 청한 집 사람들인 듯 부
녀 네 명이 앉아 무엇인가를 열심히 빌고 있다. 무
당의 춤에 반주를 넣기 위해 장구잡이와 피리꾼이
두루마기를 허리춤에 모은 채 악기를 다룬다. 돌을

〈무녀신무 巫女神舞〉, 신윤복
여자 무당이 머리 위에 갓을 올
려놓고 부채를 든 채 춤을 추고
있다.

쌓아 올린 담 너머에는 맨상투의 청년이 별난 구경거리라도 생긴 듯 굿
판을 바라보고 있다. 굿의 규모가 매우 간소하며, 무당 뒤 대청마루에는
개다리소반 위에 차린 제물상 하나와 광주리만 보인다. 굿을 청한 흰 소
복의 여인은 쌀을 바쳐놓고 두 손을 비비면서 신에게 소원을 이루게 해
달라고 간절히 빌고 있다. 형편이 넉넉하지 않아 많은 음식을 차릴 순
없지만, 우리의 근본이자 생명을 상징하는 쌀을 신께 올리며 정성을 다
해 간절히 소원을 비는 것이다. 여기서 음식은 신께 드리는 마음의 표현
이며 접신을 위해 없어서는 안 될 귀중한 매개체인 것이다. 이 굿이 끝
나고 나면 참석했던 모든 사람들은 소반 위의 음식을 나눠 먹게 될 것이
다. 또한 참석하지 못한 사람들을 위해 음식을 조금씩 싸가지고 갈 것이
다. 이러한 행위는 신의를 자기 속에 나눠 갖는 상징적인 종교행위이다.
이것을 먹으면 병도 안 걸리고 액도 사라진다는 믿음이 있다. 제사음식
이나 굿음식은 나눠 먹어야 한다는, 이미 습관이 되어버린 주술행위가
공동체를 결속시키는 신통력 있는 음식으로 변형되기도 한다.

　음식에 마음을 담아 기원하는 것은 굿이나 제사뿐만 아니라 통과의례
현장에서도 많이 볼 수 있다. 김홍도의 〈모당 홍이상 평생도〉 중 돌잔치
부분을 살펴보자. 홍이상 후손의 부탁을 받고 그린 그림으로 홍이상의

〈모당 홍이상 평생도〉, 김홍도
돌잔치 장면으로 돌상에는 각종
돌잡이 음식들이 놓여 있고, 가
족들이 축하를 받고 있다.

할아버지, 아버지, 어머니와 친지들이 축하를 받고 있는 장면이다.

주인공인 아이가 받은 돌상에는 주로 책, 붓, 벼루, 먹, 흰 실타래, 음식 등이 놓이며 그림이 훼손되어 정확히는 볼 수 없지만, 보통 음식은 백설기, 수수팥떡, 쌀, 국수 등을 올린다. 백설기는 그 색이 희기 때문에 앞으로 펼쳐질 아이의 인생이 깨끗하기를 기원하는 뜻에서 돌상에 올렸으며, 수수팥떡은 수수와 팥의 붉은색이 귀신을 물리친다고 여겨 돌상에서 빠지지 않았다. 이 떡 역시 아이의 인생이 무사하기를 기원하는 의미다. 쌀은 재산을 상징하여 부자가 될 것으로 여겼으며, 국수는 긴 가락이 장수를 의미했기 때문에 돌잔치에 단골로 등장하는 음식이었다. 사랑채 대문에는 옻칠을 한 함지박에 보자기를 씌워 머리에 인 여자 하인이 막 들어서고 있다. 아마도 친척이나 이웃이 보낸 축하선물을 전해주러 온 모양이다. 축하선물로는 쌀이나 옷감을 보내고 답례로는 백설기를 담아 보낸다. 백설기를 백 사람에게 돌리면 아이의 인생에 복이 있을 것이라 믿었다.

이렇듯 통과의례란 인간이 태어나면서부터 죽음에 이른 후까지 거쳐야 하는 개인적, 사회적 변화를 여러 의식을 통해 상징적으로 나타내는, 그 민족의 삶의 바탕이 되는 민속문화이다. 그 첫 관문인 돌잔치는 아기가 돌상에서 무엇을 잡는가에 따라 아기의 장래를 점쳐보는 우리 고유의 의례이다. 다양한 음식에 부여된 장수나 부귀영화 등의 염원을 읽을 수 있다.

기속시에 나타난 기복祈福, 기풍祈豊의 음식문화

사람은 일생을 행복하게 살기 원하며, 행복하기 위해서는 먹을 것이 풍족하고 몸이 건강해야 하며 하는 일이 뜻대로 이루어져야 한다. '농자천하지대본農者天下之大本'이라는 말처럼 농경민족인 우리는 늘 풍년을 기원했으며, 무병이나 장수와 같은 복을 비는 주술적인 행위가 세시풍속으로 정착되어 계절마다 반복되어 왔다. 절대자에게 간절히 복을 비는 기원에서 음식은 빠질 수 없는 필수요소이기 때문에, 조선 후기 기속시에 나타난 음식을 매개로 한 기복과 기풍의 음식문화 특성을 통해 당시 우리민족의 의식과 정서를 살펴볼 수 있다.

生栗胡桃顆尙圓　생밤과 호도는 둥근 것이 좋은데
牙間嚼破豈徒然　이 사이에서 깨뜨리는 것이 어찌 의미가 없으리오.
願言身上無癰癤　몸에 종기와 부스럼이 없기를 바람이며
固齒良方俗說傳　이를 튼튼히 하는 좋은 방법이라고 세속에서 전하네.

—홍석모, 「도하세시기속시都下歲時紀俗詩」

오늘날까지도 이어져오는 대표적인 대보름 풍습인 '부럼腫果 깨기'에 관한 내용이다. 보름날 아침에 일찍 일어나 밤, 호도, 잣, 은행 등을 깨무는데 대개 자기 나이만큼 깨물기도 하지만 노인들은 이가 단단치 못해 몇 개만 깨문다. 여러 번 깨물지 말고 단번에 깨무는 것이 좋다고 하며, 일단 깨문 것은 껍질을 벗겨 먹거나 첫 번째 것을 마당에 버리기도 한다. 깨물 때 '1년 동안 무사태평하고 만사가 뜻대로 되며 부스럼이 나지 말라'고 기원한다. 이렇게 하면 1년 동안 부스럼이 나지 않을 뿐 아니라 이가 단단해진다고 한다. 부럼은 단순한 풍습이 아니라 매우 과학적인 방법이다. 왜냐하면 겨울 동안은 에너지가 많이 소모되므로 열량을 보충할 필요가 있고 또한 호두, 잣 등 견과류에 들어 있는 양질의 불포화지방산과 무기질, 비타민 B군, 비타민 E 등은 피부병 예방과 노화방지 등에 효과가 있기 때문이다.

此日家人早朝起　오늘은 집사람이 아침 일찍 일어나

悶我老衰勸二食　쇠한 이 몸 걱정하며 두 음식 권하네.

勸酒謂之是耳明　술을 권하면서 귀밝이술이라 하고

勸肉謂之是固齒　고기 권하면서 이것이 산적이라 하네.

—마성린, 「농제속담 弄題俗談」(정월대보름 6수)

부럼과 함께 대보름 대표적 풍습인 '귀밝이술' 에 관한 내용이다. 이른 아침에 술을 마시면 귀가 밝아진다고 해 모두 술을 한 잔씩 마시니 귀가 밝아질 뿐만 아니라 일 년 동안 좋은 소식을 듣는다고도 한다. 이때 술은 차게 해서 마시며, 술을 마시면 귀밑이 빨갛게 되기 때문에 '귀가 붉어지는 술' 이란 말에서 '귀가 밝아진다' 는 뜻이 생겼다고도 한다. 맑은 술이어야 귀가 더 밝아진다고 하는데, 이는 맑은 술일수록 도수가 더 높기 때문이다. 부녀자뿐만 아니라 어린아이들도 귀밝이술을 주는데, 어른이 부르면 귀가 밝아서 잘 듣고 빨리 대답하라는 뜻에서 아이들부터 먹인다.

起看棲鴉在樹梢　나무 끝에 깃든 까마귀 일어나 바라보니

田家早作最今朝　농가의 일 시작하기 오늘이 가장 좋네.

經冬旨蓄都相出　지난 겨울 묵은 음식 모두 꺼내놓고

女曰九炊男九樵　여자는 아홉 번 밥 짓고 남자는 아홉 짐 나무하네.

—조수삼, 「상원죽지사 上元竹枝詞」

대보름 풍속 중 하나로 '이날 밥 아홉 그릇 먹고 나물 아홉 바구니와 나무 아홉 짐을 하면 일 년 내내 배부르다' 라는 풍속을 시로 표현한 것이다. 아홉이라는 숫자는 동서양을 막론하고 많은 상징적 의미를 갖는

데, 보름날 행해지는 '아홉 차례 행동'은 역리에서 '양의 수로써 모든 우환의 때를 이겨낸다'라는 함축적인 의미를 갖는다. 즉, 보름밥을 포식하면 그해 식생활에 굶주림 없이 배부르게 지낼 수 있다는, 일종의 풍년이 들기를 바라는 의식의 표현이다.

迎新送舊一燈明　묵은해 보내고 새해 맞는 환한 등불

齊米僧行鷄初鳴　제미승 지나갈 때에 첫닭이 우네.

臥聽廚間喧笑語　부엌에서 떠들썩 웃으면서 하는 소리

今年甑熟家太平　시루떡 잘 익었으니 집안이 태평하리.

ー마성린, 「농제속담 弄題俗談」(섣달그믐날 밤 4수)

　마성린은 시주 쌀을 모으러 다니는 풍속을 다루면서 복을 받기 위하여 시주 쌀을 퍼주고, 떡이 익는 모양으로 집안의 한해 운세를 점치는 등 소박한 민중신앙의 모습을 형상화하였다. 그믐날 밤 수세하며 놀던 사람들이 자정이 지나 새해가 되면 제미승에게 시주 쌀을 퍼주고 새해의 복을 맞는 풍속을 노래하였다.

敗箕三尺粘糠厚　석 자의 낡은 삼태기에 수북한 쌀겨

小婢提向牛欄口　어린 계집종 외양간으로 가져가네.

一頭白飯一頭菜　한쪽에는 흰 쌀밥 한쪽에는 채소

棉子一掬如粉糉　가루처럼 빻아놓은 목화씨 한움큼

老牛擧首聞飯香　여물 냄새에 늙은 소 머리를 들고

出舌舐鼻跑起忙　혀로 코를 핥으며 벌떡 일어나네.

頑涎如膠注睛久　끈끈한 침 흘리며 한참 바라보고

然疑四嗅未遽嘗　의심한 듯 냄새 맡으며 먹지 않네.

須叟張舌如帚掃　잠시 후 빗자루 같은 혀를 내밀어

揮吻一磨推箕倒　한 번 마시니 삼태기가 엎어지네.

小婢哧哧向牛笑　어린 종 소를 향해 깔깔대며 웃지만

不是牛性無歹好　소에게도 좋고 싫음 없는 게 아니네.

今歲定應豐無比　금년 농사는 보기 드문 풍년 들 것이니

木綿雪積禾雲委　목화는 눈처럼 벼는 구름처럼 쌓이며

千畦菘葉賤於蒿　온 밭의 배춧잎은 쑥보다 흔해져

羹芼溢椀霜鱸美　맛있는 농어국 주발 가득 넘치리.

明年此日炊豆飯　내년 이날에도 콩 여물을 쑤어

報賽牛靈應不晩　소 신령에게 응당 제때에 보답하리.

—황현, 「상원잡영上元雜詠」(소 먹이기)

　재야시인 황현이 쓴 이 시는 밥과 나물과 목화씨 등을 키에 담아 소에게 먹이고 각종 작물의 풍작을 점치는 풍속을 다룬 것이다. 작가는 구체적인 사물 제시와 사실적 묘사를 통하여 농가의 세시풍속을 생생하게 그려 보여주고 있다.

　정월대보름날 외양간에도 밥과 채소를 함께 차려줘 소가 먹는 것을 보고 그해 농사의 풍년을 점치기도 한다. 밥 대신 여러 가지 곡식을 놓기도 하는데, 그때 소가 밥이나 곡식을 먼저 먹으면 그해의 농사가 잘될 것이라 믿었고 나물 등을 먼저 먹으면 농사에 좋지 않다고 믿었다. 차려둔 여러 가지 곡식 중에서도 소가 가장 먼저 먹는 것이 그해에 잘된다고 믿는 속신이 있다. 농가에서 소는 중요한 재산이므로 그것을 우대한다는 뜻인데, 소는 이렇게 우대하는 반면 개는 굶긴다. 약식이나 오곡밥을 사람도 자주 먹을 수 없는데 어떻게 개까지 주겠느냐고 하여 보름날 개를 굶기는 것이다. 이러한 풍속 때문에 명절에 잘 먹지 못하고 쓸쓸하게 지내면 '개 보름 쇠듯 한다'라고 하는 것이다.

熊蔬裏飯海衣如　곰취에 쌈을 싸고 김으로도 쌈을 싸

渾室冠童匝坐茹　온 집안 어른 아이 둘러앉아 함께 먹네.

三嚥齊嘑三十斛　세 쌈을 먹으면 서른 섬이라 부르니

來秋甌窶滿田車　올 가을엔 작은 밭에도 풍년이 들겠지.

—김려, 「상원리곡上元俚曲」

대보름날에는 밥을 김이나 취에 싸서 먹는데 이것을 '복쌈'이라고 부른다. 복쌈은 여러 개를 만들어 그릇에 노적 쌓듯이 높이 쌓아서, 성주님께 올린 다음에 먹으면 복이 온다고 전한다. 때로는 돌을 노적처럼 마당에 쌓아놓고 풍작을 기원하는 경우도 있다. 복쌈을 먹는 이유는 복을 기원해서 곡식 농사가 잘되게 하고 여름 더위를 예방하기 위해서다. 또한 묵은 나물 이파리나 김, 무, 배추 절인 것으로 밥을 싸서 한 움큼씩 삼키며 "열 섬이오" "스무 섬이오" "서른 섬이오" 하고 외치는데, 이 또한 풍년을 기원하는 것이다. 굶주림으로부터의 해방과 풍요로운 삶을 바라는 민중의 희망을 잘 나타내고 있다.

이와 같이 세시풍속과 관련된 음식 가운데에는 복을 빌고 건강과 풍년을 기원하는 것이 많았다. 세시절기에 먹는 절식節食은 시절의 별미일 뿐만 아니라 각기 특별한 유래와 민속적 의미를 담고 있으며 세시풍속과 함께 민간신앙으로 전승되었다.

3

한식의 세계, 세계의 한식

우리는 음식을 통해 영양뿐 아니라 '상징'과 '의미'를 먹는다. 허기를 채우는 생리적인 차원을 넘어서면 음식은 '문화'의 단계에 이르게 된다. 그래서 한 나라의 문화적 척도를 알려면 그곳의 요리 수준을 알아야 한다고까지 말하는 것이다. 미국인들은 자국의 고유 요리가 없다는 사실을 문화 수준이 낮은 것으로 받아들이고 절망하기도 한다. 반면 프랑스는 요리의 힘을 빌려 그들의 높은 문화수준을 자랑하기도 한다.

훌륭한 음식은 '쾌락의 종합 예술'이다. 그래서 요리의 나라 프랑스에서는 16세기 초에서 18세기에 이르는 이른바 '탐미의 시대'에 맛의 탐미를 열렬히 지지한 볼테르는 물론이고, 이에 비판적이었던 루소까지도 요리를 예술의 한 분야로 여겼다.

그렇다면 한국인에게는 어떤 문화가 숨 쉬고 있는가? 음식이 문화의 척도라면 한국의 음식문화는 어떠한가? 또 한국의 전통음식은 어떤 특징을 가지고 있는가?

세계가 한마당이 되어 가는 세계화 속에서도 자신의 땅을 호흡하고 숨 쉬

어야 한다는 지역적 생태주의의 중요성에 모두가 동감한다. 또 전통에서 발견한 우리의 문화적 정체성을 바탕으로 미래를 꿈꾸기도 한다. 그렇다면 우리는 미래의 행복한 식생활을 위해 무엇을 해야 할까?

무엇보다 한국음식의 현재부터 알아야 할 것이다. 물론 과거에서 벗어나 현재를 이해할 수 없으므로 우리 음식문화의 '현재'와 '과거'를 동시에 찾아가야 한다. 지금의 음식문화는 현대와 전통이 상호작용하는 우리 삶의 현장, 그 자체이기 때문이다. 동시에 수천 년 동안 먹어온 우리 음식이야말로 우리 민족의 문화적 정체성을 가장 잘 보여 주지 않겠는가?

3부에서는 한식을 계층에 따른 궁중음식과 반가음식, 계절과 절기에 따른 절식과 삶의 중요한 기점마다 먹어 온 통과의례 음식, 또 각 지역에 따른 향토음식으로 나누어 살펴보려 한다. 계층이 사라지고 계절과 절기 행사가 사라진 요즘, 이 음식들은 사라졌지만 전통을 조명한다는 입장에서 짚고 넘어갈 것이다.

한국인의 삶에 자리 잡은 지방색
향토음식

　지금은 많이 사라졌지만 한국인의 대표적 특성 중의 하나는 끈질기게 이어져 내려오는 지방색이 아닐까 싶다. 또 한국음식의 특징 중에서 빼 놓을 수 없는 게 각 지역별로 발달한 향토음식이다. 좁은 영토이지만 각 지역의 산세가 다르고 재료가 다르다 보니 특색 있는 향토음식이 발달한 것 같다. 팔도의 지역색 역시 어쩌면 지역마다 다양한 음식문화 때문은 아닐까?

　황해도가 고향이신 부모님이 월남하신 탓에 경상도에서 태어나 고등학교 때부터 서울에서 학교를 다닌 나는, 대학교 졸업 이후 늘 서울에 머물렀다. 그러나 전라도 남자와 결혼을 해서 별 수 없이 전라도음식과 제사에도 익숙해졌다. 그리고 내가 현재까지 몸담고 있는 대학은 충청도에 있어서 나는 '충청도 아줌마'이기도 하다. 이렇듯 다양한 음식문화를 경험한 탓인지 나는 지방색도 향토음식으로 느낀다.

　우리나라 향토음식의 발달은 그 역사가 깊다. 『홍길동전』을 지은 조

대표적인 서울음식
신선로, 장국밥, 설렁탕, 육개장, 잣죽, 떡국, 육포, 어포, 홍합초, 흑임자죽, 비빔국수, 국수장국, 메밀만두, 구절판, 편수, 국화전, 도미찜

선시대 학자 허균許筠, 1569~1668은 바닷가로 유배되었을 때 해안의 거친 음식이 입에 잘 맞지 않아 자신이 맛본 음식 134종의 이름을 도살장문에 쭉 써 놓고는 이를 씹는 흉내나 내 본다는 뜻으로 『도문대작』이라는 책을 남겼다. 재미있는 것은 이 책의 서술방법이다. 책 내용을 보면 음식 재료나 조리법에 따라 구성한 것이 아니라 전국 각 도를 구분해 놓고 그에 따라 팔도의 재료와 각종 유명한 요리를 기록해 놓았다. 이미 광해군 시대 이전에 '각 지역의 독특한 요리들'이 발달했음을 알게 해 주는 대목이다.

사실 지금은 각 지역의 독특한 음식을 찾아보기 어렵게 되었다. 어디를 가도 비슷비슷한 지역 축제에 비슷비슷한 향토음식이 판치고 있다. 오히려 다시 향토음식을 찾아내고 이를 발달시켜야 할 형편이다.

특색 없는 특색, 서울음식

서울요리는 조선시대 초기부터 형성되었다. 서울은 전국에서 모여든 갖가지 요리 재료를 다양하게 활용하여, 고급스럽고 사치스러운 음식이 발달했다. 보통 우리가 알고 있는 대표적인 한국음식은 대부분 서울음식이라고 볼 수 있다. 그래서 오히려 서울음식은 특색이 없기도 하다.

서울은 한반도의 중간에 위치했기 때문에 그 맛이 짜지도 맵지도 않

구절판

육개장

홍합초

도미찜

다양한 음식문화를 자랑하는
서울의 대표적인 음식들

개성약과

홍합찹

보쌈김치

물쑥나물

화려한 개성음식을 필두로 한
경기도음식들

대표적인 경기도음식

개성편수, 개성 닭전국, 개성경단, 개성 보쌈김치, 개성 홍해삼, 개성 무우찜, 개성설이적, 개성순대, 개성 조랭이떡국, 개성만두, 개성쇠갈비, 수원 천어탕, 광주해장국, 제물국수, 칼싹두기, 감동젓찌개(곤쟁이젓), 두릅선, 미나리강회, 선지국, 생치만두, 양주메밀국수, 오이선, 오징어회, 옥수수범벅, 호박선, 호박범벅

다. 또한 서울의 반가음식은 궁중의 풍습을 많이 따랐으며, 중인의 음식과는 달랐다. 음식 차림은 격식을 따져 복잡한 편이며, 가짓수가 많고 양은 조금씩 차렸다. 또 후추 이외의 양념은 겉에 드러나지 않게 했다. 특히 파, 마늘이 음식에 그 형태가 보이면 품위가 없다고 하였고, 자극적인 것도 천스럽다고 하여 맵고 짜고 강한 맛은 멀리하였다.

대표적인 요리로는 신선로, 구절판 등이 있으며, 장국밥, 설렁탕, 약밥 등이 자랑거리다. 밑반찬으로는 육포, 어포, 홍합초 등이 유명하다.

소박한 경기도음식

경기도음식은 대체로 맛이 소박하고 평범하다. 양념도 소박하게 써서 중용의 미가 있다. 강원도, 충청도, 황해도와 접해 있어서 이 지역 조리법과 비슷한 점이 많고, 음식 이름도 비슷하다. 그러나 경기도에 위치한 고려의 도읍지였던 개성은 서울, 전주와 더불어 음식이 사치스럽기로 유명하다. 개성 음식은 팔도요리 가운데 특별히 연구할 가치가 있다. 개성의 전통요리는 고려의 맛을 간직하여 그 화려함이 궁중요리에 비길 만하며, 가짓수가 다양하고 정성을 다한다는 점에서 전라도요리와 비슷하다. 개성 사람들은 역시 개성요리가 으뜸

대표적인 충청도음식
콩나물밥, 녹두죽, 고추젓, 굴냉국, 홍어어시욱, 공주장국밥, 호박지, 칼국수, 호박범벅, 청국장, 김자반, 아욱국, 늙은 호박나물, 호박고지, 말린 묵볶음, 모시조개 냉이국, 미꾸라지회, 시래기국, 콩국, 가죽나물, 청포묵국, 콩김치국, 호박고지적, 웅어회, 쑥범벅, 충주내장탕

늙은호박찌개

이라는 자부심을 갖고 집집마다 음식에 극진히 신경을 썼다.

개성을 상징하는 요리는 조랭이떡국이고, 편수밀가루 반죽한 것을 얇게 밀어 여기에 채소로 만든 소를 넣고 네 귀를 서로 붙여 끓는 물에 익혀 장국에 넣어 먹는 여름 음식도 서울 편수처럼 모지게 싸지 않고 둥글게 모자처럼 싸서 매우 부드럽고 매끈하다. 또 서울음식은 돼지고기를 별로 쓰지 않는 반면 개성 음식에는 돼지고기가 즐겨 쓰였다. 돼지고기로 만든 순대나 만두는 그 맛이 일품이다.

무릇곰

꾸밈 없는 충청도음식

충청도 사람들은 대개 기질이 순박하고 온유하여 식생활 또한 검소한 편이었다. 음식차림 역시 호화롭지 않으나, 흔한 재료로 꾸밈없이 요리하여 그곳 인심을 잘 드러냈다. 일반적으로 충남은 수산물이 풍부했으나, 내륙에 위치한 충북은 그렇지 못하여 대표적인 생선 요리로 자반 젓갈이 고작이다. 하지만 산과 들에서 채취한 향기로운 산채와 버섯은 그 맛과 향이 뛰어나다. 백마강의 웅어

조개젓과 다슬깃국

증편

회위어의 다른 이름으로 주로 왕이 먹던 회, 공주의 장국밥, 간월도의 어리굴젓, 게젓, 소라젓 등이 유명하고 단호박으로 쑨 호박죽과 호박고지애호박을 얇게 썰어 말린 찬거리, 호박범벅도 유명하다. 또 추수 후에는 논이나 방축에

소박한 충청도 토산물로 만든
충청도음식들

안동칼국수와 안동식혜

닭찜

호박범벅

정과

양반음식이 발달한 경상도음식들

대표적인 경상도음식

닭칼국수, 애호박죽, 부산재첩국, 경상도추어탕, 마산미더덕찜, 우렁찜, 단풍콩잎장아찌, 동래파전, 통영비빔밥, 안동건진국수, 대구육개장, 닭백숙, 우모포牛毛泡, 가죽감자 고추부각, 깨집국, 경북단술, 경상도잡채, 고등어회, 과메기, 김부치개, 나물국, 대구탕, 마른대구찌개, 마른문어쌈, 무밥, 미나리찜, 미역홍합국, 민물고기국, 사어구이, 생해삼무침, 안동식혜, 큰게게장국, 추어탕, 통영돔찜, 통영비빔밥, 풍장어국(뱀장어국)

서 잡히는 새뱅이라고 하는 민물새우와 싱싱한 무를 곁들여 요리한 구수한 무지짐이를 즐긴다.

특유의 감칠맛, 경상도음식

경상도는 동해와 남해에서는 싱싱한 생선과 해초를, 산지에서는 향기로운 산채를 손쉽게 얻을 수 있었다. 이 다양한 재료로 만든 요리는 혀가 얼얼하도록 맵고 짜면서도 특유의 감칠맛이 돈다. 젓갈은 멸치젓을 많이 쓰는데 그 종류가 많아 전라도 젓갈 다음으로 꼽을 정도다. 또 이곳에서는 국수를 즐기는데 날콩가루를 섞어서 손으로 밀어 칼로 써는 칼국수를 제일로 치고, 장국수에는 쇠고기보다 멸치나 조개를 많이 쓴다.

동래파전은 햇파, 미나리, 생굴, 고동, 조개무리 등으로 먹음직스럽게 만든다. 경상도추어탕은 삶은 미꾸라지를 굵은 체에 담아 나무주걱으로 으깨어 국물을 받아내어 쓰며, 된장으로 미꾸라지의 비린내를 없앤다.

맛의 으뜸, 전라도음식

전라도는 전라 서해와 남해의 풍요로운 해산물, 기름진 평야의 오곡, 각종 산나물을 재료로 하여 사치스러운 요리가 발달하였다. 부유한 토

대표적인 전라도음식
전주비빔밥, 콩나물국밥, 전라도애저, 전남 광산의 용봉탕(잉어와 닭을 함께 넣어 끓인 국), 두루치기붕어조림, 보릿국(이른 봄의 보리순과 흑산도의 홍어 내장으로 끓인 해장국), 삼합, 꼬막무침, 콩나물냉국, 김치잎쌈, 추탕, 꼬막무침, 광주애저, 김치느르미, 김치잎쌈, 두루치기, 못김무침, 뱀장어구이, 뱅어회, 생미역탕, 우렁죽, 조갯살전유어, 죽순채, 전주천어탕, 토란탕, 꽃게장, 목포생낙지

꽃게미역국

반들이 음식 만드는 법을 대대로 전수하여, 전라도는 풍류와 더불어 맛의 고장이라 불리었다. 맵고 짜지만 씹을수록 단맛이 나는 젓갈 종류가 많으며, 밑반찬도 다양하다. 전라도는 식당 어디를 가나 30가지 이상의 요리가 접시를 포개야 할 정도로 나오니 그 음식의 이름과 가짓수를 외지 못할 정도이고, 반찬을 한 젓가락씩 시식하는 동안 밥 한 그릇이 거뜬히 비워지는 것이다. 흔히 "이북의 음식은 싱겁지만 인심은 짜고, 전라도 지방의 음식은 짜지만 인심은 싱겁다"는 말로 두 지방의 음식 맛과 인심을 비교한다.

죽순탕

김부각, 들깨꽃부각, 고춧잎자반

토속음식의 최고봉, 강원도음식

강원도 고지대에는 찰옥수수, 메밀, 감자가 많고 해안에는 오징어, 명태, 해초가 풍부하며 산악지방에서는 두릅, 곰취 등의 향기로운 산채와 석청石淸, 산속의 나무나 돌 사이에 석벌이 모아 놓은 질 좋은 꿀이 많다. 강원도음식은 그곳의 인심처럼 소박하고 토속적이며, 간단한 요리법으로 천연의 향미를 충분히 살린다.

도토리묵을 차가운 동치미 국에 곁들여 아주 차게 먹는 것은 강원도 지방에서만 볼 수 있는 겨울철 정경이며, 감자바위라고 일컬을 정도로

맛의 본향으로 알려진 전라도음식들

감자부침

오징어구이

쇠미역쌈

감자송편과 감자경단

자연을 닮은 강원도음식들

많이 생산되는 감자로는 감자묵을 만들어 먹는다. 또한 메밀의 산지인 만큼 메밀전병을 즐긴다. 또 옥수수를 갈아서 끓는 물에 넣으면 올챙이 모양으로 굳어지면서 익는데, 여기에 고춧가루, 다진 파와 마늘 식초로 양념한 간장으로 간을 하여 쫄깃쫄깃한 올챙이묵죽을 만들어 먹는다. 또 금강산 석청에 재워 먹는 진달래화전도 강원도만의 별미이고, 특히 토란 아욱죽은 여름철 별미다. 지누아리해초의 일종 장아찌, 미역쌈도 이곳의 명물이다.

독특한 향미가 살아 있는 제주도음식

사면이 바다인 제주도에는 수산물과 한라산의 산채 등 재료가 다양하지만 섬이라는 특성상 본토와는 다른 요리가 많다. 요리법이 간단하고 양념을 많이 하지 않으나 재료마다 자연의 독특한 향기로움이 그대로 입속에 감도는 것이 특색이다.

쌀이 귀해 잡곡이 주식을 이루고 고기로는 돼지고기, 닭고기를 많이 쓰고, 귤과 오미자 생산량이 많다. 한라산의 고사리와 버섯은 주로 전을 부쳐 먹으며, 제주도에서만 잡히는 자리돔으로 자리회, 자리젓갈을 만든다. 해산물이나 닭으로 끓인 죽과 배추, 콩잎, 무, 파, 호박, 미역, 생선 등으로 만든 토장국이 별미이다.

고사리전

또 제주도 명물요리의 하나로 빙떡이 있다. 이것은 반죽한 메밀을 기름에 두른 번철에 얇고 둥그렇게 지져내어, 식기 전에 무채를 넣고 김밥 말듯이 말아 두 귀퉁이를 꾹 눌러 모양새를 낸 것으로 양념장에 찍어 먹는다.

닭엿과 들깨죽

은근한 맛과 멋, 황해도음식

황해도는 곡물과 가축이 풍부하고 수산물도 풍부하여 생활이 윤택하며 인심 또한 좋다. 이곳의 음식은 양이 푸짐하고 요리에 기교를 별로 부리지 않으나 은근한 맛과 멋이 풍겨 나름대로 독특한 특색이 있다. 음식의 간은 짜지도 싱겁지도 않고 소박하고 구수한 것을 좋아하는 것이 충청도 음식과 비슷하다. 들깻잎, 부각, 김치밥, 호박김치 등이 별미로 꼽힌다.

자리젓과 옥돔미역국

황해도 사람들은 남부지방에서 보리를 많이 먹듯이 조를 많이 먹고, 밀국수나 만두에는 닭고기를 많이 쓴다. 또 조개도 풍부하여 호박김치찌개에 조개를 넣고 끓이기도 한다. 대합을 밀가루에 묻혀 끓는 물에 살짝 익혀낸 조개어름을 즐겨 먹는다. 순두부찌개도 이러한 조개 요리의 하나이다. 청포묵은 가는 국수 모양 길게 채 썰어 육수를 붓고 고명으로 곶감, 잘게 썬 대추를 얹어 먹는다.

대지족탕

풍부한 해산물을 자랑하는 제주도음식들

연안식해

김치순두부

새우찜

남매죽과 편장떡

풍요로운 땅에서 먹어 온 은근한
황해도음식들

김치밥, 김치적, 김칫국, 비지밥, 밀낭화(칼국수), 청포묵, 호박김치찌개, 숭어회밥, 밀범벅, 되비지장, 닭고기, 조개으름비빔밥, 수수죽, 냉콩국, 조기국, 해주의 숭가기, 해주교반, 연안탕, 되비지탕, 고기전, 갱국(소라 같은 조개로 끓인 국), 김치국, 김치순두부, 남매죽(팥국수죽), 들깻잎자반, 잡곡전, 황해도고기전

풍성한 평안도음식

산세가 험하고 예부터 중국과의 교류가 많던 평안도는 지역민의 기질이 진취적이다. 음식의 간은 삼삼하며 맵고 짜게 먹지 않는다. 평안도 음식은 맵시는 둘째이고 한 가지 음식을 만복이 차도록 많이 먹어야 직성이 풀린다. 따라서 풍성한 것을 즐겼고 먹음직스러운 것을 으뜸으로 쳤다. 오밀조밀하고 기교를 부려 만든 듯한 서울음식과는 대조적이다. 이를테면 서울의 송편이 골무처럼 자그마한데 비하여 평안도 송편은 손바닥만 하고, 돼지다리도 통째로 삶아 그대로 갖다 놓으니 차림새가 꽤 남성적이다. 또 날씨가 추워서 기름기 있는 고기를 좋아하고, 밭이 많아서 콩과 녹두를 이용한 음식이 많다.

가장 대표적인 음식은 역시 냉면과 어복쟁반, 빈대떡이다. 특히 냉면을 얼마나 좋아하는지 평안도에는 집집마다 큰 솥에 국수틀이 걸쳐 있을 정도이다. 죽은 닭죽과 어죽이 별미이고 만두국은 서울의 만두보다 크기가 갑절이나 되며, 꿩 요리를 즐긴다. 찹쌀가루와 차조가루를 번철전을 부치거나 고기 따위를 볶을 때에 쓰는 솥뚜껑처럼 생긴 무쇠 그릇에 지져낸 노티주로 차조, 기장, 찹쌀 따위의 가루를 쪄서 엿기름에 삭혀 지진 떡와 비지도 별미다.

대표적인 평안도음식

온반(장국밥), 평양냉면, 내포중탕(돼지내장과 김치로 끓인 것으로 동탕이라고도 한다), 순대, 전어된장국, 노티, 콩비지, 어죽, 어복쟁반(어복장국), 강량국수, 굴린만두, 도이탕(닭곰탕), 어죽, 홍미반, 전어된장국, 평만두국, 녹두부침, 돼지머리편육, 두부회, 메밀국수, 비지밥, 무청곰, 원반죽(통닭), 콩국, 콩비지, 평안도만두국, 평안도순대, 호박만두, 빈대떡, 강냉이국수

대표적인 함경도음식

가릿국, 회냉면, 동태순대, 두부회, 콩부침, 원산잡채, 세끼미국수(녹말, 돼지고기, 배, 육수, 잣, 메밀가루, 오이, 무우, 달걀), 감자막가리만두, 삼수갑산 돌배말국, 도루묵구이, 원산잡채, 고등어회, 감자지짐, 다시마냉국, 두부장, 두부전, 북어전, 비웃구이, 수수죽, 이면수구이, 이면수찌개, 처녑국, 행적, 돼지순대, 닭섭산적

김치밥과 동치미 냉면

큼직한 대륙풍 요리, 함경도음식

함경도는 험한 산골과 동해가 있어서 산해진미를 맛볼 수 있고, 음식의 모양이 큼직하고 대륙풍이며 기교를 부리지 않는다. 간은 짜지 않고 담백하나 마늘, 고추 등 양념을 강하게 쓴다. 함흥냉면은 회국수로 홍어회, 가자미회를 넣어 맵지만, 함북 쪽은 맵지 않고 시원한 국물을 쓴다. 냉면 외에도 면류로는 가릿국밥 위에 삶은 고기, 선지, 육회, 두부를 얹어 매운 다대기에 비벼 먹는 장국밥이 별미이고 돼지는 맛이 고소하며, 돼지순대는 가자미식해와 더불어 함경도 사람들의 강한 향수를 자극하는 맛이다. 또 일반 잡곡이 많고 감자, 고구마의 품질이 좋아서 감자녹말로 냉면과 국수를 만들어 먹기도 한다.

어복쟁반

순대와 모리감자

감자국수

남성적인 풍성함을 자랑하는 평안도음식과 고구려의 기개가 남아 있는 함경도음식

삶의 중요한 기점마다 먹은 음식
통과의례음식

한국인들은 태어나기 전부터 죽을 때까지, 아니 죽고 나서도 삶의 중요한 기점마다 이를 기념하는 행사를 치르는 것을 당연히 여겨 왔다. 한국사회가 중시한 관혼상제와 같은 통과의례는 사회의 중요한 생활양식체계로 자리 잡았다. 그런데 이 행사들은 대부분 음식을 매개로 이루어졌다. 예부터 우리 사회에는 관혼상제를 통해 음식 접대나 음식의 사회적 교환 등 독특한 음식문화가 발달한 것이다. 이러한 관습은 현대에도 이어져 음식을 차리지 않은 관혼상제는 찾아볼 수 없을 지경이다.

그러나 최근 이러한 전통적인 음식문화가 왜곡되고 있다. 호텔이나 식당 등에서 치러지는 국적 불명의 백일잔치나 돌잔치부터 환갑이나 회갑잔치까지 획일적인 접대 문화에 한심한 생각이 들곤 한다. 특히 큰돈을 들여 치르는 사치스러운 행사일수록 더욱 그렇다. 그렇다면 우리 조상들의 통과의례 모습은 어떠했을까.

통과의례는 크게 네 가지로 나눌 수 있다. 태어나고, 결혼하고, 죽고,

제사 '받아먹고', 이렇게 네 가지 중요한 고비를 넘긴다. 통과의례에는 예외 없이 이를 기념하는 음식을 먹었지만, 지금은 과거의 제사음식에서나 그 편린을 엿볼 수 있고 그 외의 통과의례 음식들은 자취를 감추었다. 여기서는 간략하게 출생과 혼례 그리고 상례와 제례 시 먹었던 음식을 살펴보려고 한다.

출생과 관련된 음식

아기를 출산하면 산모에게 소 미역국_{고기를 넣지 않은 미역국}과 흰 쌀밥을 대접한다. 이는 지금까지 이어진 일반적인 풍습이다. 그런데 이에 앞서 '삼신상三神床'이라고 하여 흰 쌀밥 세 그릇과 소 미역국 세 그릇을 정갈한 상에 받쳐 산모가 있는 방의 윗목에 차려 놓고, 아기의 순산을 기원했다. 이 상은 아이의 수태부터 출산과 양육까지 전 과정을 관장한다고 하는 삼신할머니께 바치는 상이다. 삼신상에는 정성된 마음으로 삼신께 출산을 감사를 드리고 산모와 아기의 비호를 염원하는 의미가 담겨 있다.

산모가 있는 집에서는 산일이 다가오면 산모용으로 깨끗한 흰 쌀을 뉘 없이 골라 따로 두었다. 또한 폭이 넓고 길게 말린 미역을 준비하는데, 이때 미역을 끊지 않고 그대로 가져와 깨끗하게 두었다가 국을 끓였다. 이렇게 준비한 재료로 산모에게 대접할 밥과 국을 매 끼니마다 정성스럽게 지었으며 이 풍습은 오랫동안 전해 왔다.

아기가 태어나 삼칠일, 즉 21일이 되면 금줄을 치우고 축하 음식으로 흰밥, 미역국, 백설기를 준비한다. 백설기는 흰 쌀을 곱게 가루로 빻아 물을 내려서 쪄낸 백옥 같이 흰 떡이다. 우리나라에서 떡은 그 역사가 긴 음식으로, 의례 행위에는 반드시 떡이 기본이 된다. 특히 백설기는 하늘의 거룩함을 상징한다. 그런데 이러한 삼칠일의 축하 떡은 이웃과

삼신상 三神床
삼신할머니께 쌀밥 세 그릇과 소미역국 세 그릇을 올리는 삼신상에는 산모와 아기의 건강을 염원하는 의미가 담겨 있다.

나누기도 하지만 때로 집 밖에 내보내지 않을 때도 있다. 부정 타는 것을 막고, 삼칠일까지는 하늘의 보호 아래 두기 위해서다.

다음 축일은 백일이다. 백일 축하 음식으로는 흰밥, 미역국, 백설기, 붉은 팥고물을 묻힌 차 수수경단을 준비한다. 백설기는 신성을 의미하고, 붉은 팥고물을 묻힌 차 수수경단은 액신이 붉은 색을 싫어한다 하여 액을 막는 의미가 있다. 흰송편, 쑥송편, 송기송편, 치자송편과 분홍색으로 물들인 오색 송편은 오행과 오덕을 갖춘 사람으로 성장하기를 바란다는 뜻이다. 백일에는 친족과 이웃이 모여 축하를 하며 백일 떡은 백 집에 나누어 주어야 아기에게 좋다고 생각하였다. 이러한 풍습은 백일이 지나 아기가 건강하게 자라고, 이제부터 이 공동체 안에서 생활하게 되었으니 격려해 달라는 의미도 담겨 있다.

다음으로 중요한 의례가 첫돌이다. 첫돌 축하 음식으로는 흰밥, 미역국, 푸른 나물, 백설기, 붉은 팥을 묻힌 차 수수경단, 오색 송편을 준비한다. 첫돌에는 돌상을 차려 돌잡이를 한다. 여기서 특이한 것은 푸른 나물인데 긴 미나리를 자르지 않고 그대로 나물로 무쳤다. 미나리처럼 사철 푸르고 수명이 길기를 바라는 마음에서다. 백설기, 오색 송편, 차 수수경단 외에도 붉은 실로 맨 생 미나리, 희고 굵은 무명 타래실, 책과 붓, 돈, 흰 쌀 등을 차렸고 남아일 때는 활을 놓았다. 실을 먼저 집으면 명이 길고, 책을 먼저 집으면 학문을 잘할 것이라 하였으며, 돈을 먼저 집으면 아이가 누릴 부를 축하해주었다.

부부의 연을 상징하는 혼례음식

혼인은 어느 시대에나 있어 왔지만 음식과 풍습은 시대별로 조금씩

다르다. 예를 들어 고구려에서는 남녀가 부부로 연을 맺으면, 신랑 집에서 신부 집에 술과 돼지를 보내어 잔치를 베푼다. 신라에서는 술과 음식을 차렸는데, 빈부의 형편에 따라 차이가 있었다. 고려시대에는 혼가에서 재물을 받지 않고 떡을 차려 백성들은 술과 떡으로 기쁨을 나누었다. 조선시대에도 신부집에서 신랑에게, 신랑집에서 신부에게 큰상과 상수를 차려 주는 풍습이 있었고, 혼례를 하면 반드시 혼인잔치를 열었다.

혼인잔치는 신랑 쪽 집안과 신부 쪽 집안이 하나되는 의례의 장이며, 여기에서 양가 간 균형 잡힌 교환 관계를 엿볼 수 있다. 그러한 호혜 관계 속에서 모든 절차가 이루어졌던 것이다. 혼례 때에는 신부측과 신랑측의 음식 교환, 혹은 혼주와 하객과의 선물이나 음식 교환 등이 실질적으로 이뤄졌다.

혼례음식으로는 봉치떡, 합환주, 초례상, 폐백음식 등이 있다. 납폐함에 보내는 봉치떡과 합환주는 부부의 화합을, 초례상과 폐백에 올리는 밤, 대추는 자손번창을 의미한다.

〈신부연석 新婦宴席〉, 김준근, 19세기 말

최근에는 주로 신부 쪽 집안에서 시댁에 음식을 보낸다. 그러나 과거에는 시댁에서 신부에게 큰 상을 차려 축하해 주는 풍습이 있었다.

봉치시루

봉치 날, 요새 말로 신부집에 함 들어오는 날, 신랑집에서 신부 집으로 채단采緞, 신랑 집에서 미리 보내는 푸른색과 붉은색 비단과 예장禮裝을 보내는 날에 양가에서 각각 봉치떡을 준비한다. 봉치떡은 찹쌀가루와 붉은 팥 고물로 떡 두 켜를 앉히고 한가운데 대추를 얹어 찐 떡시루다. 신랑집에서는 봉치함을 이 시루 위에 얹었다가 보내고, 신부집에서도 봉치함을 받아 이 시루 위에 얹어 놓는다. 최근에는 함을 받는 신부집에서만 팥 시루를 하는 풍습이 남아 있다.

교배상

교배상은 혼례에서 가장 중요한 상차림으로 대례를 치르기 위하여 신랑, 신부 앞에 차리는 상이다. 일생의 중대한 순간을 기념하는 상인 만큼 그 차림이 매우 특이했다. 각 지방마다 상차림은 조금 씩 다르지만 일반적으로 촛대 한 쌍, 송죽가지를 꽂은 화병 두 개, 닭 한 쌍, 흰쌀 두 그릇, 술과 잔, 밤, 대추, 은행 등을 차렸다.

폐백음식

예전에 친정에서 결혼식을 한 뒤 시댁으로 올 때 가지고 오는 대표적인 음식으로 대추, 밤, 육포와 통닭찜이 대표적이다. 이 음식들은 가장 보편적으로 만들 수 있고, 또한 저장해 두었다가 쓸 수 있어 폐백음식으로 썼던 것 같다. 이렇게 준비한 폐백음식에는 근봉謹封, '삼가 봉했다' 는 뜻이라고 써서 붙인다. 교배상은 전통혼례가 아니면 찾아 볼 수 없지만, 폐백음식은 지금까지도 혼례에 차리는 음식으로 전한다. 폐백음식은 신부쪽 집안의 부나 권력을 과시하는 의미도 있는데, 특히 여유가 있는 사람들은 격식을 차리는 훌륭한 집안임을 강조하기 위해 딸이 처음 시댁에 갈 때 '이바지 음식'을 넉넉히 보내기도 한다.

큰상 차림

지금은 혼례에서 찾아보기 어려운 전통이지만, 폐백을 받은 시부모가 새 며느리를 맞이하는 환영의 표시로 큰상을 괴여 신부 앞에 차려 주었다. 통과의례 상차림 중 가장 아름다운 상이다. 현대에 와서 더이상 의미 없는 폐백음식은 꼭 하면서 아름다운 혼례 전통인 큰상은 흔적도 없이 사라져 아쉽다. 이 상차림에는 친정부모님 곁을 떠나 시집 오게 된 신부에 대한 시부모님의 아름다운 배려가 깃들어 있으며, 여성에게만 혼수를 강요하지 않은 조선조의 전통을 엿볼 수 있다.

큰상은 밤, 대추, 잣, 호두, 은행, 사과, 배, 곶감, 다식, 약과, 강정,

아름다운 고배상高排床 차림

조선시대에는 혼례, 회갑, 제례의 상차림에 굄새를 하여 차렸다. 윤서석 교수는 장자에게 봉제사 조로 재산 배분이 이루어지던 17세기 후반부터, 장자가 제물을 넉넉히 준비하면서 고배상 전통이 생긴 것이라 추측하였다.

반면 궁중음식 무형문화재인 황혜성 교수는 고배 전통이 언제부터 시작되었는지는 분명히 알 수 없지만, 조상께 최대한 경의를 표하려는 마음에서 음식을 고여 담은 것이 고배상의 기원이라고 추측한다.

이성우 교수는 고배 음식의 기원을 불교에서 찾는다. 이 교수의 시각은 고배상을 유교에 근거한 의례음식이 아니라 불교와 관련된 것으로 본다는 점에서 독특하다. 이 교수에 따르면 매우 조형적이고 기교를 다하여 가지가지 색깔로 물들이거나 색종이를 써서 원통형으로 높이 쌓아 올리는 불공 음식이, 이른바 오늘날 고배 음식의 원형이라는 것이다. 삼국시대 이래 불교의 영향을 받아 신이나 귀한 사람에 대한 존경의 뜻으로 고배 음식이 발달하였고, 이후 이것이 일본에 전해져 신사의 고배 음식이 되었다는 것이다. 하지만 일본에서는 제사에만 남아 있으나, 한국은 경사 때에도 고배상 차림을 한다.

고배상 차림에서 고여 쌓은 높이는 권위, 혹은 권력을 상징하였고 이러한 의미는 후대로 올수록 심해져 부를 과시하는 척도로 여겨지곤 했다. 이렇게 음식을 높이 쌓아 권위를 상징했던 제도는 조선의 마지막 왕비였던 이방자 여사가 조선 멸망 후 회갑연에서 받은 큰상(고배상)에서 다시 한 번 재현된다. 그 고배상은 전통적인 격식에 따른 대단한 상차림이었다는데, 일설에 의하면 이방자 여사는 그 상을 받고 감격에 겨워 울었다는 일화마저 남아 있다.

산자, 마른 전복이나 문어로 오린 화복, 떡, 편육, 전과 같은 여러 가지 음식을 높이 괴여 올려서 차린 고배상이다. 큰상은 먹을 수 없다는 뜻의 망상望床이라고도 하며 의례가 끝날 때까지 치우지 않는다. 그러므로 큰상을 받는 사람이 실제로 먹을 수 있도록 그 앞에 조촐한 장국상을 차린다. 이를 입매상이라 하는데 고임상 뒤에 며느리가 편히 먹도록 다시 차려준 것이다. 입매상에는 국수, 신선로, 찜, 전, 편육, 회, 냉채, 한과, 떡, 화채 등을 올린다.

회혼례

회혼례란 첫 혼례를 치른 지 60주년이 되는 해에 다시 혼례를 치르는 것으로 유교의 효 사상에 입각하여 자식들이 행사를 주관하였다. 회혼례는 조선시대인들의 짧은 평균수명을 생각하면 흔히 볼 수 없었던 행사다. 김홍도가 그린 〈모당慕堂 홍이상洪履祥의 평생도〉에도 이 회혼례 장면이 등장하며, 첫 혼례와 같은 형태로 차린 상을 볼 수 있다. 그리고 다른 풍속도에도 큰상을 받고 있는 노부부가 그려진 회혼례 상차림을 볼 수 있다. 회혼례에서는 손님들에게 수연壽宴을 베푸는 것을 중시했다. 잊혀져 가는 행사이지만 혼례 중에 가장 아름다운 행사가 아닐까 싶다.

고임새의 미학, 회갑연 상차림

수명이 길어진 현대에는 회갑이 별 의미가 없지만 과거에 회갑연에는 굉장한 축하가 뒤따랐다. 조선조의 풍속화에도 가장 많이 등장하는 것이 바로 회갑 상차림이다. 회갑연에는 주로 큰상을 차렸는데 이는 축하와 경사의 뜻을 화려하게 상징했다. 윤서석 교수에 의하면 큰상 차림의 고임새에서 한국인의 과학성과 심미성을 볼 수 있고, 큰상의 고임새는 한국음식이 기교적으로 발달하는 데 중요한 동기가 되었다고 한다. 유밀과, 유과 등은 상 위에 잘 고여질 수 있도록 납작하게 만들었고, 또 각색 편백편, 꿀편, 석이편 등이나, 단자나 주악 같은 형태의 음식이 발달하게 된다.

조상에 대한 극진한 정성, 상례음식과 제례음식

여기서는 장사 지낼 때와 제사 지낼 때의 음식에 대해 살펴보고자 하는데, 지금은 장사 지낼 때 먹는 음식이 거의 의미가 없다. 예를 들어 사잣밥을 차린다거나, 밥을 먹을 수 없는 상주들을 위해 미음이나 죽을 준비하는 관습 등은 더 이상 보기 힘들다. 또 상여꾼을 위한 음식이나 발인, 노제路祭를 지낼 때 쓰는 음식도 지금은 거의 찾아 볼 수 없다. 이전에는 상례 때 소나 돼지를 잡아 문상객들을 성대하게 접대했다. 양반들은 한 달이나 길게는 석 달 동안 장사를 지냈고, 서민들도 길면 9일 동안이나 장사를 지냈으니 장례 비용이 만만치 않았다. 장사 때 드는 비용을 계산해 보니 죽은 사람이 3년 먹을 폭이 된다고 해서 "죽어도 3년 먹을 것을 가지고 간다"는 말도 생겨났다.

이렇듯 성대한 제례 풍습은 모두 다 효도의 차원에서 나온 것이다. 유교에서 말하는 효도란 "부모가 살아 계실 때는 극진히 섬기고, 돌아가시면 장사를 성대히 치르고, 그 뒤에는 정성을 다하여 제사를 지내는 것"이기 때문이다. 특히 제사는 자손이 돌아가신 조상의 혼과 만나는 자리이기도 했다.

이러한 제사관은 지금까지도 제물에 잘 반영된다. 산업화된 현대 사회에서도 대부분의 가정은 제사만은 꼭 지키고 있으며, 풍족하지 않은

제사상
제사는 조상의 혼과 만나는 자리
이므로, 자손들은 정성을 다해
제사상을 준비했다.

집이라도 제사를 지낼 때만은 최대한 정성 들여 제사상을 장만한다.
"모든 귀신은 먹으면 먹은 값하고 못 먹으면 못 먹은 값 한다"는 말처
럼, 정성 어린 음식 대접이야말로 조상을 모시는 길이자 현세에 복을
받는 길이라 여겼기 때문이다.

하지만 제물은 일단 그 지역에서 손쉽게 구할 수 있는 식품을 기본으
로 했다. 예를 들어 동해안에서는 어혜生鮮젓를, 산촌에서는 청포묵 무
침을, 해안에서는 김구이 등을 올렸는데 여기서 조상들의 합리적 유연
성을 볼 수 있다.

또 제수 음식은 관행상 고인이 살아생전 좋아하던 음식을 올린다. 이
관행은 오랜 역사를 거듭하다 보니 상고尙古성을 내재하게 되었다. 예
를 들어 종묘 제의의 제물을 보면 잡곡과 쌀, 고기를 날 것대로 진설하
고 현주玄酒라 하여 맹물을 반드시 올린다. 이것은 먼 옛날 화식하기 이
전의 것을 상고하는 의미를 담은 것이다. 실제로 맹사성 종가의 불천위
제례큰 공훈이 있어 나라에서 사당에 모시기를 허락한 신위에서도 날고기를 올린다.
언젠가는 제사상에서 고인이 즐겨 먹던 피자나 햄버거 같은 음식들을
볼 수 있을지도 모를 일이다.

제상에 올리는 제물들

제상에 올리는 음식들은 술酒, 과果, 포脯, 해醢, 밥, 편, 적炙, 탕, 갈랍, 나물, 김치 등이다. 술 가운데 가장 좋은 것은 집에서 담근 가양주家釀酒다. 과에는 주로 과일뿐 아니라 약과나 다식도 들어간다. 과일에는 밤이나 곶감 같은 마른 과일과, 사과나 배 같은 생과일이 포함되는데 복숭아는 귀신을 물리친다 해서 쓰지 않는다. 포는 육포나 어포, 혹은 마른 문어 등을 말하며 해는 젓갈을 뜻한다. 밥은 보통 흰 쌀밥을 올리고 편은 떡을 뜻한다.

적에는 육적과 어적이 있는데 육적이 소고기를 넓고 두껍게 저며 양념한 것이라면, 어적은 생선을 통째로 쪄서 양념을 하고 고명을 얹은 것이다. 탕은 육탕과 어탕, 소탕을 올리는데 소탕은 고기나 생선 따위를 전혀 안 넣고 맑게 끓인 국이다. 갈랍은 고기와 채소를 한 10센티미터 두께로 썰어 꼬챙이로 꽂아 밀가루에 무치고 달걀에 적셔 부친 음식이다. 이와 같이 제사에는 동물성 식품들이 많이 쓰인다. 이것은 큰 제사를 지낼 때 동물을 잡아 바치던 관습이 반영된 것이다.

한편 제례에서 가장 어려운 것이 제사음식을 올리는 순서다. 음식 놓은 법에 대해서는 사람마다 말이 다르다. 오죽하면 '남의 제사에 가서 감 놔라 배 놔라 한다' 는 말까지 있겠는가. 제사음식 진설陳設에 대해서는 얘기하자면 길지만 그래도 무시할 수 없는 우리의 법도이니 간단하게만 살펴 보자.

제수는 우선 과일부터 놓는다. 여기서 그 유명한 홍동백서紅東白西의 원리가 나온다. 그런데 재미있는 것은 아무도 그 이유를 정확히 알지 못하면서 이를 고수한다는 점이다. 물론 홍동백서의 원리가 오행설을 따랐다는 설도 있다. 그러니까 오행에 맞추어 붉은색은 동쪽을 상징하기 때문에 붉은 과일을 동쪽에 놓고, 흰색은 서쪽을 상징하기 때문에 흰 과일들은 왼쪽에 놓는다는 것이다. 약과 같은 조과造菓는 이 과일들의 사이에 놓는다. 다음에는 좌포우해左脯右醢라 해서 왼쪽에는 포를, 오른쪽에는 식해를, 그 사이에 김치나 나물 등을 놓는다. 또한 제사에 오신 조상들이 잘 드시고 가시라는 뜻으로 탕이나, 어육, 밥 국 등을 올린다. 이때도 어동육서漁東肉西의 원리에 따라 어탕은 오른쪽에 육탕은 왼쪽, 소탕은 가운데 놓는다.

계절에 따른 음식
시식과 절식

우리들은 풍요의 시대에 살고 있다. 슈퍼마켓에만 가도 온갖 종류의 음식들이 우리를 유혹한다. 겨울에도 수박을 먹을 수 있으며, 계절에 구애받지 않고 다양한 음식을 즐길 수 있다. 그러나 나는 비닐하우스에서 재배된 음식을 먹고 있는 사람들을 볼 때마다 '과연 저 음식을 먹으면서 설레고 행복할까?' 하는 생각을 하곤 한다. 겨우내 기다렸다가 봄이 되면 산천 곳곳에 피어나는 나물을 뜯어 새콤달콤하게 무친 봄나물의 향긋함을 과연 도시 사람들은 알까? 무더운 여름, 찬물에 발 담그고 먹는 수박의 그 시원한 맛을 알까?

실제로 제철채소와 제철과일들의 영양소 분석을 해 보면 제철 음식들이 더 많은 비타민을 함유하고 있어 과학적으로 그 우수성이 입증된다. 우리 선조들이 열심히 지켰던 식습관 중 하나인 '제철음식 먹기'가 건강에도 좋다는 연구결과가 속속 나오고 있는 것이다. 사계절이 뚜렷한 우리나라의 특성상 계절에 따라 나오는 식품들은 각기 달랐다.

대표적인 보신음식으로는 한여름 더위로 몸이 허약해질 때쯤 먹는 복伏날 음식이다. 대개 개를 잡아 파, 마늘과 들깻잎을 많이 넣고 끓이는 보신탕을 떠올리지만 이는 주로 남쪽 지방의 풍습이었고, 서울에서는 민어탕을 주로 먹었다. 또한 닭에 인삼과 찹쌀을 넣고 끓인 삼계탕도 유명하다. 이 음식들은 무더위에 허해진 몸에 원기를 북돋워 준다.

그런데 이에 못지않게 우리 선조들의 지혜를 알 수 있는 음식들이 또 있다. 한여름 더위로 약해진 소화기능을 고려한 죽이 그것이다. 그래서 "복날에 죽을 쑤어 먹으면 논이 생긴다"는 말까지 있을 정도다. 죽 중에서도 식물성 단백질이 많이 함유된 콩죽을 제일로 친다. 또, 배앓이에 좋은 보신음식으로 쌀죽을 쑤어 끓여 먹는데, "여름 흰죽 한 그릇이 인삼탕 한 그릇"이라는 말에서도 알 수 있듯 쌀죽은 소화를 돕는 데 제격이다.

이외에 가을과 겨울에 주로 먹던 메뚜기 볶음은 주요한 단백질 공급원이었다. 논두렁에서 잡은 미꾸라지로 끓인 추어탕도 여름에 쇠한 몸을 보하며 추위에 잘 견디게 하였으니, 과연 과학적인 지식에 근거한 몸보신이라 할 만하다.

이러한 제철음식 먹기는 우리나라 의례음식의 독특한 발달을 가져오게 된다. 세시풍속은 삶의 주기를 고려하여 만들어진 연중행사로 여기에는 의·식·주의 내용이 모두 담겨 있다. 무엇보다 세시풍속의 상당 부분이 음식 행사로 이루어지는데, 음식문화와 관련된 성격을 정리해 보면 다음과 같다.

첫째, 세시풍속은 대부분 음식을 장만해서 즐긴 행사였으며, 여러 가지 행사 중 현재까지 가장 많이 남아 있는 것도 음식과 관련된 행사다. 설, 추석 때의 상차림이 좋은 예다.

둘째, 세시음식은 재료로 제철식품을 최대한 이용했다. 이는 계절의 변화에 따르는 생리적 변화를 조절하여 건강을 지키는 방편이기도 했다. 시절음식은 '식보食補'라 하여 몸을 보호하는 약으로 쓰였고, '시절약' 이라고 할 수 있는 익모초나 수액 등의 약초 역시 식생활에서 중요하게 여겨졌다.

셋째, 시절음식은 부족한 영양소를 보충해 준다. 예를 들면 음력 12월 말이나 정월 초에 봄을 맞는 의미로 눈 밑에서 갓 돋아난 푸성귀로 오신반五辛盤을 만들어 먹으면서, 긴 겨울 동안 섭취하지 못한 비타민 부족을 보충하였다. 오신반은 움파, 멧갓, 승검초, 순무, 생강 등을 무친 매콤한 나물로, 식욕을 돋우며 몸의 성장 발달 및 인체 대사에 필요한 영양을 공급한다. 보통 통과의례와 관련된 행사 때는 육류 등으로 단백질을 보충하고, 세시의례 때는 떡과 제철과일 및 채소류로 탄수화물과 비타민을 보충하고자 했다.

넷째, 시절음식은 때를 맞추어 씨를 뿌리고, 재배하고 추수 때 농작물을 거두어 들이는 농경문화의 산물이다. 세시풍속 행사에는 하늘에 추수를 감사하는 의례가 뒤따랐으며, 곤궁했던 백성들과 떡, 한과 등의 음식을 넉넉히 나누어 위로하기도 했다.

흥미로운 사실은 세시풍속이 중요한 의례로 발전되면서, 이를 남성이 주관하곤 했다는 점이다. 조선의 의·식·주 풍속을 자세히 보여 주는 『경도잡지』 『열양세시기』 『동국세시기』 등도 모두 남성들이 남겼다. 그동안 음식에 관한 논의는 주로 여성들의 일로 간주되었으나, 조선시대에는 오히려 남성들의 관심이 대단했던 것 같다. 이런 경향은 의례를 중시하는 유교의 영향으로, 의례 음식의 사용이 사대부 남성들의 지식과 권력이 행사되는 중요한 영역이었기 때문으로 추측된다.

조상들이 즐겨 먹은 세시음식

그렇다면 우리 조상들이 실제로 즐겨 먹었던 세시음식에는 어떠한

〈담소도〉, 김윤겸, 18세기 중엽
우리 조상들은 제철음식을 먹으며 건강을 지켰다. 이 그림에서도 한여름 수박 등 제철음식을 먹으며 더위를 피한 지혜와 풍류가 잘 나타나 있다.

것들이 있을까? 다음은 『민속조사보고서』(서울편)와 『동국세시기』『열양세시기』『경도잡지』에 기록된 것들을 토대로 한 것이다.

조선시대 대표적인 세시풍속서

『경도잡지京都雜志』
조선 영조·정조 때의 문신 유득공柳得恭이 서울의 세시풍속을 기록한 책.

『동국세시기東國歲時記』
조선 순조純祖 때의 학자 홍석모洪錫謨가 지은 세시풍속서.

『열양세시기洌陽歲時記』
조선 순조 때 김매순金邁淳이 열양洌陽, 한양의 연중행사를 기록한 책.

설

떡국

설은 원일元日, 원단元旦, 세수歲首, 신일愼日이라고도 하는데 한 해의 시작을 뜻한다. 설에는 차례 상과 세배 온 손님을 위해 여러 가지 음식을 준비하는데 이를 통틀어 '세찬'이라고 한다. 차리는 세찬은 가세에 따라 가짓수와 양이 다르지만 어느 집에서나 떡국을 먹는다. 한편 설 전에 어른들께 보내는 귀한 음식, 어른들이 아랫사람들에게 보내는 음식들도 세찬이라고 하였는데, 대표적인 것으로는 쌀, 술, 담배, 어물, 고기류, 꿩, 달걀, 곶감, 김 등이 있다.

입춘

풋나물 대무침

24절기 중 첫 절기로서 농경 세시의 기점이었다. 입춘에는 갓 돋아나는 움파, 달래 등의 푸성귀로 오신반五辛盤 등을 만들어 먹었다.

정월대보름

상원上元이라고도 하며, 한 해 농사의 풍요를 기원하는 행사가 열린다. 정월대보름 음식으로는 복쌈, 오곡밥, 약식, 묵은 나물, 귀밝이술, 원소병, 팥죽, 유밀과가 보편적이며 그 외에도 전유어, 편육, 시루떡, 강정, 식혜, 수정과, 김구이, 두부 부침 등을 먹는다.

오곡밥

삭일朔日

음력 2월 초하루로 예부터 중화절中和節이라고도 하며 농사의 시작을 기념하던 명절이다. 이날은 한 해 동안 농사일에 수고할 노비에게 송편을 나누어 주었는데, 이에 송편을 노비송편이라고도 하였다.

송편

삼짇날

음력 3월 3일은 꽃놀이를 하고 새 풀을 밟으며 봄을 즐긴다. 음식으로는 진달래화전, 화면, 수면, 탕평채, 진달래화채, 쑥떡, 향애단, 두견화주, 송순주, 과하주, 개피떡 등을 먹었다.

진달래 화전

한식

한식은 동지에서 105일째 되는 날로, 이날은 불을 쓰지 않는 찬 음식을 먹었다. 술, 과일, 포, 식혜, 떡, 국수, 탕, 적 등의 음식을 차려 성묘를 하고 제사를 지낸다.

국수장국

곡우

음력 3월 중에 해당하는 절기로 이 시기에는 본격적으로 농사를 시작한다. 민물고기 회를 치거나 국을 끓여서 먹었는데, 대표적인 음식으로는 조기맑은탕, 도미찜, 도미면, 도미탕, 북어국, 어채, 대합구이, 증편, 개피떡 등이 있다.

도미찜

사월 초파일

음력 4월 8일로 석가모니의 탄생일을 기념하는 불가의 대표적 명절이다. 음식으로는 미나리강회, 볶은 콩, 느티떡, 어채, 화전, 증편, 파강회, 상추떡, 골동면, 시루떡, 백설기, 주악, 석이단자 등이 있다.

미나리강회

단오

음력 초닷새로서 한 해 중 가장 양기가 왕성해 풍년을 기원하는 행사가 치러졌다. 수리치떡이 가장 유명하며, 이 밖에도 제호탕, 쑥떡, 앵두화채, 앵두편, 준치국, 준치만두, 붕어찜, 도행병, 어채, 도미찜, 주악, 증편, 수단 등을 먹었다.

앵두편

유두

음력 6월 보름으로 이날은 액을 막기 위해 동쪽으로 흐르는 물에 머리를 씻었다. 수단, 유두면, 건단, 연병, 밀쌈, 보리수단, 상화병, 수교위, 증편, 편수, 상추쌈 등을 먹었다.

편수

삼복

무더위가 극에 달하는 초복, 중복, 말복을 통틀어 삼복이라고 하며, 세시음식으로는 개장국, 삼계탕, 육개장, 팥죽, 임자수탕, 백마자탕, 호박지짐, 민어탕, 호박밀전병 등이 있다.

임자수탕

칠석

음력 7월 7일은 견우와 직녀가 까치와 까마귀가 놓아준 오작교를 통해 만난다는 전설이 전해져 온다. 음식으로는 밀전병과 밀국수, 복숭아화채, 취나물 등이 있다.

취나물

중원中元

음력 7월 보름인 이날은 조상의 혼을 천도하는 제사를 지낸다. 음식으로는 햇과일, 산채나물, 떡, 게장, 고추부각, 석탄병, 게찜, 멸치젓, 어리굴젓, 새우젓, 두부, 순두부, 다시마튀각, 부각 등이 있다.

석탄병

추석

음력 8월 보름으로 가장 큰 명절 중의 하나이며, 봄부터 가꾼 곡식과 과일들을 수확하여 조상께 감사하는 마음으로 제사를 지냈다. 음식으로는 송편, 신도주, 토란탕, 햇과일, 닭찜, 느르미적, 화양적, 햇밤, 토란단자, 밤초, 시루떡, 율란, 조란, 밤단자, 인절미 등이 있다.

토란탕

중양절重陽節

삼짇날에 왔던 제비가 강남으로 돌아가는 날로 양수가 겹치는 음력 9월 9일, 산에 올라 국화주를 마시고 국화전을 먹었다. 세시음식으로는 유자화채, 도루묵찜, 국화화채, 신선로, 밤단자, 어란, 유자정과, 유자차, 전골, 메밀만두, 밀만두 등이 있다.

유자화채

상달과 오일

음력 10월 초닷새로 민가에서는 말날이나 길일을 택해서 성주신께 햇곡식, 술, 떡, 갖가지 과일을 준비하여 제사를 지냈다. 대표적인 음식은 팥시루떡, 열구자탕, 강정, 변씨만두, 신선로, 연포탕, 난로회, 무시루떡, 호박고지시루떡, 쑥국, 쑥단자 등이다.

신선로

동지

동지 때는 음기가 극성하고 양기가 새로 생겨나는 때이므로 한 해의

팥죽

시작으로 간주한다. 음식으로는 팥죽, 전약, 냉면, 비웃구이, 동치미, 수정과, 타락죽, 반유반, 식혜 등이 있으며 팥죽을 문에 뿌려 사귀를 막는다.

납일과 섣달그믐

수정과

납일은 납향이라고도 하는데 납臘이란 사냥한다는 뜻으로, 천지만물의 덕에 감사하기 위하여 산짐승을 사냥하여 제물을 드린다는 뜻에서 지키던 풍속이다. 섣달그믐은 1년을 지키던 행사이다. 묵은 해의 음식을 정리하기 위해 골동반오늘날의 비빔밥이라는 음식을 만들어 먹었다. 음식으로는 식혜, 수정과, 족편, 돼지고기찜, 내장전, 각전, 설렁탕, 모듬전골, 인절미, 주악, 정과 등이 있다.

이와 같이 세시음식 문화는 농경의례와 깊은 관련이 있고 절기별로 고유한 풍속과 더불어 다양한 음식이 발달해 왔다. 세시풍속은 아직 상당 부분 남아 있다. 정월 음력설에 떡국, 정월 보름에는 오곡밥과 아홉 가지 나물과 부럼, 팔월 한가위에는 송편과 토란국, 동지에 팥죽을 먹는 풍습 등은 지금도 많이 지켜지고 있다.

오른쪽에 1952년 방신영 선생이 쓴 『음식 만드는 법』에 기록된 명절 식단표를 소개하고자 한다. 재미있게도 이 자료를 보면 과거의 세시풍속 음식과 비교했을 때 많은 변화가 있었음을 확연히 알 수 있다. 또 그동안 기독교 전파에 의한 서구 문화의 영향을 반영하듯 12월의 성탄절을 명절로 간주한 상차림도 보여 준다.

명절 식단표

〈정월〉

1. 떡국만두
2. 나박김치
3. 느름적
4. 녹두지짐, 전유어
5. 인절미
6. 식혜
7. 수정과

〈삼월 삼일 성묘일〉

1. 약주
2. 포
3. 절편
4. 과실
5. 화전
6. 화채

〈유월 십오일 유두〉

1. 편수
2. 밀전병
3. 화전
4. 찹쌀전병
5. 참외
6. 딸기화채
7. 보리수단

〈구월·시월〉

1. 무시루떡
2. 국화화전
3. 화채

〈정월 보름〉

1. 오곡밥
2. 아홉 가지 나물
3. 김구이
4. 김치(나박김치)
5. 부럼(밤, 잣, 호도)
6. 덴푸라(오징어)
7. 초장

〈사월 팔일〉

1. 느티떡
2. 도미찜
3. 국화전
4. 화채

〈칠월 칠석〉

1. 육개장
2. 오이소김치
3. 오이깍두기
4. 잉어구이
5. 증편
6. 화채

〈동지〉

1. 팥죽
2. 동치미

〈이월 한식〉

1. 약주
2. 실과(밤, 대추, 건시)
3. 약포, 어포
4. 절편
5. 송편

〈오월 단오〉

1. 증편
2. 앵두화채
3. 화전
4. 실과

〈팔월 한가위〉

1. 토란국
2. 송편
3. 가리찜
4. 김구이
5. 실과
6. 포
7. 산적

〈십이월 성탄절〉

1. 비빔밥
2. 완자탕
3. 김쌈
4. 김치
5. 건과
6. 과자
7. 차

대장금, 한류문화, 궁중음식

　한국문화의 인기를 가장 잘 표현하는 말 중에 '한류' 라는 말이 있다. 한국 가수들의 노래, 드라마, 영화 등 한국 대중문화가 중국, 대만, 일본 등 동아시아 국가에서 주목을 받고 있다. 중국에 한류가 본격적으로 몰아친 것은 1998년 대만에 2인조 남성 댄스 가수 '클론' 이 상륙하면서부터다. 단지 1~2년 만에 중국 본토와 홍콩은 물론 베트남 등 중화상권이 미치는 동남아까지 확산되어, 이제 한류 물결은 연예인 몇몇의 유명세를 넘어 가요는 물론이고 드라마, 영화, 게임 심지어 음식과 옷, 헤어스타일에 이르기까지 전 문화로 퍼져 가고 있다.

　이러한 한류문화의 중심에 있던 드라마가 바로 〈대장금〉이다. 〈대장금〉은 한국음식, 특히 궁중음식을 다룸으로써 상대적으로 중국음식에 비해 열세에 있던 한국음식을 단번에 유행시키기도 했다. 화교이자 중국요리 전문가인 이향방 여사는 그간 한국에 거주하면서 중국음식 관련 책을 출간하고 중국음식점 및 요리 학교를 운영해 왔다. 그러나 중국에 〈대장금〉 열풍이 불면서, 오히려 중국에서 『한국의 대장금』이라는 제목으로 한국요리책을 두 권이나 출판했다고 자랑했다. 중국에서 출간된 한국요리책을 찬찬히 살펴보니 비빔밥에 들어간 고추장은 모 기업에서 생산되는 시뻘건 플라스틱 고추장 통을 그대로 찍어 놓고 있는 등 여러 가지로 문제가 많았지만, 요리의 나라 중국에서 한국 요리 돌풍을 실감하게 되었다.

그래서 〈대장금〉을 통해 우리의 궁중음식이 알려질 수 있었던 이유를 깊이 생각해 보았다. 그것은 아마도 우리 전통 궁중음식이 한국문화를 보여 주는 콘텐츠로서 제 역할을 했기 때문일 것이다. 이를 테면 우리 음식의 중심 체계를 이루는 '약식동원藥食同原'의 사상이나 음식 만드는 사람의 정성 등을 현대인들의 입맛에 맞게 잘 표현했다는 것이다. 또한 〈대장금〉은 궁중음식을 나열하는 것에 그치지 않고 궁중음식에 담긴 문화적 속성을 잘 재해석했다.

음식과 약의 근본은 하나

일본을 비롯하여 아시아 전역에서 인기를 끈 드라마 〈대장금〉은 음식을 만드는 행위가 어떻게 지역이라는 삶의 터전에 대한 고민과 맞닿아 있는지 생생히 보여 주는 텍스트다. 장금이는 일종의 과학자이자 의학자다. 장금이가 음식을 만드는 것은 음식재료나 그것이 생산되는 지역 생태에 대한 지식, 음식이 신체에 미치는 영향 등 온갖 지식을 종합하는 행위다. 〈대장금〉이 인기를 끈 이유는 단순히 음식을 '직접' 만드는 모습을 보여 주기보다는, 일상적으로 음식을 만드는 행위가 타인의 삶에 끼치는 영향과, 사회관계와 지역 자원을 동원하고 조직하는 과정을

〈봉수당진찬도 奉壽堂進饌圖〉, 김득신 외, 1795년
정조가 화성(수원) 행궁의 정당인 봉수당에서 어머니인 혜경궁 홍씨의 회갑을 위해 올린 진찬례로 궁중음식문화의 극치를 보여 준다.

찹쌀, 대추, 밤, 꿀 잣 등을 섞어 찐 약식은 쌀에 부족한 영양을 보강한 영양식이자 '약식동원'의 원리를 가장 잘 실천한 음식이다.

드러내 주는 재미 때문인 것 같다. 〈대장금〉에서 볼 수 있듯 우리 조상들에게 음식을 만드는 것은 자신이 사는 지역의 생태를 알아 가는 과정이며 몸을 치유하는 행위였다. 〈대장금〉은 조선시대 궁중음식의 다양한 문화적 의미가 잘 드러나 있기 때문에 동시대 아시아인들의 마음을 움직일 수 있었다.

여기서 이미 많이 소개된 궁중음식의 종류나 조리법을 열거할 생각은 없다. 단지 궁중음식이 갖는 문화적 의미를 통해 어떻게 한류문화의 중심이 될 수 있었는지를 살펴보겠다.

〈대장금〉에서 가장 잘 드러난 한국음식문화의 특징은 '약식동원藥食同原'의 사상체계였다. '약식동원'은 말 그대로 '약과 음식은 그 근본이 동일하다'는 뜻으로, 음식이 영양을 보충하는 데 그치는 것이 아니라 몸을 고칠 수 있는 기능까지 갖고 있다는 뜻이다. 그래서 우리 음식 중에는 유난히 '약' 자가 들어 간 음식들이 많다. 약식, 약과, 약쑥, 거기다가 심지어 몸에 이롭다고 볼 수 없는 술도 약주라고 불렀다.

〈대장금〉에서 장금이가 여러 가지 음식의 조리법을 통해 시종일관 추구했던 것도 '몸에 이로운 음식'과 '병을 앓고 있는 사람들을 치료하는 음식'이었음을 기억할 것이다. 결국 장금이는 의녀가 되어 다시 궁중으로 들어가 대비까지 치료하게 되고, 이로써 궁중 내에서의 자신의 확고한 위치를 차지한다. 주방 나인에서 시작해 궁녀가 되고 또 의녀를 거쳐 왕족을 치료하는 지위에 오를 수 있었던 것은, 음식과 약의 경계를 넘나드는 장금이의 혜안 덕분이었다.

식품학계에서는 한식이 전통적으로 '약식동원'의 원리를 고수했다는 이론이 상식처럼 되어 있다. 혹자는 이 사상이 원래 중국의 영향을 받은 것이므로 한국음식만의 특징이라고 보기는 어렵다고 하지만, '약식

궁중음식 관련 문헌

조선시대의 궁중음식에 대한 기록은 궁의 큰 행사를 기록한 『진찬의궤進饌儀軌』『진연의궤進宴儀軌』나 이러한 문헌을 해석한 책 등에서 볼 수 있다. 일상식의 기록은 정조 19년(1795년), 혜경궁 홍氏의 화성행차 환갑잔치기록인 『원행을묘정리의궤』에서 볼 수 있는데 여기에는 진찬 기록뿐 아니라 일상식(수라상), 죽상, 응이상, 고임상, 다소반과茶小盤果에 대한 내용도 실려 있다. 김상보 교수의 『조선왕조 궁중의궤음식문화』(1995), 『조선왕조 궁중연회시 의궤음식의 실제』(1995) 같은 책은 궁의 행사기록을 재해석한 책이다. 또 조선조 말기에 궁중 수라간 상궁이었던 한희순 상궁과 궁중요리 무형문화재이신 고故황혜성에 의해 집필된 『이조궁정요리통고』(1957)에는 조선시대의 궁중음식의 종류, 조리법, 기명 등이 기록되어 있다. 이 책은 머리말에서도 밝혔듯이 자료의 대부분이 소실되었고 기억에 의존한 바가 많았다고 하였으나, 조선조 말의 궁중요리를 직접 담당한 사람이 기록한 비교적 생생한 자료다.

동원' 원리가 어디에 뿌리를 두든 간에, 그것이 한국음식 안에 생명력을 발하고 있다면 한국음식의 원리라 할 수 있을 것이다. '약식동원' 원리가 비록 중국에서 시작되었다 할지라도 정작 꽃을 피우고 열매를 맺은 것은 우리나라였기 때문이다. 전 세계적으로 보편적인 원리인 영양섭취라는 음식의 주 기능 외에, 지역적 특수성이 담긴 우리나라 특유의 사상체계인 '약식동원'을 가장 잘 표현해 낸 것이야말로 〈대장금〉이 아시아를 움직인 힘일 것이다.

격식과 법도를 중시한 상차림 전통

한국인의 특성 중 하나는 오랜 유교적 전통에 따라 격식과 법도를 중시한다는 것이다. 물론 현대에 와서 많이 약화되었지만 흔히 '공자가 중국보다 한국에서 더 살아 있다'고 할 만큼 유교적 관습은 우리 일상생활을 지배해 왔다. 〈대장금〉에 나오는 궁중음식에서도 이러한 정신을 엿볼 수 있다. 대부분 음식을 먹고 즐기는 문화로 생각하여 호화로운 상차림만 중시했던 다른 나라와는 달리, 우리 궁중음식은 엄격한 질서를 중시하였다.

우선, 차리는 음식상을 엄격하게 구분하였다. 일반적으로 궁중 상차림은 으상어상, 수라상, 큰상, 돌상, 연회상, 제상 및 명절 상차림으로 구분하였다. 으상은 명절이나 경축일에 임금이 받는 상을 말한다. 둘째, 수라상은 임금과 왕후가 평소에 받는 진짓상으로 여기에는 반드시 흰수라와 팥수라 두 가지를 놓는 법도를 지켰다. 셋째, 미음상과 응이상이 있는데 이는 이른 아침 미음이나 죽, 응이 등을 올리거나 간단한 낮 것으로 올리는 상으로, 동치미와 포, 꿀, 간장 등을 곁들여 놓았다. 넷째는 낮것상으로 이는 수라상을 차리는 조석과 달리 간단한 응이나, 미음, 죽, 면 같은 것을 올리는 점심상을 말한다. 보통 특별한 생일이나 명절에도 면상을 차렸다. 다섯째, 큰상은 생일, 회갑回甲, 진갑眞甲, 관혼冠婚 등의 경축일에 차리는 상으로 음식을 담는 기명器皿의 수와 고이는 높이의 치수는 기수奇數로 하였다. 여섯째, 돌상은 태자나 공주의 첫 돌을 축하하기 위한 상으로 각종 편을 만들어 여러 집에 나누어 보냈다. 〈대장금〉에서도 이러한 법도를 따른 상차림이 자주 등장하는데, 임금의 기호보다는 이러한 격식을 중시하는 상차림이 외국인들에게는 흥미로웠을 것이다.

조화미의 극치, 궁중 상차림

음식은 친분관계Friendship를 상징하기도 한다. 음식을 함께 나눔으로써 친분관계를 돈독히 한다는 것이다. 〈대장금〉에서도 궁중 연회를 베풀 때 음식을 한 번에 넉넉히 장만하여 임금뿐 아니라 신하들과 함께 나누는 문화를 보여 준다. 특히, 조선조 궁중에서 올리던 상에는 여러

가지 음식을 높이 고여서 담고, 임금이 퇴선退膳한 뒤 여러 신하에게 골고루 나누어 주었다고 한다. '봉송封送'이라 불리던 이 전통은 임금이 신하에게 음식을 내려 친분을 확인하고 임금에게 더욱 충성하기를 바라는 마음을 담은 형식이다. 이 외에도 동빙고와 서빙고에 저장하였던 얼음을 여름에 이용하였는데, 동빙고 얼음은 나라의 제사에 쓰고 서빙고 얼음은 신하에게 하사했다고 한다. 이렇게 '봉송'이라는 이름으로 궁중음식이 양반가에 전해지면서, 서울의 반가음식은 궁중음식을 상당수 모방하게 된다. 그래서 조선말기로 올수록 궁중음식이 반가음식으로 전환하는 계기로까지 발전한다.

그렇지만 궁중음식은 일반 반가음식과는 차별화를 하고 있었다. 한 가지 예로 양반층이더라도 차릴 수 있는 상을 9첩 이하로 제한했고, 12첩 반상은 궁중에서만 차릴 수 있었다. 이는 왕의 권위를 상징하는 것이다. 그러나 여기서도 융통성을 발휘해 한 끼 식사로는 양이 많은 12첩 반상의 수라상은 아침, 저녁으로만 차렸으며 점심은 대개 낮것상으

음식으로 먹는 문화

인류학자 매클렌시는 『문화를 먹는다는 것 *Consuming Culture*』이라는 책에서 음식을 다음과 같이 정의했다.

음식은 힘을 상징한다. Food is power.
역사적으로 음식의 생산, 분배, 섭취를 조절할 수 있는 사람은 다른 이들을 지배할 수 있다.

음식은 친분관계를 상징한다. Food is friendship.
직접 요리한 음식을 나누는 것은 상대방과 친밀한 관계임을 의미한다.

음식은 종교를 상징한다. Food is religion.
힌두교를 믿는 인도에서는 소를 신성한 동물의 상징으로 여겨 소를 먹는 것을 금기로 하고 이를 어기면 큰 죄를 짓는다고 생각한다. 음식은 한 사회의 종교와 사회적 도덕 체계를 반영한다.

음식은 마법을 상징한다. Food is magic.
음식은 마법에 사용될 수 있다. 마법사들은 음식을 악행에 이용하기도 하고 누군가를 죽이는 데 이용하기도 한다.

로 간단한 응이나, 미음, 죽 등을 올렸다. 즉 아침, 저녁 식사가 지나치게 열량이 높았다면 점심은 열량이 낮은 식사로 균형을 꾀한 것이다.

수라상 반배법飯配法을 살펴보면 수라, 탕, 조치바특하게 만든 찌개나 찜, 찜, 구이, 전유어, 채소, 조리개, 젓갈, 장과장아찌, 마른 찬, 김치, 간장 등으로 '동물성 식품과 식물성 식품', '찬 음식과 더운 음식', '국물음식과 마른 찬', '육 조리개와 생선 조리개'를 고루 차려 조화미의 극치를 이루었다.

상 높이에 깃든 왕실의 권위

앞서 지적한 것처럼 음식은 힘, 권위, 권력power을 상징하기도 하는데 궁중음식이야말로 이를 잘 보여 준다. 의례에 차리던 큰상에는 반드시 음식을 쌓아 올려 왕의 권위와 권력을 상징하였다. 이때 쌓아 올린 정도, 즉 고이는 높이의 치수는 대개 5촌寸, 7촌, 9촌, 1척尺 1촌, 1척 3촌, 1척 5촌 등의 기수로 하였다. 쌓는 높이는 각기 다른데 강정 다식은 1자 7치, 저냐나 편육은 1자 3치, 율란, 조란, 생란 등은 1자 1치로 거의 30~50센티미터에 이르는 높이였다. 이렇게 궁중 행사 때 음식을 높이 고여 그 위에 꽃으로 장식하는 상을 고배상이라 하는데, 이는 다른 나라의 상차림에서는 좀처럼 볼 수 없다.

조선조 궁중음식의 또 다른 특징은 음식에 담긴 종교적 상징이었다. 불교를 국교로 한 고려시대까지만 해도 불교의 상징이랄 수 있는 차 문화는 매우 중요한 위치를 차지하고 있었지만, 조선조에는 차 문화가 점

143

격식을 중시한 한식 상차림

우리 조상들은 상차림에서도 예의를 가장 중요하게 여겼다. 일상적으로 먹는 반상차림도 3첩, 5첩, 7첩, 9첩 등 때와 경우에 따라 반찬 수를 정해 두고 이에 맞추어 상차림을 했다. 또 각 반상에는 동물성 식품과 식물성 식품, 주식과 부식, 색상(오방색), 맛(오미), 더운 음식과 찬 음식의 적절한 조화를 함께 꾀하였다.

이러한 한식 상차림을 얼마나 중시하였는가는『시의전서是議全書』라는 1800년대 말의 조리서에 자세히 나와 있다. 이 책의 작자는 아직까지 밝혀지지 않았지만 조선조 말 여성들의 음식에 대한 열의가 잘 나타나 있으며, 각 반상차림을 손수 도식도로 남겼다. 이 도식도에는 5첩 반상, 7첩 반상, 9첩 반상이 음식별로 정확히 나타나 있는데, 특히 '입매상' 상차림이 흥미롭다. '입매상'은 혼례 날, 신부가 먹을 수 있도록 큰상 뒤에 차리는데 주로 국수, 신선로, 찜, 전, 편육, 회, 냉채, 잡채, 한과, 떡(편), 화채 등을 올렸다.

차 쇠퇴한다. 고려시대에 차는 팔관회나 공덕제 등의 불교의식에 필수적이었고 다례식 때에는 으레 임금이 신하에게 차를 내리는 사다식과 신하가 임금에게 차를 올리는 헌다식이 뒤따랐다. 고려시대, 차가 종교적 힘을 나타내는 중요한 상징으로 쓰였다면, 불교를 배척하고 유교를 통치이념으로 내세웠던 조선시대 궁중에서는 차가 완전히 자취를 감춘다. 차를 마시는 문화는 조선시대에 거의 사라졌지만, 다식은 고려에서 그대로 이어져 조선 선조 때 제사에도 올랐다. 다식은 떡처럼 생긴 차과자로 주로 쌀가루, 밀가루 등을 꿀에 섞어 다식판에 찍어서 만든다. 이로써 고려왕조와 조선왕조 모두가 나라의 통치이념에 따른 음식법도를 매우 중시하였음을 알 수 있다.

조선시대에는 궁중음식이 고려의 궁중음식을 이어받아 궁중의 권위와 힘을 상징하는 화려한 음식문화를 꽃피웠으나 왕조의 힘이 약화되는 말기에는 식생활에도 변화가 생긴다. 조선시대에는 국경일이나 사신 환영 축하연에 수십 명 혹은 수백 명이나 되는 내빈들의 연회상을 일일이 외상으로 차렸다. 그러나 조선말기로 오면서 그 번거로움으로 인해 외상을 없애고 교자상橋子床을 올리게 된다. 지금처럼 한정식을 교자상으로 차리는 전통은 조선말기부터 유래된 것으로 조선의 왕권 약화와 관련이 있다. 이렇듯 전통 궁중음식은 음식의 보편적인 문화적 특성과 우리 민족의 특수성을 함께 보여 준다.

한식의 유산
서울 반가음식

전통 한식의 원형을 가장 많이 간직하고 있는 것은 조선시대 600년 도읍지였던 서울의 반가음식이다. 몇 년 전, 서울 반가음식을 과거에 향유했고, 아직도 계승하려는 분들을 만나 이야기를 나눌 기회가 있었다. 이 과정에서 나는 한식의 끈질긴 생명력을 보았고 아직까지 반가음식의 실체를 보았다는 설렘이 남아 있다.

당시 조사는 서울음식에 대한 지식이나 의견을 자유롭게 구술하는 형식으로 이뤄졌는데, 전체적인 맥락을 잡기 위하여 서울음식의 조리법, 음식에 관련된 기억, 그리고 반가음식의 계승 등 크게 세 가지에 관해 여쭤 보았다.

다음은 당시 이루어졌던 반가음식 연구에 대한 내용이다. 여기에는 이분들의 간단한 출신 배경이나 생애사 일부를 곁들였는데, 이들은 대부분 반가나 적어도 중인층 이상의 집안에서 자랐고, 그 시대에 비교적 교육을 많이 받은 분들이었다.

어느 반가 여성 삶 속의 음식

우선 서울 반가음식의 특징을 하나하나 설명하기 앞서 한 반가여성의 삶을 살펴보자.

윤씨는 서울 익선동에서 출생하여 17세에 출가, 1945년 이래 돈암동 현재 삼선동에 거주해 오고 있다. 시집살이를 하지 않았기 때문에 음식에 대한 지식과 기술은 주로 친정에서 먹어 본 음식을 바탕으로 스스로 터득했는데, 음식 만들기를 좋아하고 또 주위 사람들 사이에 음식 잘하는 사람으로 평판이 돌아 친척·친지들의 잔치에서 음식 장만을 도맡아 해 왔다고 한다.

윤씨의 경우, 본가 윗대 어른이 황해도에서 천석꾼 소리를 들을 만큼 부유했었다. 그래서 윤씨의 음식이 황해도 음식의 영향을 받았다고 할 수도 있는데, 이 당시 사대부들은 서울과 본향 모두에서 살림하는 경우가 많아, 다른 지방과의 교류가 많았으므로 윤씨가 특별히 예외적인 경우는 아니다.

한편 윤씨는 반가음식이 궁중음식의 영향을 많이 받았다고 전했다. 윤씨의 친정인 익선동 집에는 궁중 주방 나인 출신의 찬모가 있었고, 어린 시절 주로 낙지나 북어 등을 넣은 화려한 보쌈김치를 먹고 자랐다고 한다.

또 윤씨가 어릴 적 먹었던 국은 무를 넣어 끓인 갈빗국이나 곰국이었고, 탕으로는 꿩고기로 완자를 빚어 넣은 꿩탕을 많이 먹었다고 한다. 이러한 국은 서울의 '장국'으로 현재까지 전해지고 있다.

김치는 보쌈김치와 장김치가 가장 많이 애용되었다. 특히 장김치야말로 서울의 대표적인 김치라 할 수 있는데 안타깝게도 지금은 사라졌다. 장김치는 간장으로 맛을 내며 국물이 넉넉한 형태로 정월 보름에 떡과 함께 먹었다. 윤씨의 집안에서는 김치에 주로 새우젓과 참조기젓

<선묘조제재경수연도>(부분), 작자미상, 1605년

선조 38년에 재신들이 노부모를 위해 개최한 경수연의 모습이다. 잔치를 치르기 위해 음식을 준비하는 모습을 자세히 볼 수 있다.

을 사용하였다.

　겨울에는 송이전골을 많이 먹었고, 평상시 반찬으로는 약산적, 북어 보푸라기, 약고추장, 민어알로 만든 어란, 민어를 말려서 참기름을 발라 구운 암치배를 갈라 소금에 절여 말린 민어의 암컷구이가, 나물로는 고사리와 도라지가 상에 자주 올랐다.

장김치와 송이전골

조기는 봄에 소금으로 갈무리하여 1년 내내 먹었고 붕어에 간장, 설탕, 엿물을 넣고 오래 졸여 실고추를 얹은 붕어조림도 애용되었다. 소 내장으로는 염통구이, 생 천엽 무침을 먹었는데 허파전, 간전 등 전으로도 많이 먹었다.

이렇게 일상적으로 먹는 음식 외에도 윤씨 집안에서는 계절별로 먹는 시절음식을 아주 중요하게 생각하여, 음력에 따른 '음식행사'를 잘 지켰다고 한다.

윤씨는 당시의 음식행사를 아래와 같이 기억한다. "정월 또는 3월에 메주용 백설기를 띄워 봄에 고추장을 담갔고, 4월 초에 조기젓, 5월 단오면 마늘장아찌, 6월이면 오이지, 음력 9월에는 민물게젓을 담았다. 추석이 지나면 고추를 빻아 말리고, 11월이면 김장을 하며 김장이 끝나면 메주를 쑤어 정월 이후 간장을 담갔다. 간장은 3월 삼짓날에 담으면 더 맛있다."

윤씨의 기억에 생생하다는 이 '음식행사'는 시절음식을 중요시했던 당시의 풍습을 반영한다. 시절음식 외에 생일 같은 의례음식 또한 중요하게 여겼으므로 양, 전복, 육회, 전유어 등 고급재료를 넣은 신선로와 구절판을 많이 해 먹었는데, 이들은 서울의 대표적 음식이다.

시절이나 의례음식으로 빼놓을 수 없는 대표적인 음식이 서울의 떡과 한과류다. 5월 단오에 수리치쑥를 넣어 수리치떡을 해 먹었고, 기주떡, 상화떡, 술떡 등 증편은 여름에 많이 해 먹었다. 지금은 찾아보기 힘든 치자떡도 먹었으며 함경도 떡인 놋치도 먹을 수 있었다고 한다. 윤씨의 말에 따르면 현재 시중에서 파는 떡은 서울 지방의 고유한 떡이라기보다 대부분 다른 지방의 영향으로 변형된 것이라고 한다.

한과는 윤씨가 특히 자부심을 가지고 있는 분야로, "도자기 박사 우리 사위 말로는 도자기 100개를 구워 겨우 하나 완성하기 힘들다는데, 한과도 도자기 굽는 것과 같아서 매우 정성이 많이 들고 잘 만들기 어렵다. 특히 유과는 말릴 때 자연 바람에 말려야지 선풍기에 말리면 모양이 제대로 나오지 않는다"고 할 정도다. 서울의 대표적 한과인 약과는 "밀가루 한 컵, 소주잔으로 참기름 한 잔, 꿀, 집청생강, 계피, 꿀"을 정확하게 넣어 만들며, 정과를 만들 때에는 거의 사라졌다시피 한 청매靑梅 등을 반드시 넣어야 한다고 한다.

윤씨와의 대화에서 특이한 것은 참게젓의 조리법이다. 참게에다 소고기를 한 조각 넣어 담는 참게젓은 조선시대 조리서인 『규합총서』에도 그 조리법이 전해지지만, 그후에는 발견되지 않는다. 일부 조리서에서 사라진 조리법이 서울의 반가에서 일제시대까지도 전해지고 있었다는 것은 조리서만을 토대로 한 연구가 불충분할 수도 있음을 시사한다.

윤씨는 서울음식의 특징인 '깔끔함'을 개성 음식의 영향으로 보고 있으며, 기억으로는 23종이나 되는 음식을 고이는 고배음식도 잘 발달했다고 지적했다. 또 분가한 외며느리보다는 맏딸만이 자신의 조리법을 따르고 있어 아쉽기는 하지만 '손이 너무 많이 가는' 음식이어서 요리 강습을 포기했다고 한다. 또 한 가지 재미있는 것은 서울의 반가음식이 일본음식의 영향을 받지 않았다고 못 박는 부분이었다.

사대부 남성들이 향유한 서울 반가음식

면담에서 유일한 남성인 김충현 선생님의 이야기를 소개함으로써 조선시대 이래 사대부 남성들의 음식관을 간략히 엿보려 한다. 김 선생님은 우리나라 최고의 서예가 가운데 한 분으로도 널리 알려져 있다. 안동 김씨로 10대에 걸쳐 서울에 살았고 선조들이 많은 벼슬을 한 것은 물론, 5대 조부는 순조의 사위까지 되셨다니 그야말로 서울의 정통 사대부 집안이다.

선생님은 궁중음식의 예로 우선 두부전골을 꼽았다. 두부전골은 지금은 흔한 음식이지만, 김 선생님의 말에 따르면 원래 궁중음식이었던 두부전골이 반가로 전해졌다고 한다. 원래 두부전골은 절 음식으로도 알려져 있다. 육식을 못하는 승려들이 단백질을 섭취하기 위해 콩을 가공하여 만든 것이다. 조선조에 불교를 배척하기는 했지만 사찰의 세와 불교의 영향력은 무시할 수 없었을 것이다. 이렇게 절에서 먹던 두부전골은 궁중으로 전해졌고, 여기에 고기가 가미되어 궁중음식으로 자리를 잡은 뒤 반가로 내려오게 된다.

이 두부전골이 서울의 유력한 반가음식이라는 것은 조리법을 보면 알 수 있다. 이 음식은 손이 보통 많이 가는 게 아니다. 그래서 양반음식이라는 것이다. 이때는 손이 많이 가도 다 해 주는 찬모나 노비가 많았으므로, 양반들은 이렇게 섬세하고 품격 있는 음식을 먹을 수 있었다. 하지만 지금은 이렇게 해서 먹기가 쉽지 않다. 실제로 김 선생님 사모님도 요즘 두부전골은 거의 안 하신다. 이뿐만 아니라 다른 면담자들도 한결같이 서울음식은 끝났다고 했다. 서울음식을 전문으로 하는 식당을 차릴까 생각했던 분들도 손이 너무 많이 가고 채산이 맞지 않아 중도에 포기하셨다고 한다.

이런 반가의 음식은 중인층의 음식과도 차이가 있다. 양반이나 상민

대표적인 궁중음식 두부전골 만들기

1. 두부를 기름에 지진다.
2. 고기를 다져서 두부 사이에 넣고 미나리로 꿰맨다.
3. 도라지나 고비, 숙주나물을 기름에 볶아 냄비 바닥에 깐다. 고기를 함께 깐 뒤 처음에 만든 두부를 그 위에 놓는다.
4. 검은 석이버섯이나 갈색 목이버섯, 계란으로 만든 황백지단을 채로 썰어서 무지개 모양으로 고명으로 얹는다.
5. 여기에 육수를 붓고 간을 맞춘 뒤 끓인다.

모두와 접촉했던 중인층은 양쪽 문화의 영향을 고루 받았고, 그 가운데 중인 계층 나름의 훌륭한 음식문화를 이루었다. 특히 역관들은 중국과 교류가 많아 문화를 주도했으며 청나라와의 교역으로 경제적으로 부를 축적한 자들도 많았다. 따라서 그들은 풍요로운 음식문화를 누리고 있었다. 김 선생님께서도 "자세히는 모르지만 중인들 음식의 가짓수가 훨씬 더 많았다"고 언급하셨고, 실제로 중인층은 반가에서 맛보지 않은 여러 가지 음식을 만들어 먹었다.

마지막으로 사모님이 언급하신 반가음식은 민어로 만든 어채나 어만두, 오이무름국, 준치찜, 조기찜, 자반조기와 굴비 등이 있었다. 자반 종류에는 장포라는 게 있는데 이것은 소의 볼기살을 저며서 슬쩍 구운 다음, 도마에서 두들겨가면서 갖은 양념을 계속해 여러 차례 적셔 가면서 구운 음식이다.

김치도 다양했지만 미나리, 배, 밤, 대추, 실고추, 목이버섯, 표고버섯, 석이버섯 등을 넣어 만든 장김치가 가장 특이했다. 또 곤쟁이젓으로 만든 깍두기나 동치미, 신건지도 있었다. 떡과 한과류에서는 화전이나 석이단자찹쌀가루나 찰수수 따위의 가루를 밤톨만 한 크기로 동글동글하게 빚어 끓는 물에 삶아 낸 후 그 위에 고물이나 엿물을 바른 떡, **주악**떡의 한 종류로 찹쌀가루에 대추를 이겨 섞고 꿀에 반죽하여 깨소나 팥소를 넣어 송편처럼 만든 다음, 기름에 지져 만든 떡 등을 예로 들었는데 이 가운데에서도 화전이 대단하다. 매해 가을이면 끓인 설탕물에 국화꽃을 적신 다음 반죽한 찹쌀가루 위에 놓고 기름에 지져 만들어 먹었다. 음식에 풍류가 그득하게 담겨 있으니 참으로 멋있는 문화였다.

담백하고 깔끔한 맛

서울 반가음식의 공통적인 특징은 그 맛이 "시원하고, 담백하고, 맛 깔스럽고, 깔끔하다"는 것이다. 매끼 상에 오르는 국과 김치를 보아도, 국은 기름기를 다 제거하여 맑은 맛이 나도록 하고 김치는 새우젓이나 곤쟁이젓을 넣거나 젓갈 없이 간장으로 맛을 냈다. 여기서 중요한 것은 서울의 반가음식이 까다롭고 복잡한 조리 과정을 거친 궁중요리의 영향을 많이 받았으며, 이러한 조리 절차를 거치면서도 "식품재료의 맛을 가장 잘 발현하도록 한다"는 원칙에 충실했다는 점이다. 즉 반가음식은 '조리'라는 '문화적' 과정을 거치면서도 그 궁극적인 목적은 '자연 그대로의' 맛을 그대로 살리는 데 있다.

서울 가회동에서 태어나 친정아버님이 유성룡의 18대 손이고 큰 할아버님은 개화기 선각자이셨던 유씨 또한 서울음식의 이러한 특징을 강조했다. 소규모 한정식 집을 운영하고 있는 유씨는 음식에 대한 지식과 관심이 풍부하다. 그의 말에 따르면 전반적으로 서울음식의 맛은 깔끔한 것이 특징이라고 한다. 주로 먹었던 국은 애탕국모시조개나 쑥을 넣고 끓인 국, 냉이국, 미역국, 북어국 등이었고, 특히 설렁탕을 많이 올렸는데 하인 등 많은 식솔들을 먹이기 위해 지라, 부아허파나 목줄띠에 붙은 고기 같은 곰거리를 한 바리 가마솥에 넣고 24시간 끓여 맑은 국물을 내어 먹었다고 한다. 요즘 널리 애용되는 장국밥이나 육개장도 서울음식의 탕류에 속한다. 맑은 고깃국을 만들 때에는 반드시 기름기가 적은 양지머리를 사용하였다.

김치류로는 주로 배추김치 외에도 총각김치, 짠지짜게 만든 배추김치, 숙깍두기, 장김치를 먹었다. 서울에서는 김치를 담글 때 깨를 넣지 않고 잣을 약간만 넣어 솔잎 향이 은근히 나도록 하였다. 또 장김치에 홍옥이나 국광사과, 무, 편육, 낙지, 새우, 잣, 대추, 미나리를 넣고 간장으로 간을 하여 담았다. 특히 숙깍두기는 치아가 약한 노인들을 위해 쓴맛이 나지 않도록 무를 통째 찜통에 쪄서 납작하게 썰어 깍두기 양념을 한다. 여기에 소화가 잘되게 하기 위해 조기 살이나 명태 살을 발라 넣고, 굴 대신 밴댕이젓을 넣어 저장해 두었다. 김장김치는 먹을 시기를 구분해 양념을 달리해 만들었는데 제일 먼저 먹을 김치에는 굴을, 다음에 먹을 김치에는 양지머리 국물을, 가장 나중에 먹을 김치에는 소금과 새우젓만을 넣어 만들었다고 한다.

모든 맛의 기본이며 김치에도 들어가는 간장은 대개 세 가지 종류를 구분해 두고 먹었는데, 오래 묵을수록 소금덩이가 밑에 가라앉아 오히려 염도가 낮아진다는 것을 염두에 두고 썼다고 한다.

손포가 많이 가는 조리법

서울음식의 특징 중 하나는 조리 절차가 복잡하고 많은 준비가 필요하다는 것이다. 서울음식에 애정이 많은 분들이 전통의 계승에 대해 부정적인 견해를 표하는 것도 이 때문이다.

실제로 조리강습을 통해 서울음식의 전수를 시도했던 윤씨도 조리의 복잡함과 어려움을 이유로 도중하차할 수밖에 없음을 아쉬워했다. 서울음식을 "시간과 돈을 투자해야하는 예술"이라 극찬하고 서울음식에 강한 애착이 있는 유씨조차도, 그 계승·발전에 대해 회의적일 수밖에 없다고 했다. 과거에 서울음식을 만들어 먹을 수 있었던 이유로 그는 찬모의 존재를 꼽고 있다. 서울음식의 특징으로 "조상을 위하는 음식 정신"과 '법도'와 '격식'을 지극히 강조하는 민씨도 계승의 문제에 대해서만은 그 음식 만들기의 어려움이 "아랫사람들에게 너무 엄한 것이어서" 굳이 전승해야 한다고 생각지 않았다. 직접 한정식 식당을 경영하고 있는 유씨는 자신이 운영하는 식당에서 서울음식을 굳이 내놓지 않으며, 서울음식이 사라지는 첫 번째 이유로 서울음식이 '손이 많이 가고 까다롭기' 때문이라고 했다.

서울 반가음식의 경우 양념으로 들어가는 파, 마늘 등의 재료들이나 약고추장에 들어가는 고기 등 재료가 그 본 모양이 보이지 않도록 곱게 다져야 하는데, 찬모와 같은 전문 인력이 갖추어지지 않고는 준비가 어렵다.

서울음식의 조리법과 관련해서 흥미로운 것은 '조리'를 음식의 맛을 배가시키기 위해 반드시 필요한 과정이면서도, 복잡하고 정교한 기술이 동원될수록 '담백하고 시원한' 재료 자체의 맛이 살아난다고 이해한 것이다. 이씨가 말하듯이 음식을 날로 먹는 것은 격이 낮다고 보았고 유씨가 말하듯이 어회까지도 절대 날로 먹지 않았으니 '음식'이란 적어도 최소한의 조리과정을 거쳐야 한다고 생각한 것이다. 이는 '자연'에 가까운 상태로 '생생한' 음식을 섭취하는 것이 건강에 좋다는 최근의 견해와는 사뭇 다르다. '문화'와 '자연'에 대한 중요성이 같은 사회 내에서도 시대에 따라 변화하는 것을 알 수 있는 대목이다.

격식, 법도, 그리고 '음식 정신'

기록으로 전하는 서울음식은 대부분 상층에서 누린 반가의 음식이다. 서울 반가음식의 또 하나의 특징을 민 교수는 한마디로 "법도를 중시하는 음식"이라고 강조한다. 조선말기 출세보다 청렴함과 엄격한 규범을 중시하여, 빈한하지만 식솔의 행실에 자긍심을 가지고 살던 여흥 민씨 가문에서 11세까지 가정교육을 받고 자란 민 교수의 이야기를 들어 보자.

"서울 반가의 음식은 한마디로 법도를 중시하는 음식이다. 상민과 반가음식의 차이는 음식재료의 종류나 음식의 가짓수, 조리법이라기보다는 바로 음식 정신이다. 음식 정신이란 조상을 위하는 정신으로, 양념으로 쓰는 실고추 하나, 깨소금 하나를 쓸 때도 진심으로 조심스럽게 정성을 다하여 쓰는 것을 말한다. 김치도 그렇고 생선의 경우도 어떤 생선을 쓰느냐에 반가냐 아니냐의 차이가 있는 것이 아니다. 오히려 반가일수록 돈이 없고 '간구한데', 반가사람들은 간구한 것을 부끄러워하지 않으며 간구하지 않은 사람들은 친일파일 가능성이 높은 것으로 보았다. 서울음식 즉 반가음식이 사치하고 화려했으리라는 생각은 크게 잘못된 것이며, 반가사람들이 중인층에 비해 오히려 못 먹고 살았다."

민 교수는 반가의 음식이 가문의 자긍심을 돈과 명예에서 찾지 않고 오히려 난세에 일찍이 벼슬을 버리고, 서울 문밖에서 농민으로 살던 조상들의 간소한 법도와 정신이 살아 있는 음식이라고 지적했다. 이런 생활 속에 여성의 역할은 상당히 중요했는데, 부녀자들은 음식을 정성껏 만들었을 뿐 아니라 자녀들, 특히 딸들에게 가문의 법도를 가르치고 익히도록 해야 했다. 반가의 여식들은 "밥 먹는 본새가 그게 뭐냐", "어떻게 그렇게 후르륵 국을 마시느냐" 등 어른들의 '잔 말씀'을 들으면서 자랐으며, 이렇게 정신이 살아 있는 음식을 담는 그릇 또한 극히 소중히 다루었다. 여자가 그릇의 이를 빼면 남편이 죽는 등 팔자가 사나워진다는 말에서도 알 수 있듯 음식과 관련된 여러 활동에 지극한 정성을 기울여야 했다. 때문에 반가의 부인들은 음식을 만들고 나르면서도 늘 곧은 자세를 유지해야 했다.

음식을 만들 때에도 정성을 다해야 하는데 양념장 속의 양념들을 "진이 나도록 다져야" 하고 고명을 만들 때도 일정한 맛과 모양을 내야 한다. 계란 지단을 솥뚜껑에 부칠 때도 반드시 무꽁지로 기름을 한 번 둘러서 골고루 묻힌 다음 부쳤고, 모양을 낼 때도 골패 쪽이나 채를 주로 썰었지 마름모꼴은 거의 만들지 않았다. 고명은 귀명이라고도 하여 음식의 중요한 일부로 간주되었던 만큼 한 가지로 통일하여 만들었다. 또 소고기도 결을 따라 곱게 써는 것을 원칙으로 하였다.

민씨에 의하면 가장 정성을 들여야 하는 음식은 매일 먹는 국이라고 한다. 민씨가 특별히 소개해 준 국은 시아버님 상에 자주 올렸던 국으로 가장 정성을 기울인 것이라 할 수 있다. 차돌박이소의 양지머리뼈의 한복판에 붙은 기름진 고기나 업진소의 가슴에 붙은 고기이 약간 들어간 양지머리를 적어도 세 근 정도를 사서 기름을 다 제거한 뒤 물에 한 30여 분 담가 둔다. 물에서 건져낸 고기를 물을 조금 붓고 참기름 반 숟가락, 생강 조금 넣고 푹 곤다. 처음에는 센 불에 나중에는 차츰 줄여 가면서 국위에 떠오르는 것들을 모두 건어내야 한다. 바로 이 '건어내는 정신'이 반가음식과 상민음식의 차이라고 한다. 여기서 끝이 아니다. 국이 다 되도록 지켜 앉아서 본 다음 젓가락으로 찔러보아 소고기가 익었으면 건져내어 쪽쪽 찢은 다음, 마지막으로 한 번 더 고기에 붙은 기름기를 떼어내고 고기에다 각종 양념―마늘, 파, 진이 나게 다진 생강, 조선간장, 참기름, 깨소금―을 넣고 오래 주물러 양념이 고기에 잘 배도록 하고 여기에 고깃국물을 붓는다. 밥과 함께 이 국을 낼 때도 그릇을 뜨거운 물에 미리 담궈 따뜻하게 한 다음, 음식을 담기 직전 마른 행주로 닦아 상을 보았다고 한다.

다양하고 화려한 중인층의 음식

반가 출신의 여성들은 한결같이 반가음식이 정갈하고 맛깔스러웠다고 강조하면서도, 중인층 가정의 음식이 반가음식에 비해 다양하고 화려했다고 평했다. 반가가 서울 지역의 엘리트로서 서울음식만의 맛을 강조한 반면, 중인층의 경우 그 계층에 속한 사람들의 배경이나 기호들이 다양했고 또 다른 지역과의 차이를 보다 폭넓게 수용하려 했다. 따라서 중인층은 일상적으로 서울음식을 주로 하되 다른 지역의 음식도 두루두루 즐겼다.

김씨는 1916년 생으로 경기도 포천에서 나서 자랐으나 열여덟에 1933년 서울 의성정동현재 남대문로 5가으로 시집을 온 이래 서울에서만 생활해 왔다. 본가가 대대로 한의사를 업으로 해왔고 체신공무원인 남편을 두었으니 중인층 가정을 이루고 살았다고 볼 수 있다. 그녀는 친정어머니께 배운 음식과 출가 이후 서울 시댁에서 배운 음식을 모두 서울음식으로 본다고 했다. 고령에도 불구하고 자신이 먹고 자란 음식들을 세세히 기억하고 있었는데 그 가짓수가 무려 90여 종이 넘었다.

김씨가 만들어 온 음식들은 신선로, 구절판, 장김치 등과 같은 서울 전통적 서울음식뿐 아니라 고들빼기김치, 갓김치와 같은 전라도 김치 등 다른 반가 출신 조사 대상자들이 열거한 음식들보다 지역적으로 폭이 넓고 다양하다.

이러한 특징은 김씨가 말하는 제사음식, 세시음식과 떡, 한과류에서도 나타난다. 제사음식으로 김씨 집안에서 애용한 것들은 소고기적, 조기찜, 북어포, 삼색나물도라지, 고사리, 숙주나물, 나박김치, 육탕, 식혜, 각종 전육전, 해물전, 어전, 녹두전, 소적, 강정, 산자, 약과, 과일류, 편, 다시마튀김 등이었고, 세시음식으로는 주로 강정, 깨강정, 산자, 약과, 생강정과, 다식, 과일을 꿀에 잰 과편, 타래과, 동지팥죽, 오곡밥, 만둣국, 토란국, 수정과, 약밥, 밤초, 대추초 등을 들었다. 떡과 한과로는 수수전병, 장떡, 시루떡, 백설기, 송편, 절편, 수수팥떡, 수수경단, 편, 증편, 개피떡, 인절미, 콩떡, 쑥떡, 호박고지떡, 수리취떡, 무지개떡, 콩강정, 깨강정, 화전을 들었다.

소고기, 생선, 채소 위주의 식단

1930년대 서울로 시집 온 김씨는 당시 시댁에서는 돼지고기, 닭고기 등의 비린 음식은 먹지 않았고 채소 위주 상차림에 순살 소고기, 흰살 생선, 해물로 만든 요리를 곁들였다고 회고한다. 실제 서울의 반가음식 가운데 돼지고기나 닭고기가 재료로 쓰인 음식은 거의 없었다. 앞서 보았듯이 '깔끔하고 담백한' 서울음식의 정수라 할 만한 탕도 모두 곰거리로 소 내장을 주로 썼다. 그것은 돼지고기나 닭고기를 천한 음식으로 여겼기 때문이다. 우선, 서울 원서동에서 출생하여 서울 토박이로 모교에서 교편을 잡기도 한 유씨의 경우를 보자. 유씨가 가장 먼저 꼽은 음식은 민어를 비롯한 어회였다. 민어는 회를 뜬 뒤 반드시 녹두녹말을 살짝 뿌려 끓는 물에 잠깐 넣었다 꺼낸 뒤 먹었다. 또 고추장찌개나 지짐이의 형태로 다양한 종류의 생선이 자주 상에 올랐다고 한다. 반가의 음식이 대중화된 요즘도 어회는 재료 가격이 너무 비싸 자주 해 먹을 수 없는 음식 중 하나다. 채소로는 지금은 상당히 비싼 버섯류인 송이버섯을 자주 이용했다.

그래도 어린 시절 가장 많이 먹던 음식은 청어비웃와 민어였다고 한다. 청어는 겨울철에 칼집을 솜씨 있게 넣고 여기에 마늘, 파, 생강과 실고추를 아주 곱게 다져서 만든 양념장을 발라가면서 석쇠에 구워 먹었다고 한다. 복날에는 맑은 민어탕을 끓여 먹었는데, 역시 민어를 꾸득꾸득 말려서 디딤돌에 누르는 과정을 거쳐 고기가 푸득푸득하게 되

김씨 가의 음식들

주식류	나물비빔밥, 바지락떡국, 메밀국수, 굴밥, 밤밥, 칼국수
국류	북어국, 곰국, 소고기완자국
찌개류	준치찌개, 비지찌개, 조개찌개, 생선찌개, 버섯찌개
전골류	만두전골, 두부전골, 내장전골, 야채소고기전골, 신선로
나물류	숙주나물, 시금치나물, 고비나물, 콩나물, 씀바귀, 무, 호박나물, 고사리, 도라지나물, 구절판, 호박선, 잡채, 겨자잡채, 가지냉채, 무왁저지
김치류	고들빼기김치, 열무김치, 보쌈김치, 백김치, 오이소박이, 부추김치, 총각김치, 파김치, 나박김치, 무짠지, 동치미, 장김치
반찬류	도토리묵, 청포묵, 풋고추조림, 연근조림, 다시마매듭튀김, 두부부침, 뱅어포구이, 오이북어포 볶음, 장조림, 더덕구이, 북어무침, 낙지볶음, 북어구이, 북어찜, 계란찜
장아찌	더덕장아찌, 오이무장절임, 오이지, 깻잎절임, 마늘장아찌
젓갈류	멸치젓, 명란젓, 조기젓, 방게장, 창난젓, 어리굴젓
전유어	녹두전, 파전, 간전, 생선전(동태, 대구), 감자지짐, 굴전
기타	섭산적, 도미조림, 굴비, 편육, 불고기, 사태찜, 쇠간, 육회, 우설편육, 족편, 꽃게찜·탕

면 암치 껍질로 국을 끓인다. 민어암치국은 주로 며느리들이 먹었고, 시어른들께는 주로 소고깃국을 올렸는데 여름에는 소의 영양 상태가 좋지 않아 올리지 않았다. 하지만 여름을 보내고 가을이 되면 우둔을 두 시간 정도 양념에 재워 만든 육포를 썰어서 꾸득꾸득 말려 한지로 싸서 벽장에 넣어 두었다가 꼭 어른들께 대접했다. 또 유씨는 설렁탕 외에도 소 혀로 만든 우설편육을 특히 많이 먹었다고 기억한다.

찌개로는 고추장찌개와 된장찌개, 생선찌개를 많이 해 먹었다. 최근에 많이 먹는 '생선매운탕'은 생선찌개에 비해 간이 더 매워졌다. 국과 찌개 외에도 감자, 호박, 맛조개를 넣고 만든 지짐이나 미나리, 파 등을 넣어 얄팍하게 만든 녹두전을 많이 해 먹었다.

나물류는 호박눈썹나물, 오이나물, 미나리나물 등을 먹었다. 호박나물은 새우젓으로 간을 했고 장아찌 종류는 마늘장아찌, 깻잎장아찌, 고추장아찌 등을 담았다. 여름에는 마늘장아찌 외에도 오이지, 조기 말려 찢은 찬, 뱅어포를 반찬으로 많이 먹었다. 풋고추나 상추쌈은 거의 먹지 않았고 쌈을 먹을 때는 주로 민어나 병어를 졸여 볶은 고추장이나 새우젓으로 싸 먹었다.

아직도 우리 음식 소비에서 두드러진 현상이랄 수 있는 소고기 선호는 조선후기, 일제시대에도 이미 존재했다는 것을 알 수 있다. 하지만 최초로 미국을 비롯한 서구사회에서는 심장병 발병에 영향을 미친다고 알려진 소고기와 같은 적색고기red meat를 피하고 대신 돼지고기나 닭고기와 같은 백색고기white meat를 선호한다. 우리나라에서도 차차 지방 축적을 막기 위해 육식을 조절하는 경향이 늘어나고 있다.

어회(위)와 홍합초

사라져가는 서울음식

앞서 언급한 서울 반가음식의 특징을 정리해보자.

첫째, 그 맛이 소박하고 담백하다. 특히 국을 끓일 때에는 깨끗하고 맑은 국물을 만들기 위해 반드시 양지머리를 사용하였다.

둘째, 격식을 몹시 중시하여 식생활에서도 상스러움을 피하려 애썼다. 그 예로 된장은 날로 먹지 않고 반드시 끓여서 먹었으며, 토막난 음식을 상에 올리는 법이 없었다.

셋째, 서울음식은 손이 많이 간다. 예컨대 양념을 하나 쓰더라도 아주 곱게 다져 음식에 은은한 미를 더했다. 이렇게 까다로운 음식을 올리는 것은 찬모를 둘 수 있었던 반가에서나 가능한 일이었다.

넷째, 특별히 절기음식을 중요시하여 계절에 맞는 음식과 명절에 맞는 음식을 만들어 먹었다.

다섯째, 의례를 중요시하여 다른 의례는 물론 가족의 생일상을 차리는 것을 아주 기본적인 것으로 생각했다.

이와 같은 특징을 갖는 서울음식이 지금은 다른 지역과의 교류로 인해 그 특색이 사라지고 있다. 서울음식의 계승에 대해서는 '서울음식은 지금도 순수한 형태로 재현될 수 있다' 거나 또는 '학문적으로 서울음식이 예전의 형태대로 연구, 보존되어야 한다' 는 의견에서부터, '예전의 고급 음식이었던 서울음식이 널리 대중화되면서 더 이상 서울음식이라고만 할 수 없게 되었다' 거나 '서울음식과 한국음식의 차이를 굳이 둘 필요가 있느냐' 하는 생각에 이르기까지 다양한 견해가 있다. 하지만 한 가지 공통적인 의견은 서울음식은 변화해 왔으며 더 이상 과거의 모습 그대로 존재하지 않는다는 것이다.

일례로 다른 지역의 영향을 받으면서 서울음식은 순하고 담백한 맛이 사라지고 자극적인 음식으로 변했다. 간장으로 국물을 넉넉히 하여 만들었던 장김치는 사라지고 남도음식의 영향으로 매운 속을 넣어 비비는 김치가 널리 이용된다.

한편 서울음식의 변모에도 불구하고 서울음식 계승자들은 하나같이 일본음식의 영향은 받지 않았다고 주장했다. 오직 유씨만이 빨간 들깻잎 장아찌가 일본음식의 영향을 받았다고 말했고, 나머지 조사 대상자들은 모두 강하게 일본음식의 영향을 부정했다. 그 이유로 유씨는 "한국에 온 일본인들이 상류층이 아니어서 그들의 음식에서 배울 것이 없었다"고 하였고, 김씨는 우리 음식이 중국의 영향을 받았다는 일부 식품사학자들과 의견을 함께했다. 이들의 말처럼 반가 출신으로서, 사회

문화적으로 상류층에 속한 이들의 가정에서는 일본음식의 영향을 받지 않았을 수도 있다. 또 서울음식이 일본음식의 영향을 받지 않았다면, 문화의 다른 영역들에 비해 음식문화가 특히 강한 보수성을 가지는 것은 아닐까 추측해 볼 수 있다.

서울음식 조리법의 계승과 관련해서 흥미로운 조사 결과는, 서울 근교라도 타 지역에서 서울로 시집을 온 경우를 제외하고는 대부분 조리법을 친정어머니로부터 이어받았으며, 시집의 영향은 그리 많지 않았다는 점이다. 이는 물론 같은 서울 지역으로 출가를 했으므로 친정과 시집의 음식이 비슷하기 때문일 수도 있지만, 어머니들이 대부분 며느리보다는 맏딸에게 조리법을 전해 주었기 때문일 수도 있다. 이런 견해는 몇몇 면담을 통해 발견된 점이기 때문에 일반화할 수는 없으나, '모계를 통해 음식에 관한 가통이 전해지는 것이 아닌가' 하는 새로운 추측을 해 볼 수 있다.

이 면담으로 전통음식에 대한 올바른 이해와 계승을 위해서는, 전통음식을 기억하는 분들에 대한 연구가 많이 이루어져야 한다는 점을 통감했다. 무엇보다 이 연구를 통해 이론으로만 알고 있던 한국 전통음식의 실체를 볼 수 있었다. 우리의 음식문화 맥을 이어가기 위해 생생한 기록을 원한다면 이제 서두르지 않으면 안 된다. 우리의 전통 음식문화를 삶에서 맛보았던 분들이 우리에게 허락한 시간이 얼마 남지 않았다.

한식 세계화의 현장
한식당의 역사

한국음식이 구체적으로 선보이는 현장은 식당이므로 한국음식을 이야기하면서 식당의 역사를 빼놓을 수 없다. 그러나 우리의 식당 문화는 아직도 문제가 많다. 그래서 어떤 이들은 한국의 음식문화가 어지럽다고까지 한다. 이런 평판은 해외에서도 마찬가지다. 건강식으로서 한국음식의 우수함을 인정하는 이들조차 서비스에 대해서는 혹평을 한다. 미국의 주요 언론에서도 "한국 식당은 맵고 짜고 시끄러워, 병원 응급실 같고 서비스하는 사람들이 다 무뚝뚝하다"고 평가했다.

한국문화의 진수라고 할 수 있는 한국음식에 대해서는 자부심을 가지면서도 우리의 식당 문화는 왜 이렇게 문제가 많을까? 6장에서는 우리 역사 속에서 어떤 배경을 가지고 식당이 발전되어 왔는지 살펴보자.

주점에서 시작된 식당

우리나라 음식점의 역사는 언제부터 시작되었을까? 이에 관한 정확한 기록은 찾기 어렵다. 사실 조선시대는 물론이고 1920년대까지만 해도 장안에서 오늘날처럼 음식을 전문적으로 판매하는 음식점은 별로 없었다. 대신 술을 팔면서 술국이나 탕을 함께 내놓는 곳은 많았다. 그렇다면 오늘날 음식점의 시초가 되는 술집은 언제 생겨난 것일까?

우리나라에 처음으로 주점이 생긴 것은 기록상 고려 성종 2년 때라고 한다. 고려시대에는 해외 교역이 활발했던 몽고나 송, 거란, 여진, 일본 등 해외 상인들을 위하여 영빈관迎賓館, 회선관會仙館 등을 개설하였다. 또 교역을 시작하면서 돈의 유통을 장려하기 위하여 개성에 좌우 주점을 개설하였다. 이처럼 지방에서 공설된 주식점酒食店이 주점의 시작이다. 고려 조정은 칠전을 기피하는 경향을 바꾸기 위해 술, 음식 판매에는 반드시 칠전을 쓰게 하였다. 이렇게 하여 서민층도 주막에서 술을 마시는 문화가 발달하기에 이르렀다.

「쌍화점」이라는 고려가요의 넷째 연에는 "술풀 지븨 수를 사라 가고신된 그 짓 아비 내 손모글 쥐여이다술 파는 집에 술을 사러 갔더니만 그 집 아비 내 손목을 쥐더이다"라 하여 주막의 모습과 그 풍습의 일단을 보여 준다. 차를 내어 손님을 접대하던 중국이나 일본과는 달리 우리나라의 술 풍습은 유난했다. 우리는 차보다 술을 더 일반적으로 마셨던 것이다.

고려시대와는 달리 조선전기에 들어오면 술을 파는 집은 있었지만, 지금처럼 술과 안주를 함께 파는 형태의 술집은 눈에 띄지 않는다. 다만 술만 파는 형태의 주류 판매업인 병술집은 있었다. 그러니까 오늘날과 같은 형태의 술집은 조선후기에야 출현한 것이다. 『정조실록』에 의하면 "서울 시내에 큰 술집이 골목에 차고 작은 술집이 처마를 잇대었다"고 하였다. 조선후기에 이르면 주막이 늘어나 시골의 시장가에서는 주점이 3분의 1을 차지했다고 한다. 정조 때의 명재상인 채제공1720~99은 조선후기, 술집이 얼마나 유행하였는지 다음과 같이 기록하였다.

〈청금상련 聽琴賞蓮〉, 신윤복
관청의 관리를 받으며 권력이 오
가는 술자리에 동석했던 관기는
고려시대에 처음 출연했고, 조선
시대에 이르러 체계적인 관기제
도가 확립됐다.

비록 수십 년 전의 일을 말하더라도 애주가의 술안주는 김치와 자반에 불
과할 뿐이었습니다. 그런데 근래에 백성의 습속이 점차 교묘해지면서 신기
한 술 이름을 내기에 힘써 현방의 쇠고기나 시전의 생선을 따질 것도 없이
태반이 술안주로 들어갑니다. 진수성찬과 맛있는 탕이 술 단지 사이에 어지
러이 널려 있으니 시정의 연소한 사람들이 그리 술을 좋아하지 않아도 오로
지 안주를 탐하느라 삼삼오오 어울려 술을 사서 마십니다. 이 때문에 빚을
지고 신세를 망치는 사람이 부지기수입니다. 시전의 찬물 값이 갈수록 뛰어
오르는 것은 이 때문입니다.

이렇게 시정의 술집이 발달하면서 점차 그 종류도 다양해졌을 것이
다. 술집의 종류에 대한 정확한 자료는 없지만 지금으로부터 약 70년
전까지 서울 안의 음식점은 목로 술집서서 술을 마시는 선술집, 내외술집나이

1920년대 종로의 야시夜市
종로 거리는 낮에는 비교적 한산
했으나 밤이 되면 요릿집이 불을
밝히며 영업을 시작했다.

든 과부가 넌지시 술을 파는 집, **사발막걸리집**막걸리를 사발로 파는 집, **모주집**술 찌꺼기를 걸러 만든 모주를 파는 집 등이고, 여자가 있는 술집은 색주가뿐이었다.

이러한 조선말기의 주점은 일제시대에 이르러 경제가 어려워지고 살림이 피폐해지면서 늘어나, 종로와 을지로와 청계천에 온갖 상점과 식당들이 자리를 잡게 된다. 특히 음식점과 '선술집'이 가장 많이 늘어났다.

1930년대가 되면 성행했던 주점은 밥집으로 변모한다. 이러한 변화의 중심에는 선술집에서 술과 함께 팔던 '술국'이 있다. 술이 거나해지면 속을 풀어야 했기 때문에 손님들은 국물이 있는 탕을 찾았고 서울 광화문의 '용금옥', 안암동의 '곰보집', 신설동의 '형제추어탕', 이문동의 '이문설렁탕', 청진동의 '청진옥' 등이 모두 주점을 주로 하면서 술국을 팔았던 것이다.

21세기 우리의 식당 문화는 19세기 술집 수준을 벗어나지 못하고 있다. 물론 식당에서 새로운 문화가 생겨나고 있다고 볼 수도 있지만, 그렇지 못하다고 보는 시각이 대부분이다. 이것은 결국 주점에서 시작된 한식당의 역사와도 무관하지 않다.

요릿집에서 시작된 한정식

한식을 제대로 파는 집을 우리는 대개 한정식집이라고 알고 있다. 이러한 한정식집은 어떤 형태로 발전되어 온 것일까? 보통 한정식상이라고 하면 한상 그득 차린 교자상 차림을 떠올린다. 하지만 교자상 차림은 전통적인 상차림이 아니다. 원래 우리의 전통 상차림은 외상차림이었다.

1906년 7월 14일자《만세보》라는 신문에 실린 '명월관' 광고를 보면 우리가 한정식 상차림으로 잘못 알고 있는 교자상의 정체를 알 수 있다.

각 단체의 회식이나 시내 외 관광, 회갑연과 관혼례연 등에 필요한 음식을 마련해 두고 있습니다. 심지어 사람을 보내어 음식을 배달하기도 하는데 진찬합, 건찬합, 그리고 교자음식을 화려하고 정교하게 마련해 두었습니다. 필요한 분량을 요청하면 가깝고 먼 곳을 가리지 않고 특별히 싼 가격으로 모시겠습니다. 군자의 호의를 표하오니 여러분께서는 많이 이용해 주시기를 바라마지 않습니다. 주요 음식물 종류는 다음과 같습니다. 새롭게 개량하여 만든 각종 교자음식, 각국의 맥주, 각종 서양 술, 각종 일본 술, 각종 대한 술, 각종 차와 음료, 각종 양과자, 각종 담배, 각종 시가, 각국 과일, 각종 소라, 전복, 모과······.

'명월관'에서는 조선 음식을 개량하여 교자상을 주 메뉴로 팔았다. 특히 단체 회식은 물론이고 회갑과 혼례연회를 할 수 있다고 했으니, 명월관은 조선 음식을 팔던 첫 번째 전문 음식점이라 할 만하다. 더욱이 교자상 배달까지 했다니 지금의 한정식 출장 뷔페의 역사가 여기서

서양 레스토랑의 역사

서양의 레스토랑 역시 선술집 같은 규모가 작은 음식점에서 출발했다. 레스토랑이라는 말은 1765년 프랑스 파리의 한 선술집에서 양羊의 발을 끓인 스프를 판매하여 인기를 누리면서 쓰이게 되었다. 스태미너를 보강한다는 뜻으로 나온 '레스토레restaurer' 란 단어가 이 스프를 파는 음식점을 통틀어 일컫는 말로 변한 것이다. 이후 1873년 영국의 웨이트리스가 주문을 받아 요리를 직접 서비스하는 음식점인 레스토랑이 생겼고, 레스토랑은 서양 음식점의 대명사가 되었다. 19세기 이후 사교가 이뤄지는 고급스러운 식당으로 레스토랑이 자리 잡는 계기가 된 것이다.

시작했다고 해도 과언이 아니다.

그런데 한 가지 흥미로운 것은 이러한 요릿집 음식을 만든 사람들이 궁중 출신이라는 점이다. 그래서 '요릿집 음식으로 전락한 궁중음식' 이라는 표현을 쓰기도 한다. 당시 요릿집에서 궁의 『진찬의궤』 등에서 보이는 '승기아탕' 이 '승기악탕' 이라는 이름으로, 그리고 '신설로' 혹은 '열구자탕' 이 '신선로' 라는 이름으로 매우 유명했다는 데서도 궁중음식의 영향을 짐작할 수 있다.

불행히도 우리나라 한정식의 효시라고 볼 수 있는 요릿집은 그 당시 일종의 기생집의 역할까지 겸하고 있었다. 이들 요릿집은 기생집에 버금가는 운영으로, 조선 음식이 전통을 간직한 근대적 고급식당 음식으로 발전하는 데 큰 걸림돌이 되었다. 그래서 당시 《동아일보》를 비롯한 언론매체에서는 "한갓 이익에만 눈을 뜨고 영원히 조선 요리의 맛깔 좋은 지위를 지속할 생각을 못한 결과 서양 그릇에 아무렇게나 담고 신선로 그릇에 얼토당토않은 일본 요리 재료가 오르는 등 가석한 지경에 이르렀다"는 비판을 서슴지 않았다.

해방과 6·25 전쟁을 거치면서 이들 요릿집 대신 소위 요정이라는 것

명월관, 1930
명월관의 등장으로 정체 모를 음식들이 '한정식'이라는 이름으로 널리 퍼지게 되었다.

이 자리를 잡았다. 요정은 1960년대에 한정식을 취급하는 음식점으로 변모하지만 뿌리 깊은 주연 문화의 틀은 바뀌지 않았다. 그러나 1980년대 이후 한국경제가 나아지면서 서양식으로 코스 요리를 내는 한정식 전문식당이 곳곳에 생겨났다. 이들 중에는 특색 있는 음식으로 손님들의 입맛을 사로잡은 곳도 있었지만, 대부분 접대를 위한 곳으로 여겨졌고, 상에 차린 음식이 흘러 넘쳐도 맛에 철학을 담은 경우는 드물었다. 이미 1920년대쯤에는 아예 정체를 알 수 없는 음식들이 상을 가득 채우는 경우가 많았다고 한다. 그래서 손님의 젓가락이 가지 않은 음식들이 다음 상에 오르기도 했다. 지금처럼 '한상 가득'을 지향하는 한국음식의 왜곡된 원형도 이때에 만들어졌다. 심지어 일본인의 기생관광을 위한 방석집 음식이 전통 한정식으로 알려진 적도 있었다.

'명월관'에서 시작된 요릿집 음식이 결국 한정식의 원형을 만들어 내고, 아직도 우리 한식당의 기원처럼 지금까지도 지속되고 있는 셈이다.

아름다웠던 외식 전통

술집에서 출발한 우리 식당의 역사와 왜곡된 한정식집에 대해 간략히 살펴보았지만 우리에게는 아름다운 외식 전통이 있었다. 우리나라는 예부터 음식을 접대하는 손님맞이를 중시하였다. 전통가옥에는 사랑채 또는 사랑방이라는 손님을 맞이하는 공간이 따로 있었고 손님 대접도 주로 이곳에서 이루어졌다. 대가일수록 손님을 접대할 기회가 많았으며, 손님이 많더라도 주방 인력이 많아 식사대접이 자연스럽게 이루어졌다.

또한 집에서 치러졌던 제례에는 많은 인력을 동원하여 음식을 장만하였다. 이때 가족, 친척, 이웃들의 협동과 정성껏 마련된 음식은 산 자와 망자의 영혼이 어우러져 집단급식의 형태를 이루었다. 이때만 해도 빈곤에 허덕이던 농민들과 함께 포식을 즐기는 풍습이 보편적이었다.

한편, 종교의식에서도 식사를 중시하였다. 특히 사찰에서 불단에 차려진 음식은 불교의식이 끝난 후 참석자들과 함께 대중공양으로 나누어 먹으며 독특한 음식문화로 발전되어 왔다.

우리나라는 유난히 음식을 함께 나누어 먹는 것을 좋아하였다. 궁에서조차 임금이 행차하실 때 궁중에서 만든 음식을 궁 밖의 다른 곳에 옮겨 차렸는데, 이를 행주行廚라 하였다. 궁중연회에서 쓰인 음식은 봉송封送이라 하여 신하들에게 내리고 이것을 남겨 다시 아랫사람들에게 꾸러미로 내렸다.

노동, 여행, 놀이, 군용 등 야외활동 시에도 음식이 마련되었다. 모심기나 벼 베기 등이 있는 농번기에는 집에서 만든 음식을 쟁반이나 바구니 또는 함지박에 담아 아낙네들이 하루에 네다섯 번씩 머리에 이고 들

〈수운엽출水耘饁出〉(부분), 김홍도, 1795년
아득하게 펼쳐진 논을 배경으로 김메기를 하는 한 무리 농민들과 푸짐한 새참을 나르는 여인과 술동이를 안은 아이가 보인다.

에 날랐는데 이를 두레밥이라고 했으며, 지금도 이 풍습이 남아 있다. 봄과 가을에 산과 들로 놀이를 갈 때 마련하는 음식은 밥과 반찬 외에 술이 따랐고, 장만한 놀이 음식은 양반가에서는 구절판에, 서민들은 주로 찬합에 담아 준비했다.

가까운 거리를 여행할 때에는 비교적 오랫동안 보존하기 쉬운 미숫가루, 찰밥, 찰떡, 주먹밥, 육포, 어포, 밀개떡, 된장, 떡 등의 행찬을 장만하여 고리버들이나 대오리, 칡덩굴 등으로 만든 자그마한 고리짝에 담아 전대 속에 넣어 허리에 매고 다녔다. 이와 같은 단사簞에 담은 음식을 단식簞食이라 하였다.

우리나라에서 도시락이라는 말이 대중 앞에 알려진 것은 해방되고 한참 지나서였다. 흔히 '벤토'라고 했는데, 벤토의 어원은 원래 포르투갈어인 '벤타우'가 일본에서 '벤토우'로 부르다가 한국 발음으로 '벤토'가 된 것이다.

1900년 초에 철도가 개통되면서 철도사업의 일환으로 기차에서 도시락을 팔게 되었는데, 이때부터 도시락의 외식화가 본격적으로 시작된 셈이다. 그 당시의 찻간에서 팔던 도시락은 '역매 벤토'라는 일본식 도시락이었다. 또 기차가 역에 도착할 때마다 역 근처에 사는 아낙네들이 직접 집에서 만든 김밥, 삶은 계란, 떡 등을 차내 승객에게 팔았다. 또 여인숙, 여관에서도 음식을 팔았고, 주막에서는 쇠머리편육이나 돼지족발, 막걸리 등을 팔기도 했다.

아름다운 나들이 음식으로 소개하고 싶은 것은 여성들이 주축이 된 '화전놀이'에서 먹었던 '화전'이다. 화전놀이는 고려시대 이래 상류층 여성들이 즐겨 온 풍속 가운데 하나다. 화전이란 '지진 꽃'이라는 뜻으로 찹쌀가루에 진달래꽃을 섞어 반죽한 다음 동그랗게 빚어내 참기름에 지져서 꿀을 발라낸 음식이다. 양반 여성들은 솔거노비들이 준비한 음식을 넉넉히 준비하여, 진달래가 활짝 핀 산기슭의 경치 좋은 곳으로 야유를 갔다. 그곳에서 화전을 비롯한 여러 음식을 펼쳐 놓고 서로 얼마나 잘 만들었는가를 선보이고 음주와 가무를 즐겼다.

조선전기의 여성들은 화전놀이 외에도 연등회, 수륙재水陸齋, 물과 육지의 홀로 떠도는 귀신들과 아귀에게 공양하는 재 등의 종교행사, 중국사신 행렬 관람, 왕의 친경親耕 행사의 관람 등에도 자유롭게 참석해 즐겼다. 비록 엄격한 유교 국가였지만 오랜 풍속이기 때문에 금지할 수가 없었던 것이다. 이러한 풍류 어린 화전놀이 역시 우리의 외식문화의 한 형태라고 볼 수 있다.

한국 음식문화의 세계화

한국문화를 세계에 잘 알리는 길 중 하나는 우리 음식이 세계에 진출하는 것이다. 사람들은 음식으로 그 나라의 문화를 맛보게 된다. 그렇다면 한국 식당의 세계 진출은 어떠한가? 한마디로 미미하다. 한 조사에 의하면 해외 한국음식점은 2004년에 약 3,800여 곳으로 일본 24,000여 곳, 태국 6,800여 곳으로 일본은 물론 태국에도 밀린다. 태국만 해도 2007년 해외 태국식당이 11,500개이며 2008년 20,000개를 폭표로 하고 있다. 그나마 해외에 자리 잡은 한국음식점은 이민자 가족 중심의 소규모 점포 형태로 이루어져, 대기업 진출이나 핵심 브랜드로 진출이 어렵다.

그러나 최근 들어 한국기업들이 외식산업으로 세계에 진출하면서 비교적 전망이 밝아지고 있다. 두산그룹이 1997년 중국 베이징에 개점한 한식당 '수복성'은 후진타오 주석이 찾을 만큼 최고위층의 입맛을 사로

나파밸리에서 선보인 한식 메뉴들

잡았다. CJ그룹은 2007년 6월 일본 나리타 공항에 자체 브랜드인 '웰리 앤 돌솥비빔밥 전문점'을 오픈했고, 홍콩국제공항 등으로 점포망을 넓혀 갈 계획이다. 또 해외시장을 겨냥한 한식뷔페 '한쿡'과 비빔밥 전문점 '소반'도 개발했다. 2006년 5월, 베이징의 LG타워에는 '가온'이 개점하여 중국의 중심부에서 한식, 중식, 일식 식당이 3파전을 벌이고 있다. 특히 '가온'은 2007년 10월, 미국의 와인문화의 중심지인 나파밸리에서 한국음식 행사로 세계인들에게 한식의 새로운 면을 부각시키기도 했다.

한국음식 프랜차이즈를 통째로 일본에 수출한 기업도 있다. (주)놀부는 '항아리 갈비' 브랜드를 매출액의 4퍼센트를 로열티로 받는 조건으로 일본에 수출했다. 최근 삿포로에 첫 점포를 열었고 일본의 유력 외식업체 '페퍼런치'가 있던 자리에 도쿄1호점을 내었다.

한국음식은 세계적으로 잘 알려지지도 않았고 극복해야 할 문제점도 많지만, 그래도 최근 서구 사회에 많이 소개되고 있다. 《뉴욕타임즈》는 2005년 8월 7일자에서 '뉴요커들의 입맛을 사로잡는 한국 식당'이라는 제목으로 한국음식점의 우수성과 최근 한국 식당의 변화 등을 특집으로 소개하였다. 커버스토리에 '김치의 매력'이라는 제목으로 한국 식당이

세계화된 음식의 공통된 특징

· 자국이 세계 경제 대국과 동시에 최대 문화국
· 자국 음식에 대한 자부심과 긍지
· 국가 차원의 지원 체계 수립
· 문화와 경제, 민족적 교류 과정에서 음식문화 확산
· 음식의 다양성과 깊은 맛 추구
· 최상류층 식당, 중상류층 식당, 대중식당 등으로 명확히 타겟구분
· 상류층을 중심으로 정착 후 대중적으로 확산
· 최고급 재료, 독특함을 강조한 다양한 슈퍼스타급 요리
· 계층별 음식문화에 맞춰 갖춘 식기와 가격대와 종류가 다양한 술
· 오감을 만족시키는 음식. 즉 술, 도자기, 디저트, 음악, 미술품, 조각, 건
  물 등 문화 예술적 요소를 망라한 조화로움으로 경쟁력과 정체성 확보
· 고객의 식성, 식사량 등의 취향을 고려한 소비자 중심의 메뉴와 서빙
· 영화, TV, 세계적 잡지 등 언론의 집중적 조명
· 이용자 80% 이상이 외국 현지인
· 재료의 국경이 사라진 창조적 퓨전 음식 개발

타민족을 대상으로 새로운 서비스와 메뉴를 도입하고 변화하는 추세를 '새로운 물결New Wave'이라고 보도한 것이다. 이에 앞서 같은 해 5월 4일 자에서도 "한국산 숯불구이는 입과 눈과 코, 그리고 손가락으로 즐기는 음식"이라고 소개했다. 이런 시각은 음식을 '눈으로 먹고 코로 먹고 입으로 먹고 마음으로 먹는' 것으로 바라본 한국음식의 깊은 철학과도 일맥상통한다.

지난 2001년, 프랑스의 '미쉐린 레스토랑 가이드'에는 최초로 한국음식이 등장하기도 하였다. 세계 음식문화의 중심이라고 할 수 있는 뉴욕의 우수 식당으로 플러싱에 있는 한식당 '금강산'도 포함되었다. 이제 한국식당도 세계 최고급 식당의 반열에 들어간 것이다. 프랑스에서 한국음식이 인기를 끄는 것은 기름을 많이 사용하는 중국음식이나, 깊은

맛이 없는 일식보다 담백하고 섬세한 미각을 충족시켜 주기 때문이다.

2002년 월드컵을 계기로 한국음식은 본격적으로 세계에 알려지게 되었다. 2005년 3월 영국 BBC방송은 김치의 조류독감 치료 효과를 방영하였다. 같은 해 11월에는 미국의 ABC방송과 지방의 100개 언론사가 김치의 조류인플루엔자 방지효과를 집중적으로 보도하였다. 미국 주요 언론이 김치를 대대적으로 다룬 것은 처음이 아닌가 싶다. 조류독감이 전 세계인들의 걱정거리로 등장하자 미국도 이의 예방에 노력을 기울이고 있다. 한국음식이 맛과 더불어 건강 측면의 우수함도 강조되는 것이다. 《뉴욕타임즈》도 김치에 엽산 및 비타민C가 풍부하다고 강조하면서 여름철 한인들이 즐겨 먹는 팥빙수를 소개하기도 했다. 팥빙수는 '저렴한 가격에 재미있게 먹을 수 있어 동아시아 각국에서 즐기는 여름철 디저트이자, 얼음 위에 팥, 떡, 미숫가루 등 다양한 재료를 올려 만든 정성스럽고도 먹음직스러운 음식'이라는 것이다. 《워싱턴 포스트》도 한국음식을 높이 평가했다. 2005년 8월 28일자에서 《워싱턴 포스트》는 워싱턴 지역의 한국 식당들을 소개하였다. 이 신문은 워싱턴 지역 한인 식당을 집중 취재하여 한국식당들이 한국의 맛을 미국 주류 사회에 전하고 있다고 하였다. 석쇠 위에서 지글거리는 돼지갈비 사진을 표지 사진으로 소개하고 "한국 요리의 분명한 맛"이라고 강조하였다. 또 식탁 한가운데 고기를 굽기 위한 가스 그릴과 환기통을 설치하고 있는 점이나 둥근 접시에 반찬과 요리를 담아 한 상에 나눠 먹는 모습을 '패밀리 스타일'이라고 소개하기도 하였다.

그러나 한국음식에 대해 칭찬만 한 것은 아니다. 한국음식의 문제점이나 부족한 점도 지적하였다. 갈비나 불고기, 비빔밥을 제외한 다른 요리는 아직 많은 미국인의 관심을 끌지 못하고 있다는 이유로, 대중화를 위해 많은 한식당에서 일식이나 중국요리도 함께 다루고 있는 점을 비판했다. 또 음식에 대한 자세한 표기와 조리법에 대한 설명이 부족해 음식을 주문할 때 어려움을 겪을 수 있다고도 지적했다.

최근 들어 '한국음식의 세계화'는 많은 사람들이 관심을 갖는 주제가 되었다. 그러나 이에 대한 구체적인 전략을 이야기하기에는 여러 가지로 부족함을 느낀다. 여기서는 세계화된 음식문화의 공통된 특성에 대해 살펴보는 것으로 고민을 대신하고자 한다.

4

한식, 그 천년의 역사를 찾아서

최근 와인을 소재로 한 만화『신의 물방울』이 인기를 끌고 있다. 내 주위만 하더라도 서양음식과 와인 마니아들이 늘고 있는데, 그들이 알고 있는 서양 음식과 술에 대한 해박한 지식에 놀랄 때가 많다. 그런데 정작 우리 음식에 대해 잘 알고 있는 이들은 드문 것 같다. 16세기 초의 조리서인『수운잡방』에 포도주 제조법이 기록된 것을 아는 사람이 과연 있을까?

우리가 우수한 음식문화를 지켜올 수 있었던 것은 끊임없이 한국음식에 대해 공부하고 이를 기록해 남긴 조상들의 노력이 있었기 때문이다. 자기가 좋아하는 음식에 마니아가 되는 것은 당연한 일이겠지만 자국의 음식 역사에 대한 지식을 갖추는 것 또한 필수가 아닐까.

놀랍게도 조선시대에 학자들은 음식 문화 기록에 무척 관심이 많았다. 유학자뿐 아니라 궁중 내의관, 실학자들도 음식 관련 서적을 여러 권 집필했다. 특히『산가요록』『수운잡방』『도문대작』은 남성학자들에 의해 씌어진 고

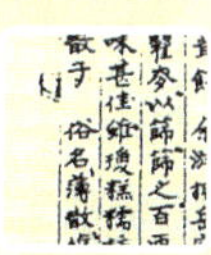

조리서들이다. 또한 아시아 최고의 식경으로 인정받는 『음식디미방』과 여성 실학자의 저작인 『규합총서』, 근대 조리서인 『조선요리제법』 등도 우리 음식 문화를 이해하는 데 필요한 아주 흥미로운 고조리서들이다. 이러한 고조리서에 대한 소개가 잊혀진 진통음식을 되살리는 계기가 되었으면 한다.

우리 선조들이 수천 년 역사 속에서 만들어 온 한국음식의 영양학적 우수성은 고조리서 안에서도 그대로 녹아들어 있다. 이 귀한 책들은 세계적 건강식, 한국음식의 과학이 고스란히 녹아 있는 지혜의 보고인 것이다.

멋진 남성들이 쓴 고조리서
『도문대작』『산가요록』『수운잡방』

요리를 잘 하는 남자가 섹시한 남자라는 말이 있다. 이는 아마도 요리하지 않는 대부분의 남성들을 겨냥한 말 같다. 어쩌면 이 말은 '요리하는 남자는 섹시한 남자라고 해줄 테니 제발 밥 하는 걸 도와 달라' 는 여성들의 아부성 발언은 아닐까. 중국에서는 남성들도 요리를 많이 하고 이런 풍경이 당연하게 받아들여진다. 우리나라에서도 최근 유명한 요리사나 성공한 식당 경영자 중에는 남성이 많다. 그러나 엄격한 유교 사회였던 조선시대를 거쳐 온 한국 사회에서는 아직도 부엌일은 남성들이 멀리해야 하는 것으로 생각한다.

대표적인 유교 국가였던 조선시대에 음식 관련 조리서를 쓴 남성학자들을 찾아볼 수 있다는 점은 놀랍다. 특히 조선후기로 가면 실학자들이 농사와 관련하여 음식을 다룬 책들이 많이 편찬된다. 우리가 익히 배워 알고 있는 『증보산림경제增補山林經濟』나 『임원십육지林園十六志』 같은 책도 그 중 일부다.

여기서는 팔도 식도락 기행서라 할 만한 허균의 『도문대작屠門大嚼』, 조선시대 궁중 내의관이었던 전순의가 쓴 한국 최고의 조리서 『산가요록山家要錄』, 공맹에 충실한 유학자였으나 당대 최고의 남성 식품학자라 할 김유의 『수운잡방需雲雜方』을 살펴보겠다.

팔도 식도락 기행서, 허균의 『도문대작』

허균1569~1618은 『홍길동전』의 저자로 유명하지만, 그가 『도문대작』이라는 음식과 관련된 책을 남겼다는 사실은 잘 알려져 있지 않다. 이 책은 조리서가 거의 없던 조선중기의 음식에 관한 기록으로 단행본이 아니라 43권 12책으로 구성된 『성소부부고惺所覆瓿』라는 큰 책의 일부다.

『도문대작』은 조리법을 다룬 책이라기보다는 향토음식 백과사전에 더 가깝다. 광해군 시절, 당쟁에 휩싸여 귀양을 간 허균은 그간 자신이 먹어본 팔도 곳곳의 음식들을 그리워하면서 이를 지역별로 분류하여 기록으로 남긴다. 재미있는 것은 이 책의 서문이다. 서문에서 허균은 '조선시대 남성 학자들이 식생활에 관해 거의 논의하지 않았다' 면서 이를 문제 삼고 있다.

곧, 색식色食은 성품이고 더욱이 먹는 것은 몸과 생명에 관계되는 것이므로 선현들도 음식을 가지고 말하는 것을 천하게 여겨 왔다. 먹는 것을 가리켜 이利에 따른 것이라 하여 좋지 않게 말해 온 전통이 뿌리 깊었다.

성리학이라는 학문이 원래 지극히 정신적인 이理에 관해서만 다루니 성리학을 공부한 사대부들 역시 지극히 현실적인 영역인 음식에 관심을 가질 리 없었을 것이다. 그렇지만 허균은 음식이야말로 '몸과 생명에 관계된 것' 임을 잘 알고 있었다. 또한 그는 사대부로서 음식을 대하

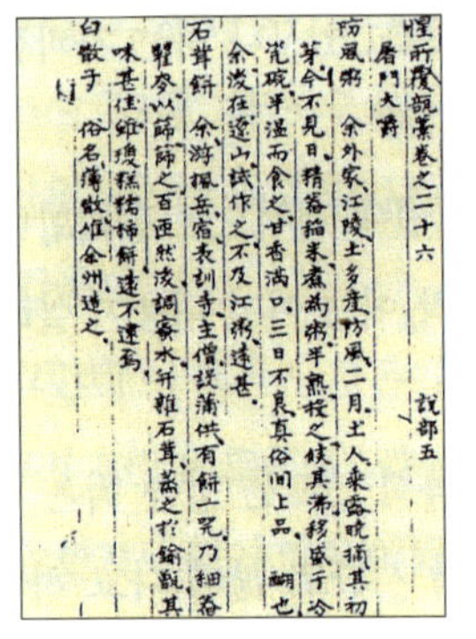

『도문대작』 본문
허균은 자신의 식도락을 토대로
향토음식에 대한 기록을 남겼다.

는 행실에 대해서도 강조했는데, 서문 끝 부분에 다음과 같은 글로 사
대부들을 경계하였다.

세상의 부귀한 사람들은 이것을 보고 경계하여 지나치게 음식 사치를 말아
야 한다. 절약하지 않고 마구 먹으면 그 부귀영화가 항상 있지 못할 것이다.

이제 이 책에서 다루는 내용을 구체적으로 살펴보자.

전체적으로 이 책은 당시의 식품을 병이지류餠餌之類, 과실지류果實之
類, 비주지류飛走之類 날짐승, 해수족지류海水族之類, 소채지류蔬菜之類 등으로
분류하여, 각 식품의 특징과 명산지를 기록하였으며 마지막에는 떡과
한과류를 중심으로 서울의 시식時食을 소개하였다. 그 외에 차, 술, 꿀,
기름, 두부 등에 대해서도 기록하고 있는데, 이것을 다 합치면 이 책에
서 언급하고 있는 음식의 종류가 무려 134종이나 된다. 고조리서가 희
귀한 요즘, 매우 귀중한 참고서다.

『도문대작』에 분류되어 있는 식품 및 음식은 다음과 같다. 병이류는
11종류로 석이병만 유일하게 떡이고 방풍죽과 한과류인 백산자쌀로 만든
백당을 고물로 묻혀 먹는 한과, 다식, 밤다식, 차수, 엿, 웅지정과 등이 속해 있
다. 또 만두, 두부, 들쭉 등이 포함되어 있어 오늘날 떡을 분류하는 것
과는 달랐다. 과실류는 28종류로 배 5종류, 감귤 6종류, 감 3종류, 밤,
대추, 자두, 앵두, 복숭아 3종류, 참외, 포도, 수박, 곶감이 포함된다. 웅
장곰 발바닥, 표태표범 태반, 녹미사슴 꼬리, 녹설사슴 혀 등 비주류 6종은 강원
도, 황해도와 평안도를 명산지로 기록하였고 돼지, 노루, 꿩, 닭 등은
전국 어디에나 다 있다고 하여 당시 식용이 일반적이었음을 알 수 있
다. 조선중기 조리서 가운데 표태, 녹설, 녹미에 대한 언급이 처음 눈에
띄는 것으로 보아 허균이 대단한 미식가였음을 알 수 있다. 해수족은

47종류으로 해수어가 19종류, 담수어가 8종류, 어류가 10종류, 갑각류가 5종류, 연체동물이 5종류이었다. 『도문대작』에는 웅어, 청어, 뱅어가 지방에 따라 잡히는 시기가 다르게 기록되어 있는데, 아마도 한류와 난류의 흐름을 타고 계절에 따라 한반도 바다 3면에서 고루 어획되었기 때문인 것 같다. 민어, 조기, 뱅댕이, 낙지, 준치, 병어는 전국에서 잡은 것이 모두 좋았다고 하여 특별히 지역적 차별성을 보이지 않는다. 또 '꼬막은 고려 때 전량이 원나라에 보내졌다'고 하여 고려 때 조공하던 음식임을 알 수 있다. '가을에 말린 광어는 끈끈하지 않아 좋다'고 하여 어포를 만들어 먹었음을 알 수 있다. 소채류에는 채소 21종류, 버섯 3종류, 해조가 9종류이며, 김치로 죽순해竹筍醢와 산개저傘蓋菹 2종류가 있고, 삼포蔘圃와 초시椒豉가 기록되어 있다.

서울의 시식으로는 떡을 중심으로 계절별 음식이 소개되어 있는데, 봄에 먹는 떡이 4종, 여름에 먹는 떡이 2종, 음청류인 수단과 주식에 속하는 소만두가 있고 가을에 먹는 떡이 3종, 겨울에 먹는 떡국이 기록되어 있다. 그 외 계절에 관계없이 먹는 떡이 7종이다. 떡의 부재료로는 봄에는 쑥, 느티나무 잎, 두견화, 배꽃이, 여름에는 장미, 가을에는 국화, 감, 밤 등이 계절마다 제철에 맞게 이용되었다. 또한 밀병蜜餠이라는 한과류가 9종류나 소개되어 산자, 다식, 정과, 엿, 유과류, 유밀과류, 정과류, 다식류 등의 다양한 한과류를 먹었음을 확인할 수 있다. 그 외에 꿀, 기름, 차, 술, 약반, 사면실국수(국수 일종)이 기록되어 있다.

『도문대작』의 중요한 특징으로는 지역별로 유명한 식품과 음식을 소개한 점이다. 이는 다른 조선조의 조리서에는 볼 수 없는 특징이다. 미각이 남달랐던 허균은 요새로 치면 팔도 미식 기행의 선구자로도 볼 수 있다. 이 책은 팔도 음식의 면모를 살펴 한국음식의 부흥을 꿈꾸는 이들에게 매우 유용한 자료다.

『도문대작』에 기록된 식품과 음식명

식품분류		식품명	음식명
병이류			들쭉죽, 방풍죽, 석이병, 백산자, 다식, 밤다식, 차수, 엿, 대만두, 두부, 웅지정과
과실류		배, 귤, 석류, 감, 밤, 죽실, 대추, 앵두, 살구, 자두, 오얏, 복숭아, 포도, 수박, 모과, 산딸기	
비주류(날짐승류)		웅장, 표태, 녹설, 녹미, 꿩, 거위, 돼지, 노루, 닭	
해수족류	해수어	숭어, 웅어, 황석어, 청어, 복어, 방어, 연어, 송어, 가자미, 광어, 대구, 정어리, 도루묵, 고등어, 민어, 조기, 밴댕이, 준치, 병어	
	담수어	붕어, 뱅어, 은어, 열목어, 쏘가리, 눌치, 궐어, 황어	
	패류	맛조개, 소라, 대전복, 화복, 홍합, 작은 조개, 꼬막, 자합, 석화, 윤화	
	갑각류	게, 언게(털게), 왕새우, 곤쟁이, 토하	

	연체동물	오징어, 낙지, 해양, 문어, 해삼	
소채류	채소류	황화채, 순채, 석순, 무, 거여목, 여뀌, 동아, 토란, 생강, 겨자, 파, 마늘, 고사리, 아욱, 콩잎, 부추, 달래, 고수, 미나리, 배추, 가지, 외, 박	
	버섯류	송이, 표고, 참버섯	
	해조류	홍채, 황각, 청각, 참가사리, 우뭇가사리, 다시마, 올미역, 감태, 김	
서울의 시식	봄		쑥떡, 느티떡, 두견전, 이화전
	여름		장미전, 수단, 상화, 소만두
	가을		두텁떡, 국화병, 시율나병(곶감)
	겨울		떡국
	사시사철		증편, 달떡, 삼병(더덕전병), 송기떡, 밀병, 개피떡, 자병
밀병		꿀, 기름	약과, 대계, 중박계, 백산자, 홍산자, 빙과, 봉접과, 만두과
기타			차, 술, 약반, 사면

그렇다면 당시 정치·경제·문화의 중심이었던 한성을 비롯한 서울음식만의 특색은 무엇이었을까. 허균은 한성과 경기도에서는 살구, 오얏, 앵두, 복숭아, 감, 토란, 여뀌, 파, 부추, 달래, 고수, 궐어, 복어, 숭어, 웅어, 뱅어, 해양, 곤쟁이, 쏘가리 등의 질이 좋다고 하였고, 궁중음식과 반가음식이 발달한 지역답게 특산물로 '떡과 한과 그리고 술'을 기록해 두었다. 충청도는 감, 대추, 수박, 동아와 뱅어, 황석어의 명산지이고 전라도는 복숭아, 석류, 생강, 무, 순채, 감태, 숭어, 뱅어, 오징어, 토하, 청어, 곤쟁이, 백산자, 차, 죽순김치가 유명했다. 당시 제주까지 포함했던 전라도에는 감귤류, 녹미, 대전복, 표고 등 신선한 재료가 많이 생산된다고 하였다. 또 경상도에서는 밤, 모과, 감, 죽실, 토란, 청어, 화복, 은어가 좋고 다식과 약반을 잘 만든다고 하였다. 강원도에서는 배, 자두, 황도, 수박, 거여목, 마늘, 표고, 꿀, 붕어, 열목어, 게, 은어, 송어, 웅장, 녹설이 많이 나고 방풍죽, 석이병, 웅지정과, 산갓김치 등이 있어 산간 지방의 특색을 많이 보여 준다. 황해도는 배, 포도, 순채, 겨자, 소라, 게, 곤쟁이, 맛조개, 꿀, 기름, 꿩과 연안에서 해조류가 많이 생산되었으며 고추장의 전신으로 보이는 초시가 있었다. 함경도에는 들쭉, 산딸기, 배, 꼬막, 석화, 청어와 산갓김치가, 평안도에는 참외, 배, 황화채, 숭어, 눌치, 꿩, 웅장과 대만두가 유명하다.

팔도뿐 아니라 해역에 따른 수산물의 특색도 정리해 두었다. 동해에서는 연어, 가자미, 대구, 도루묵, 고등어가, 서해안에서는 숭어, 황석어, 소라, 대하, 곤쟁이, 조기, 밴댕이가 많았다고 한다. 남해에는 홍합, 대구, 김이 생산되어 연안에서 이를 이용한 젓갈, 포 등의 수산 가공품이 발달하였다. 돼지, 노루, 꿩, 닭 등의 육류와 고사리, 아욱, 콩잎, 부추, 미나리, 배추, 송이, 가지, 외, 박 등의 채소류는 전국에서 나는 것이 다 좋다고 하여 우리에게 익숙한 이 먹을거리들이 당시에도 일반적인 먹을거리였던 것 같다.

한국 최초의 조리서, 의관 전순의의 『산가요록』

우리나라의 최초의 조리서는 1500년대 초 김유가 집필한 『수운잡방』
으로 알려져 있었다. 그런데 그보다 더 앞선 것으로 『산가요록山家要錄』
이 있다. 이 책은 15세기 중반 의관醫官으로 봉직한 전순의全循義가 쓴 생
활과학서로 집필 연도가 1400년대 중반으로 추정된다. 『산가요록』은
당시의 농업기술과 함께 술 빚는 법, 음식조리법, 식품저장법 등 생활
에 필요한 많은 정보를 남기고 있다. 제목은 말 그대로 산가山家에서 생
활하는 데 필요한 여러 가지를 기록해 놓았다는 것인데, '산가' 란 민가
를 일컫는다. 이 책의 농업 부분은 『고려판각 농상집요』를 그대로 축소
해 놓은 듯하다. 『농상집요』는 원래 1273년, 중국에서 편찬되었는데,
고려 공민왕대에 이를 다시 『고려판각 농상집요』로 간행했다.

그러나 이 책의 '주방酒方, 술 만드는 법' 이하의 부분은 『농상집요』에 수
록되지 않은 독창적인 내용으로 술 빚는 방법 66가지를 비롯해 총 230
여 종류의 음식이 소개되어 있다. 대부분의 초기 조리서가 '주방' 만을
다루고 있다면, 이 책은 술뿐만 아니라 장, 김치 등 다양한 음식의 조리
법을 소개한다. 특히 『수운잡방』과 비교해 볼 때 조선 초, 중기의 대표
적인 음식으로 꼽는 어육류의 발효 저장식인 '식해'와 채소류의 발효
저장식인 '침채'에 대한 내용이 훨씬 많이 수록되어 있고 이 외에도
『수운잡방』이 다루고 있지 않은 음식들이 많다. 한마디로 『산가요록』은
현존하는 고조리서 가운데 최고最古의 책이자 조선 초기 음식을 연구할
수 있는 귀중한 자료이다.

특히 이 책이 유명해진 것은 온실 재배에 관한 기록 때문이다. 이 책
의 '동절양채冬節養菜' 편, 즉 '겨울에 채소 키우기' 항목에는 당시 온실

재배에 대한 기록 세 줄이 나온다.

우리 민족은 쌀 위주의 식생활로 채소를 즐겨 먹었다. 그러나 삼한사온으로 대표되는 우리나라의 기후는 계절 변화가 뚜렷하여 겨울에는 채소 생산이 불가능하다. 겨울철에도 채소를 먹기 위해서는 새로운 영농기법이 필요한데 바로 겨울철에도 채소가 자랄 수 있는 온실을 만드는 것이다.

놀랍게도 이 책을 통해 우리나라가 온실 재배에 있어 세계에서 가장 앞선다는 사실이 밝혀졌다.

온실에 관한 언급뿐 아니라 이 책의 저자인 전순의 역시 흥미롭다. 그는 궁중에서 음식을 담당하는 의사인 식의에서 출발했음에도 불구하고, 세조 정난 때 신분을 극복하고 좌익원종공신으로까지 봉해지는 등 출세가도를 달린 입지전적 인물이다. 전순의의 출생 신분은 미천했던 것으로 추정된다. 단종 3년에 전순의의 죄를 상소하면서 말하기를 "전순의는 그 계통이 심히 미천한데 세종대왕 같으신 밝은 임금을 만나 초법적으로 발탁되어……"라는 기록이 발견되기 때문이다. 하지만 그는 의관 노중례와 함께 한의학 3대 저술 중 하나인 『의방유취醫方類聚』를 공동 편찬했으며 『식료찬요食療纂要』를 쓰기도 했다. 말하자면 전순의는 당대에 가장 권위 있는 의사이자, 식품학자였다.

『산가요록』의 조리 부분에는 200여 가지의 조리법과 27가지 채소, 과일, 생선, 육류의 보관법이 기록돼 있다. 또한 술 제조 방법만 63가지에 이르는 등 내용이 풍부하여 15세기에 편찬된 조리서로서 그 의의가 매우 크다. 특히 김치도 배추김치, 송이김치, 생강김치, 동아김치, 토란김치, 동침, 나박김치 등 38가지 종류를 상세히 기록하여 전문가들을 놀라게 했다.

『산가요록』에 수록된 음식명 및 조리법

조리법
주방(양조법) : 소주 2종류, 청주, 탁주, 감주 누룩 2종류 등 총 67종류
갈무리 법 : 과일 및 채소 17종류, 어육 10종류
계란 삶는 법 1종류, 닭 삶는 법 1종류, 소머리 삶는 법 1종류, 죽제법 6종류

음식명
장류 : 시 1종류, 메주 쑤는 법 1종류, 합장법合醬法 1종류, 조장법 4종류,
　　　장맛 고치는 법 4종류 등 총 19종류
식초 17종류, 식해 7종류, 김치 37종류 ,떡 10종류, 국수 6종류, 만두 2종
류, 수제비 1종류, 과자류 10종류, 좌반 4종류, 두부 1종류, 탕 7종류

생선, 양, 돼지껍질, 도라지, 죽순, 꿩, 원미를 재료로 한 식해도 7종
류나 나와 있다는 점이 특이한데 동물성 식품을 삭힌 식해법이 아주 일
찍부터 발달했다는 증거가 된다. 총 230여 종에 달하는 조리법 가운데
조리사적으로 의미가 있는 술, 장류, 김치류 및 식해류를 중심으로 내
용을 살펴보고자 한다.

술

또 이 책에는 다양한 술의 제조법을 기록하고 있다. 특이한 점은 지
금까지 막연히 추측만 했던 계량법이 동이, 병, 대야 등으로 정확히 밝
혀졌다는 것이다.

취소주법 외 1, 향료, 옥지춘, 이화주, 송화천로주, 삼해주, 벽향주 외 1, 아
황주 외 1, 녹파주, 유화주, 두강주, 죽엽주, 여가주, 연화주, 진상주, 유주,
절주, 사두주, 오두주, 육두주, 구두주, 모미주, 삼일주, 칠일주 외 1, 점주,
무국주, 소국주, 산박주, 하절삼일주, 하일절주, 과하백주, 손처사하일주, 하

주불산법, 부의주, 급시청주, 목맥주, 맥주, 향온주조양식, 사시주, 사절통용 육두주, 상당주, 주승사절주, 자주, 예주 외 4, 삼미감향주, 감주 외 2, 정감 주 외 1, 유감주 외 1, 과동감백주, 목맥소주, 수주불손, 기주법, 양국법, 조 국법 외

장

시와 메주의 정확한 제조법을 밝히고 있다. '시'는 그동안 메주로 알 려졌는데 이 책은 '시'를 메주라기보다는 독특한 장의 일종으로 소개 하고 있다. 또 현재의 방법과는 다른 청장淸醬과 청시淸 등 장이나 시에 물을 여과시켜 만드는 고대의 간장제조법이 기록돼 있다. 장 제조법에 관한 19가지 내용이 수록돼 있다.

시, 메주末醬勳造, 기화청장基火淸醬, 장담그기, 간장, 기화청장箕火淸醬, 태각 장太殼醬, 청장淸醬 2, 청근장菁根醬 2, 상실장橡實醬, 시용장施用醬, 천리장千里 醬, 치장雉醬, 장맛 고치기治辛醬 4

김치

조선시대는 물론 일제 강점기인 근대 요리책보다 훨씬 다양한 김치 조리법이 기록되어 있고 채소와 술, 초지게미 등이나 밥을 넣어 만든 고대 김치류 등 총 37종이 소개된다.

집저 외 3, 하일집저, 하일장저, 하일가집저, 과저 외 5, 가지저, 청침채 외 1, 동침, 나박, 토읍침채, 우침채, 동과침채, 동과랄채, 침백채, 무염침채법, 시용침채, 생총침채 외 1, 침송이, 침강법, 침동과, 침산, 침서과, 침청태, 침 도 외 1, 침행, 침궐

이 가운데 지금의 조리법과 다른 김치 조리법은 다음과 같다.

    즙저 : 가지, 오이＋밀기울＋누룩＋소금＋밀가루＋술

    생파김치 : 파＋소금＋쌀밥(혹은 조밥)

    송이김치 : 송이, 동아＋닥나무잎＋소금

    생강김치 : 생강＋소금＋술, 술지게미＋쌀밥

식해

무려 7가지의 식해류가 등장하고 있어, 현재 일부 지역의 향토식품으로만 남아 있는 식해가 다른 나라에서처럼 조선시대에는 보편적인 음식이었음을 알 수 있다. 또 도라지, 죽순 등 식물성 재료부터 돼지껍질, 꿩, 닭, 각종 물고기 등 동물성 재료까지 망라된 재료만 보더라도 식해의 다양한 종류를 짐작해 볼 수 있다. 조선초기까지 동, 식물과 곡물과 소금을 첨가해 발효시키는 식해가 많았던 것이다.

    어해魚醢 : 물고기＋쌀밥＋소금＋끓인 소금물＋밀가루

    양해 : 우양牛胖＋후추, 소금, 쌀밥, 누룩＋꿩고기 혹은 닭고기

    저피식혜 : 생돼지껍질＋소금＋쌀밥, 후추가루＋누룩

    도라지식해 : 도라지＋소금＋쌀밥

    죽순식해 : 죽순＋소금＋쌀밥

    꿩식해 : 꿩＋소금＋밀가루

    원미식해 : 원미죽＋물고기＋소금

문화사적 가치가 있는 조리서, 김유의 『수운잡방』

조선시대 남성 유학자가 지은 또 하나의 뛰어난 조리서가 『수운잡방』

『수운잡방』 본문
조선조 유학자 김유는 상세한 관찰을 바탕으로 음식 조리법에 관한 기록을 남겼다.

이다. '수운需雲'은 중국의 고전인 『역경』에 나오는 문장, "구름 위 하늘나라에서는 먹고 마시게 하며, 잔치와 풍류로 군자를 대접한다"에서 비롯한 말로 '격조 있는 음식'을 말한다. '잡방雜方'이란 갖가지 방법을 뜻하는데, 따라서 '수운잡방'이란 풍류를 아는 사람들에게 걸맞은 다양한 요리법을 가리키는 것이다. 『수운잡방』에는 사대부들의 음식관이 깃든 우리나라의 전통 요리법이 기록돼 있다.

이 책은 탁청공 김유1481~1552가 집필한 것으로 상·하권 두 권에 술 담그는 법을 비롯하여 음식 만드는 법 108가지를 기록해 놓고 있어, 500년 전 안동 지역 사림층의 식생활을 엿볼 수 있다. 그동안 필사본으로만 전해 내려온 이 책은 광산 김씨 예안파의 한 갈래 종가인 설월당雪月堂이 소장해 왔고 그 후에도 설월당 종가가 500년 가까이 후대에 물려 주었다. 그러던 것이 1980년대, 안동대학교의 윤숙경 교수가 비로소 『수운잡방』을 면밀히 조사하기 시작하면서 그 가치가 새롭게 평가되기 시작했다.

『수운잡방』이 발견되기 전까지는 우리나라의 요리서 가운데 가장 오래된 것을 허균의 『도문대작』으로 손꼽아 왔는데, 『수운잡방』은 그것보다 한 세기 정도 앞선 것으로 추정된다. 또한 이 책은 하루아침에 씌어진 것이 아니라, 저자가 오랜 세월에 걸쳐 내당의 일들을 관찰해 집성한 것으로 보인다.

김유가 당대 선비들의 주요 관심사가 아니었던 규방의 일에 관심을 갖게 된 데에는 좀 특수한 사정이 있었다. 그는 광산 김씨 예안파 입향 시조의 둘째로 태어났는데, 그의 형은 외직에 나가 강원도 관찰사가 되어 타향에서 정치에 전념했다고 한다. 둘째 아들인데도 봉제사를 담당했던 김유는 중앙 진출을 단념하지 않을 수 없었다. 형제가 다 벼슬길에 오르면 부모를 봉양하고 집안을 보살필 사람이 없었기 때문이다. 이에 김유는 고향에서 어버이를 섬기고 봉제사와 접빈객 등 가문의 일에 전념하게 되었고 이런 경험을 토대로 『수운잡방』을 쓸 수 있었다.

안타깝게도 이 책에는 저자의 집필 의도를 알 수 있는 서문이나 발문이 없다. 따라서 그 저작 동기를 확실히 파악할 수는 없지만 글 곳곳에서 큰 욕심 없이 깨끗하게 살기를 희망한 선비정신을 엿볼 수 있다.

감정에 치우치지 말고 욕심을 함부로 부리지 말며, 성색을 줄이고 쾌락에 빠지지 말라. 바깥출입을 삼가야 할 네 가지 경우가 있으니 바람 사나운 날, 큰 비 내리는 날, 더위가 기승인 날, 추위가 매서운 날이다.

또 이 책에는 술 빚기에 관한 60개 항목을 비롯하여, 장 10여 항목, 김치 15항목, 식초류 6항목, 채소 저장법 2항목 등 식품가공법이 상술되어 있고, 이외에 조과 만들기, 탕 끓이기 및 기타 조리법이 15항목에 이른다. 특히 김치에 관련된 15항목은 뒷부분에 소개될 장씨 부인의 『음식디미방』보다 그 종류가 다양하며, 남성 학자 특유의 문화사적 안목이 스며 있다. 소개된 종류뿐 아니라 각 항목의 서술 내용이 재료 사용에서부터 조리 가공법에 이르기까지 구체적이고 상세한데 일례로 동치미 담그는 방법을 살펴보자.

정이월에 참무眞菁根을 깨끗이 씻어서 껍질을 벗기고 큰 것은 갈라 토막을 내고 조각으로 만들어서 독에 담는다. 깨끗한 물에 소금을 조금 넣고 소쿠라지게 끓여서 차게 식으면 무 1동이마다 이 물 3동이씩을 부어 두었다가 익으면 쓴다.

이러한 상세한 보고는 김유가 살았던 안동 주변 지역의 식생활 형태,

나아가 조선시대 식생활을 추정할 수 있게 해 준다.

『수운잡방』에는 식초를 만드는 법도 여럿 소개되는데, 특이한 것은 식초를 만들 때 기본이 되는 '고리' 제조법과 이를 바탕으로 한 초 제조 과정이 아주 과학적으로 소개된다는 점이다. 요즈음 우리는 대부분 식초를 사서 쓰지만 해방 즈음만 하더라도 집에서 직접 만들어 썼다. 당시에는 일반적으로, '가시일종의 발효세균'를 사용하여 묽은 술을 띄워 식초를 만들었다. 이러한 전통은 그대로 이어져 일제 말기까지 우리 가정에는 집집마다 작은 항아리들에 식초용 '가시'를 저장해 두고 썼다. 식초가 필요하면 술을 삭힌 다음 거기에 '가시'를 넣어서 식초를 만들었는데 이 식초용 효소, '가시'의 일종인 '고리'를 만드는 법이 『수운잡방』에 자세히 설명되어 있다.

 7, 8월에 알맞은 양의 밀을 깨끗이 씻어서 익힌다. …… 붉나무잎, 닥나무 잎, 삼잎을 깔고 초석을 간 다음 그 위에 찐 밀을 펴고 또한 그 위에 앞의 나 뭇잎들을 두껍게 덮는다. 열흘이 지나면 꺼내어 햇볕에 말린 다음 키질을 하 여 저장하여 둔다. 때에 맞추어 많이 만들어 저장할 것이다.

저자인 김유는 식초의 촉매제인 효소의 기능을 어느 정도 알고 있었던 것 같다. 이 '작고리법' 다음에 독립된 항목으로 '조고리초법造高里醋法'이 적혀 있다. 즉 고리를 이용한 초 제조법이다. 뿐만 아니라 위의 두 항목 아래에는 '오천가법烏川家法'이라는 말을 덧붙였는데, 이는 저자의 고향인 오천에서 빚는 법이라는 뜻이다. 이로 미루어 보아 그 무렵에도 이미 식초를 만들 때 일반적으로 가시를 이용했음을 알 수 있다.

한편 『수운잡방』에는 포도주를 빚는 방법이 한 가지 더 소개된다.

포도를 짓이겨 놓은 다음 찹쌀 다섯 되로 죽을 섞어 독에 담아 두고 맑아
지기를 기다렸다가 쓴다.

이것은 서구식 포도주 빚기와는 근본적으로 다른 방법이다. 개항 후
에 들어온 와인 제조법에는 쌀을 익혀서 쓰지 않고, 누룩을 효모로 쓰
는 일도 드물다. 이제까지 우리는 포도주가 개항 후에 수입된 서구의
산물로만 알아왔다. 하지만 『수운잡방』을 보면 서양의 와인과는 제조
방법이 다르기는 하지만 우리에게도 포도주 제조법이 있었음을 알 수
있다.

또 『수운잡방』에는 집장즙장의 경상도 말 만들기가 '조즙造汁'의 항
목에 소개된다. 장은 경상북도의 일부 대갓집에서는 1930년대 후반기
까지 흔히 만들어 먹었던 것이다. 주 재료는 밀과 메주, 고운 고춧가루
등을 찰밥과 버무린 다음 무, 가지, 풋고추 또는 다시마, 잘게 썬 소 살
코기 등을 소금에 절여 장아찌로 박는다. 그 다음 이것을 항아리에 담
아 잘 봉하고 풀 두엄에 묻은 다음 8, 9일 지나면 두엄이 썩는 열로 익
혀서 먹는다.

마지막으로 눈여겨볼 항목은 우유에 관한 것이다. 우리 전통 조리서
에서 우유를 다룬 예는 잘 발견되지 않는다. 우리 겨레는 본래 북방에
서 남하한 기마 민족이므로 말 젖을 먹었을 가능성이 크고 구비전설에
도 고구려의 주몽이 말 젖을 먹었다는 이야기가 있다. 어쨌든 고려를
거쳐 이조시대에도 우유를 먹었던 모양인데 『수운잡방』에도 채유採乳에
관한 기록이 있다.

유방이 좋은 암소로 하여금 송아지에게 젖을 빨려 유즙이 나오기 시작하
면 유방을 씻고 유즙을 받는다. 우유가 끓어서 익게 되거든 오지항아리에 담

『수운잡방』에 소개된 건강주

술의 종류	제조법	효능
백자주	잣, 찹쌀가루, 메밀가루, 누룩을 발효시켜 만듦	신중과 방광이 냉한 것을 다스리고 두풍과 벽사, 귀매 들린 것을 없앰
호도주	멥쌀, 호두알, 누룩을 발효시켜 만듦	오로칠상五勞七傷과 원기 부족을 보충함
상실주 橡實株	도토리, 쌀, 찹쌀, 누룩을 발효시켜 만듦	허기졌을 때 냉수에 타 마시게 하면 몸이 가벼워지고 팔에 힘이 남

고 본 타락 작은 잔 한 잔을 섞어서 따뜻한 곳에 놓은 다음 두껍게 덮어둔다. 밤중에 나무 막대로 찔러 보아서 누런 물이 솟아오르면 그 그릇을 시원한 곳에 둔다. 본 타락이 없으면 탁주 한 중바리를 넣어도 좋다. 본 타락을 넣을 때 좋은 식초를 조금 같이 넣으면 더욱 좋다.

조선시대에 '타락'이라 불리던 소젖은 따뜻한 곳에 둔 우유에 탁주나 좋은 초를 넣어 발효시킨 음료였다. 확실하지는 않지만 우리들이 서양 음료로 알고 있는 요구르트가 이미 이때에 만들어지지 않았나 하는 추측도 해 본다.

『수운잡방』은 음식을 건강, 보양의 차원에서 접근하기도 하였다. 그 보기가 되는 것이 한약재로 담근 백자주栢子酒, 호도주, 그리고 상실주 등이다.

『수운잡방』은 김유 후대에 맏아들인 탁청정 공에게 전해지지 않고 셋째아들 설월당에 전해졌다. 김유는 자손들이 『수운잡방』을 보완, 정리하기 바랐는데 벼슬길에 올라 바빴던 맏아들에게는 이런 역할을 기대할 수 없었기 때문에 설월당에게 물려 준 것이다. 설월당은 매우 총명

했으나 정치에는 뜻이 없어 퇴계선생 문하에서 학문에 전념했던 인물로 김유는 그를 매우 총애했다 한다. 그러나 설월당도 뒤에 벼슬길에 올랐다. 그리하여 설월당 살아 생전 『수운잡방』은 보완이 마무리되지 못했다. 그후 설월당의 후손들은 각자의 생활을 꾸리기에 바빴을 것이다. 이것이 우리나라 최고의 요리서인 이 책이 5백여 년간 서재에서 잠자고 있던 내막은 아닐까.

한국 최고의 식경

『음식디미방』

요리책은 참 매력적이다. 우리 입을 즐겁게 하며 탐미의 대상이기까지 한 음식을 다뤘으니 당연한 이치다. 『음식디미방』은 음식 문화를 전공하는 학자들 대부분이 주저 없이 한국 최고의 식경으로 꼽는 책이다. 더구나 순 한글로 씌어 있어서 누구나 읽기 쉬우면서도 빼어난 전통음식 조리법의 정수를 보여 준다.

이 책의 집필 연도로 추정되는 1670년경 이전에도 식품에 관한 책들이 여러 권 있었지만 대부분 남성들에 의해 씌어진 것이었다. 여성이 순 한글로 이렇게 정확한 조리법을 기록해 놓은 요리책은 아직 발견되지 않고 있으며, 이는 국내뿐 아니라 아시아권에서도 여성에 의해 씌어진 최고最古의 고조리서로 인정받고 있다.

이 책이 경북 영양군의 재령 이씨 가문의 서고 정리 과정에서 발견되어 학계에 소개된 것은 김사엽 박사의 논문을 통해서다. 이 책은 그 크기가 한지로 접은 4·6배판 정도로 표지에는 한자로 ‘규곤시의방閨壼是議

안동 장씨

안동 장씨(1598~1680)는 안동 서후면 금계리에서 1598년(선조 31년)에 태어났다. 아버지는 경당敬堂 장흥효로 참봉을 지내고 향리에서 후학을 가르쳤던 성리학자였고, 어머니는 첨지 권사온의 딸이다. 19세에 영양군의 재령 이씨인 석계 이시명의 계실로 출가하였다. 이시명은 전실 김씨로부터 1남 1녀를 얻었으며, 둘째 부인인 장씨로부터 6남 2녀를 두었다. 셋째 아들인 현일이 쓴『정부인 안동 장씨 실기』에 의하면 부인의 행실과 덕이 매우 높았음을 알 수 있다.

언행을 옛 법도대로 하였고, 자애로움과 엄격함으로 자녀들을 훈도하였으며, 서화와 문자에 뛰어나 훌륭한 필적을 남기기도 하였다. 흉년 기근으로 민생이 참혹할 때 기민의 구휼에 정성을 다하니 사방에서 모여든 행인이 집 안팎을 메워 솥을 밖에 걸어 놓고 죽과 밥을 지어 먹였다고 한다. 또, 의지할 곳 없는 늙은이를 돌보아 먹이고 고아들을 데려다 가르치고 기르는 등 인덕과 명망이 자자하였다. 부인은 1680년(숙종 6년) 향년 83세를 일기로 세상을 떠났다. 장씨 부인이 말년을 보냈던 집이 현재 영양군 석보면 원리동의 두들 마을의 석계 고택으로 남아 있고, 부인의 묘소는 안동군 수동에 있다. 이씨 문중에서는 여성임에도 불구하고, 부인의 공덕을 기려 300여 년이 지난 지금까지 음력 7월 6일이면 불천위 제례에 안동 장씨를 모시고 있다.

方'이라 씌어 있고 내용 첫머리에 '음식디미방'이라고 씌어 있다. 아마도 표지 서명은 장씨의 부군이나 자손들이 격식을 갖추어 붙인 것이고, '음식디미방'이라는 이름이 장씨 부인이 쓴 원명으로 보인다.

그렇다면 안동 장씨는 왜 이 책을 썼을까? 아마도 자신이 알고 있는 가문의 조리법을 후손들에게 길이 물려 주어 그 맥이 이어지기를 바랐기 때문은 아니었을까? 요새로 치면 저자 후기에 해당하는 부분에서 딸들에게 당부하는 내용이 흥미롭다.

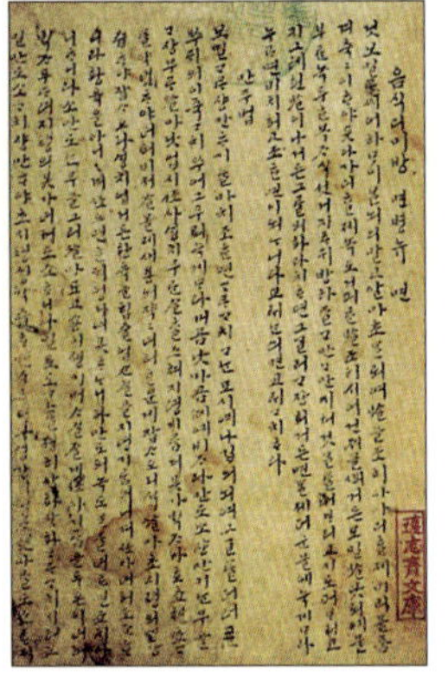

『음식디미방』 본문
장씨 부인이 순 한글로 쓴 조선의 본격적인 음식전문서로 한국 최고의 식경으로 꼽힌다.

이 책이 이리 눈이 어두운데 간신히 썼으니 이 뜻 잘 알아 이대로 시행하고, 딸자식들은 각각 베껴 가오되 가져갈 생각은 하지 말며 부디 상치 말게 간수하여 수이 떨어버리지 말라.

이 문장만 보아도 딸들이 이 책을 꼭 베껴 가서 조리법을 전파하기를 바라는 안동 장씨의 간절한 마음을 알 수 있다. 대개 조리법은 시어머니께 전수받아 각 가문의 조리법으로 자리 잡게 됐다는 것이 정설이지만, 『음식디미방』을 보면 실상 친정어머니를 통한 모계 전수도 많이 이루어졌음을 알 수 있다. 예를 들어 이 책에 소개된 음식조리법의 명칭 뒤에 첨부된 '맛질 방문'이라는 표현은 여러 견해가 있지만 최근에는 이를 '맛질에서 하는 조리를 보러 가는 것'으로 해석한다. 이는 장씨 부인의 어머니인 권씨가 살았던 예천의 한 지명인 맛질과 그곳의 조리법을 이른다. 따라서 『음식디미방』에서 '맛질 방문'이 붙은 조리법은 장씨 부인이 친정어머니 권씨에게 전수받은 것이다.

한편 책이 순 한글로 씌어졌지만 표지 뒷면에 유려한 한문으로 된 중국의 한시 한 수가 적혀 있어 부인의 빼어난 한문 실력도 짐작해 볼 수 있다.

三日入廚下 새색시가 삼일 만에 부엌에 내려가
洗水作羹湯 손을 씻고 국을 끓이나
未諳姑食性 아직 시모의 식성을 몰라
先遣小姑嘗 소부를 시켜 먼저 보내드려 맛보시게 하였다.

최초의 여성 과학자, 장씨 부인

『음식디미방』을 읽고 있으면 장씨 부인이야말로 식품의 과학적 조리법을 최초로 기록한 시대를 앞서간 진취적인 여성이자, 당대 여성 과학자라는 생각을 하게 된다. 조선시대의 여성들이 책을 저술하여 남기는 것은 사회통념에 어긋난 일이었는데도 장씨 부인은 이에 굴하지 않고 뛰어난 저술을 남겼다.

조리는 식품화학을 이해한 바탕 위에서 이뤄지는 '조리과학'이라 할 수 있는데, 『음식디미방』이야말로 과학의 경지에 이른 조선중기 조리법을 보여 주는 책이다. 그래서일까. 현대에 와서 이 책에 소개된 조리법에 따라 대부분의 음식들이 재현되었고, 또 새롭게 재조명받고 있다. 『음식디미방』에 나온 많은 음식들의 조리법이 분석되고 연구되었지만 여기에서는 특히 우리나라 한과류 가운데 중요한 강정류의 제조법으로 그 과학성을 살펴보자.

식품화학자이신 장지현 선생에 의하면 조선조 이후 강정류의 종류에 관한 기록은 있으나 그 제조법은 밝혀지지 않다가, 『규곤시의방』에서 비로소 그 과학적 조리 가공법이 최초로 밝혀졌다고 하였다. 실제로 『음식디미방』에 기록된 강정의 조리과정을 그대로 재현해 보면 다음과 같은 조리공정으로 정리되는데, 당시의 제조법이 얼마나 과학적이었던가를 알려준다.

연약과와 채소과
『음식디미방』에 소개된 조리법으로 재현한 연약과와 채소과. 우리 조상들은 서양과자 못지않게 다양한 한과류를 만들어 먹었다.

총 146가지의 방대한 조리법

『음식디미방』에 소개된 조리법은 다음 세 가지로 나누어져 있다.

면병류 편 : 18개 항목

어육류 편 : 74개 항목

주국방문 편 : 54개 항목

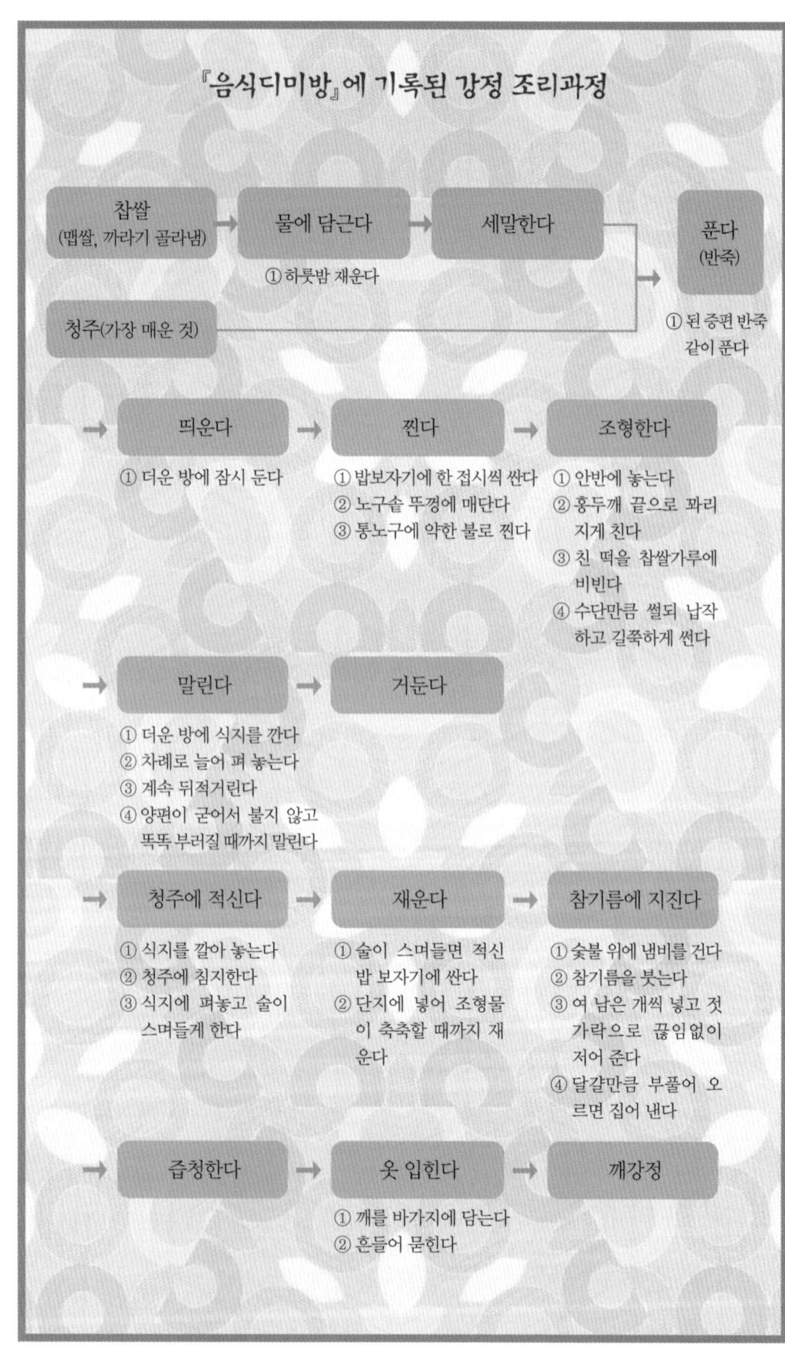

『음식디미방』에 기록된 강정 조리과정

찹쌀
(맵쌀, 까라기 골라냄)
물에 담근다
세말한다
푼다
(반죽)

① 하룻밤 재운다

청주(가장 매운 것)

① 된 증편 반죽
같이 푼다

띄운다
찐다
조형한다

① 더운 방에 잠시 둔다

① 밥보자기에 한 접시씩 싼다
② 노구솥 뚜껑에 매단다
③ 통노구에 약한 불로 찐다

① 안반에 놓는다
② 홍두깨 끝으로 꽈리
지게 친다
③ 친 떡을 찹쌀가루에
비빈다
④ 수단만큼 썰되 납작
하고 길쭉하게 썬다

말린다
거둔다

① 더운 방에 식지를 깐다
② 차례로 늘어 펴 놓는다
③ 계속 뒤적거린다
④ 양편이 굳어서 붙지 않고
똑똑 부러질 때까지 말린다

청주에 적신다
재운다
참기름에 지진다

① 식지를 깔아 놓는다
② 청주에 침지한다
③ 식지에 펴놓고 술이
스며들게 한다

① 술이 스며들면 적신
밥 보자기에 싼다
② 단지에 넣어 조형물
이 축축할 때까지 재
운다

① 숯불 위에 냄비를 건다
② 참기름을 붓는다
③ 여 남은 개씩 넣고 젓
가락으로 끊임없이
저어 준다
④ 달걀만큼 부풀어 오
르면 집어 낸다

즙청한다
옷 입힌다
깨강정

① 깨를 바가지에 담는다
② 흔들어 묻힌다

『음식디미방』에 소개된 조리법에 따른 음식 분류

조리법		음식
주식	국수(4)	메밀국수, 녹말국수, 면, 난면
	만두류(6)	메밀만두, 수교의, 석류탕, 만두, 숭어만두, 어만두
부식	국(11)	족탕, 말린 고기탕, 쑥탕, 천어순어탕, 붕어순갱, 와각탕, 난탕법, 계란탕법, 양숙편, 전복탕, 자라갱
	찜(7)	붕어찜, 해삼찜, 개장찜, 개장, 수증계, 가지찜, 외찜
	숙편(2)	양숙, 별미 닭대구편
	선(1)	동아선
	채(5)	연근채, 동아돈채, 잡채, 대구껍질채, 외화채누르미
	누르미(6)	가지누르미, 개장고지누르미, 동아누르미, 대구껍질누르미, 개장누르미, 해삼누르미
	구이(4)	닭구이, 가제육, 웅장, 대합구이
	볶이(3)	양볶이, 꿩지히, 꿩짠지히
	적(2)	동아적, 연근적
	전(1)	어전법
	회(2)	회, 대합회
	침채(3)	꿩침채, 산갓침채, 마늘 담는 법
	젓(4)	게젓, 약게젓, 청어 염해법, 방어 염장법
초	식초(3)	초법 1·2, 매자초
떡 및 한과	떡(9)	상화, 상화편, 증편, 석이편, 잡과편, 밤설기, 전화법, 빙자법, 인절미 굽는 법
	한과(10)	연약과, 약과, 박산, 중박계, 빙사과, 상정, 앵도편, 순정과, 죽순정과, 섭산삼
	화채(5)	토장법, 녹두나화, 착면(오미자), 별착면, 차면, 스면(오미자)
저장 및 조리	채소(5)	수박, 동화 간수법, 동화 담는 법, 가지 간수법, 고사리 담는 법, 비시나물 쓰는 법, 건강법
	과일(1)	복숭아 간수법
	고기(2)	고기 말리는 법, 고기 말려 오래두는 법, 참새 말리는 법
	생선(4)	생선 말리는 법, 전복 말리기, 해삼 말리기, 생복 간수법, 연어란
	삶는 법(8)	질긴 고기 삶는 법, 누른개, 웅장 손질법, 개장 고는 법, 해삼 다루는 법, 국에 타는 법

주류	단양주(11)	정감청주, 점감주, 하절 삼일주1 · 2, 일일주, 하절주, 이화주1 · 2 · 3 · 4, 사급주
	이양주(23)	감향주, 하향주, 벽향주, 유화주, 향온주, 소곡주, 황금주, 사시주, 칠일주, 백화주, 동양주, 점주, 적주, 남성주, 녹화주, 칠일주, 죽엽주, 별주, 행화춘주
	삼양주(6)	삼해주3 · 4, 삼오주1, 순향주법
	사양주(1)	삼오주 2
	약용주(3)	차주법, 송화주, 오가피주
	혼양주(1)	과하주
	소주(4)	소주 1 · 2, 밀소주, 참쌀소주
	누룩(2)	주국방법, 이화주 누룩법

분류를 살펴보면 어육류 편은 그 분류가 체계적이지 않아 어육류 외에 면류, 병과류, 채소류라 할 수 있는 것들이 포함되어 있다. 먼저 어육류 조리법을 쓰다가 별도로 분류하지 않고 면류, 병과류, 채소류들을 첨가한 것 같다.

그렇지만 전체적으로 우리가 조리법의 분류에서 흔히 쓰는 방법, 즉 재료에 따라 정리되어 있다. 그리고 술에 관한 항목이 매우 많아 당대 사대부가에서 가양주를 잘 담그는 일이 중요한 부엌살림 가운데 하나였음을 추정해 볼 수 있다.

생치즙에서 맨드라미까지 다양한 재료

중국음식이나 서양음식에는 독특한 조리법이 있다. 예를 들어 요리의 마지막 단계에 물에 푼 전분을 끼얹어 음식을 걸쭉하게 하는 것은 중국음식의 가장 보편적인 조리법이다. 그런데 이와 유사한 조리법이 이미 『음식디미방』에 소개되어 있다. 동아누르미나 대구껍질누르미처럼 '누르미' 라는 음식을 만들 때 조리 마지막에 전분즙을 끼얹는다. 지금은 이러한 조리법이 거의 눈에 띄지 않지만 이 책을 토대로 복원도

가능할 것이다. 또한 서양 조리법 중에는 음식의 맛과 모양을 살리는 데 소스를 이용하는 것이 대표적인데, 우리 음식에도 서양의 소스 개념으로 '즙'을 이용한 조리법이 많았다. 예를 들어 생치즙, 동아즙 같은 것을 만들어 뿌려 먹는 것이다. 『음식디미방』에는 다양한 즙 종류가 소개되어 있다.

아주 특이한 것은 개 내장까지 조리재료로 이용했다는 점이다. 그 외에도 웅장, 맨드라미, 뽕나무같이 특수 재료라 분류될 수 있는 것들까지 널리 쓰고 있었다. 또 향신료도 다양하게 쓰였는데 아직 고춧가루가 널리 이용되기 전이서인지 후추, 천초, 생강 같은 향신료만이 눈에 띤다.

잡누르미
온갖 귀한 재료를 섞어 만든 누르미는 중국음식처럼 전분즙을 끼얹어 마무리한다.

아름다운 조리언어의 박물지

이 책은 우리나라 음식사 연구의 기본 자료가 된다는 점에서도 그 가치가 빛나지만 국어학적 관점에서도 중요하다. 『음식디미방』의 글은 17세기 국어의 모습을 반영하므로 중세국어, 특히 경상북도 북부 방언의 음운, 문법, 어휘 등을 연구할 수 있는 중요한 자료다.

『음식디미방주해』를 쓴 백두현 교수에 의하면 이 책에 반영된 언어 요소 중 가장 관심을 끄는 것은 음식재료와 관련된 각종 명사류와 조리와 관련된 동사, 형용사로 이런 부류의 낱말들은 국어 어휘사 연구에 매우 요긴하다고 한다. 예를 들어 '탁면법'을 언급하는 부분에서 나오는 구절, '굵그로 두고'에서는 '굵粉'이라는 말을 볼 수 있다. 그런데 이 말은 다른 문헌에는 등재된 사례가 발견되지 않다가 『음석디미방』을 통해 그 뜻이 '가루'임이 밝혀졌다. 또 탁면법에 "냥푼 힝긔"라는 그릇 이름이 나오는데, '냥푼'은 현대어로 '양푼'이지만 '힝긔'는 그 뜻을 알 수 없다가 이것이 '주발'을 뜻하는 전라남도 방언임이 확인되었다.

『음식디미방』에 소개된 다양한 음식재료들

곡물 : 메밀, 녹두, 밀가루
채소류 : 무우, 오이, 골파, 순무, 동아, 순채, 쑥, 연근, 가지, 도라지, 거여
목, 냉이, 미나리, 고사리, 시금치, 박고지, 두릅, 녹두, 나물, 표고,
석이, 염교, 송이
과실류 : 잣, 머루, 오미자
수육류 : 소(소고기, 쇠양, 쇠족, 선지), 돼지(돼지창자), 개(개다리, 개부아, 개간,
개의 내장, 개의 살), 웅장, 닭, 꿩, 달걀
어패류 : 붕어, 해삼, 모시조개, 가막조개, 자라, 대구(대구껍질), 대합, 숭어,
천어, 청어
특수 재료 : 앵두나무, 뽕나무, 살구씨, 갈잎, 뽕나무잎, 맨드라미, 돌회
조미료 : 참깨, 간장, 참기름, 초간장, 진간장, 새우젓, 소금, 깨소금, 유장,
간장, 된장, 꿀
향신료 : 후추, 천초, 생강, 마늘, 겨자, 자소엽

의태어도 다양하여 '즐분즐분ᄒᆞ_'는 밥솥의 밥물이 약간 질벅거리는
모습을 형용한 것이고, '츠르즈르ᄒᆞ_'는 현대 국어사전에 '자란자란
하'로 등재된 의태어로 샘이나 동이 안의 물이 가장자리에서 넘칠락 말
락 하는 모양을 형용한 말이다.

이렇게 국어 어휘사 연구의 큰 의의를 차치하고라도 『음식디미방』에
나타난 표현 중에는 감동적인 대목이 많다. 우리 음식에서 모양을 내는
역할을 하는 것을 웃기, 장식 혹은 고명이라 하는데, 『음식디미방』에서
는 이를 '교태'라고 부르고 있어서 흥미롭다. 또한 음식을 묘사하는 다
양한 말들 가운데에서도 특히 "맛이 묘하니라"라는 표현이 자주 등장
한다. 강한 불을 '매운 불'로 표현하고 부패한 고기를 '독한 고기'로 표
현한 것도 재미있다. 또 당시에도 바둑이 인기였는지 '바둑 두듯 낱낱
이 뒤집어'라는 표현도 이채롭다.

그뿐만 아니라 우리 선조들은 음식의 이름을 지을 때도 아름다운 비

유를 곁들였다. '석뉴탕_{만두탕의 일종}'은 만두를 빚어 놓은 모습이 흡사 석류 모양같이 아름답다하여 붙인 이름이다. '죽엽쥬'라는 술 이름 역시 빛깔이 대잎 같고 맛이 향기로운 데서 유래했다. 또한 백화주_{百花酒}라는 술도 나오는데, 이는 백 가지 꽃을 넣은 술은 아니나 술맛이 백화 향처럼 은은해 붙여졌다. 고전을 읽을 때, 언어의 맛이 또 다른 향기를 가져다 준다고 말할 수 있다면 『음식디미방』이야말로 고전 중에 가장 향기로운 책이라 할 수 있을 것이다.

실학사상의 발달로 태어난 고조리서들

　　실학은 우리 음식 발달에 큰 영향을 미쳤다. 음식사 연구의 귀중한
자료인 『임원십육지』를 쓴 서유구나 『산림경제』를 집필한 홍만선도 실
학자들이었다. 한국음식이 영양학적으로 우수함을 갖춘 데에는 부엌에
서 주로 요리를 담당한 여성들의 힘뿐만 아니라 조선후기 발달한 실학
사상의 영향도 크다. 이 장에서는 조선후기 다양한 고조리서 집필의 배
경이 된 실학사상과 실학 관련 고조리서들을 살펴보려 한다.

실학의 태동과 음식에 대한 관심

　　조선후기에는 조선전기 봉건적 양반제도의 사상적 지주였던 주자학
이 임진왜란 이후 급속도로 붕괴한 농촌경제를 지탱하지 못하고, 내부
비판도 감당하기 어려운 지경에 이르게 된다. 이때 정치적 야심을 접고
재야에 있으면서 국가의 경제정책에 관한 구체적 경륜을 제시한 일파
가 곧 실학파의 학자들이다.

> ### 현대의 건강식품으로 인정되는 구황식품들
>
> 솔잎, 송진, 잣, 느릅나무 껍질, 측백나무 잎, 도토리, 칡뿌리, 백복령, 콩,
> 마, 메뿌리, 동구레, 둑대뿌리, 도라지꽃, 백합, 새박뿌리, 언뿌리, 도란, 순
> 무우, 새삼씨, 냉이, 소룻밤, 고욤, 대추건시, 개암, 검은팥, 참깨, 흰 참깨,
> 들깨, 팽나무잎, 느티잎, 쑥 등

실학파 학자들로는 유형원1622~73을 필두로 그 학풍을 이어 받은 이
익1681~1763, 박지원1737~1805과 정약용1762~1836 등이 있다. 이들은 조
선후기의 유학을 새로운 실사구시의 방향으로 수정하면서 근대의식의
지향, 민족의식을 강조한 조선의 중추적 비판세력이었다. 원래 이들은
사대부 계층에 속했지만 현실적으로는 농, 공, 상업에 종사하는 백성들
과 경제적 처지가 다르지 않았다. 『택리지』의 저자로 유명한 이중환
1690~1752은 『복거총론卜居總論』에서 다음과 같이 쓰고 있다.

무엇으로서 생리生利를 논할 것인가? 사람이 세상에 태어나면 벌써 바람
과 이슬로써 음식을 대신할 수 없으며, 깃털로써 몸을 가리는 옷을 대신할
수 없다. 부득불 의식衣食, 즉 생업에 종사해야 한다.

이것은 경제 사상에 대한 주목할 만한 견해로, 인간의 생활 활동을
근본적인 것으로 여겼던 실학파의 일면을 잘 보여 준다. 실학자들은 음
식이 백성들의 삶에서 차지하는 중요성을 간파하고 이에 관심을 기울
였고 소농들에게 균등한 토지 소유를 보장해 줄 것과, 도시 빈민들의
요구를 충족시킬 수 있는 기술 혁신을 제시했다. 또한 학문적으로 고증
을 위주로 하는 실천적 학풍을 진작시켰다.
무엇보다 실학의 주요 관심은 농업 기술의 향상이었으므로 농서의

저술에 힘쓴다. 가령 숙종 때 출간된 박세당의 『색경穡經』은 과수, 축산, 원예 등에 중점을 둔 농서였고 같은 시기 홍만선이 지은 『산림경제』 역시 농업뿐 아니라 식품 가공과 저장에 관한 일상적 주의사항까지 세세하게 기록하고 있다. 또 순조 15년, 정약전이 지은 『자산어보玆山魚譜』는 흑산도 근해의 어류를 채집하여 155종의 어류에 대한 명칭과 분포에서 그 이용에 이르기까지 자세한 연구를 기록한 독특한 어류학서다. 이 밖에 1800년대에 편찬된 것으로 보이는 『군학회등群學會騰』에는 밥 짓는 법, 국수 끓이는 법, 고기와 어물의 요리법 등 조리법 등이 24개의 항목으로 나누어 정리되어 있다. 이덕무의 문집인 『청장관전서靑莊館全書』에도 크고 맛 좋은 수박과 박을 실하게 재배하는 방법이 엿보인다. 이 시기 이러한 연구의 풍조는 서양 근대 과학의 자극에 힘입어 식생활서에도 서서히 영향을 미친다. 이 시대에 씌어진 『음식디미방』이나 『규합총서』 『군학회등』에 보이는 조리법도 이러한 시대적 조류의 산물이며, 이후 서양 문물의 자극과 중국요리의 유행 역시 조선후기, 조리법의 과학화를 촉진하는 계기가 되었다.

구황식품의 연구서이자 기호식품 대백과사전, 『청장관전서』

구황은 흉년이나 천재지변으로 굶게 된 백성들의 기근을 구하는 것이다. 기근은 조선시대 내내 백성들을 괴롭혔는데 조선후기에는 전쟁까지 겹쳐 이러한 구황식품의 개발이 한층 중요하였다. 구황과 관련된 정책은 이미 세종대왕 때부터 구황청을 두고 전문적으로 담당하게 하였고 『구황본초救荒本草』라는 책도 간행하였다.

기근을 해결하기 위하여 개발된 이들 구황식품들은 점차 일상식으로 변모하여 우리 식단을 풍성하게 했다. 또한 구황식의 발달은 약용식품을 더욱더 다양하게 했다. 몇 가지 보기를 들어 보면 구황식의 대표적

이덕무가 하사받은 식품의 종류

신축년(공 41살) : 웅어, 밴댕이, 준치, 산계, 게젓, 청어, 뱅어

임인년(공 42살) : 당유자, 백미, 준치, 산계, 벼, 밀감, 귤, 칭어, 양고기

계묘년(공 43살) : 대하, 마른 숭어, 문어, 생전복, 사슴 뒷다리, 생률, 양 어깻죽지, 참조기, 가오리, 웅어, 밴댕이, 준치, 호초, 밀감, 산귤, 청어, 당유자

갑진년(공 44세) : 절인 웅어, 절인 밴댕이, 절인 청어, 절인 준치, 가오리, 웅어, 밴댕이, 잣, 앵두, 절인 게, 생대구, 산 귤, 청어, 호초, 통개

을사년(공 45살) : 웅어, 호초

병오년(당 46세) : 조기, 절인 웅어, 절인 밴댕이, 청어, 산꿩, 말린 은어, 곶감, 당유자

정미년(공 47세) : 산귤, 절인 준치, 절인 웅어, 절인 밴댕이, 웅어, 조기, 밴댕이, 청어, 산꿩, 곶감, 말린 숭어

무신년(공 49세) : 절인 숭어, 절인 준치, 절인 밴댕이, 게, 산꿩, 곶감

경술년(공 50세) : 절인 밴댕이, 밀감, 뱅어, 소고기에 채소를 섞어 구운 음식, 산꿩, 곶감

신해년(공 51세) : 중국산 유자, 귤, 숭어, 절인 숭어, 절인 밴댕이, 절인 준치, 웅어, 산꿩, 곶감

임자년(공 52세) : 산귤, 절인 웅어, 절인 밴댕이, 절인 준치, 웅어, 조기, 쌀

인 식품인 솔잎은 항병력을 생기게 하고, 느릅나무 껍질과 솔잎은 곡식 가루에 섞어 먹으면 위와 장을 튼튼하게 한다고 한다.

한편 실학자 이덕무1741~93도 『청장관전서』에서 흉년이 들어 먹을 것이 없을 때 쑥으로 빚은 보리떡, 나물죽, 콩나물로 지진 막장, 배에서 주워 온 물고기 등을 먹었다는 경험을 기록하고 있다. 굶주림을 해결해 주는 역할을 하는 구황식을 개발하기 위해 실학자들이 남긴 기록들은 현대에 좋은 자료가 되고 있다. 구황식에 주로 쓰이는 채소류는 현대인의 영양문제인 비만 예방에 효과가 높고 각종 생리활성물질이 다량 함유돼 우수한 식품으로 인정받는다. 최근 생리활성 물질을 연구하는 학

계나 건강식품을 연구하는 기관 곳곳에서도 실학자들의 기록에 주목하고 있다.

구황식품에 대한 기록이 아니더라도 『청장관전서』는 연구사적으로 가치가 높다. 조선조 영·정조 때의 실학자이자 문장가인 이덕무는 서자 출신이어서 큰 벼슬에 오르지는 못했지만, 규장각의 검서관으로 중요한 도서 편집에 빠짐없이 참여한 데다 일찍이 중국 여행을 통해 견문을 넓혀 많은 저술을 남겼다. 그의 저서를 집대성한 것이 『청장관전서』인데 여기서는 사소절土小節, 이목구심서耳目口心書, 양엽기陽葉記 등 여러 부문에서 식생활과 관련된 내용을 다루고 있다. 그 중 특히 관심을 끄는 것은 '선고적성현감부군연보先考積城縣監府君年譜'에 기록되어 있는 다양한 식품명이다. 이것은 이덕무가 검서관으로 있는 동안 임금으로부터 하사받은 음식의 이름을 나열한 것인데, 음식 대부분이 조선후기 궁중을 비롯한 상류층의 기호식품이었다. 그의 철저한 기록 정신은 식생활사 자료가 부족한 학계에 큰 도움이 되고 있다.

『산림경제』의 업그레이드, 『증보산림경제』

이 책은 영조 42년인 1766년에 유중림이 홍만선의 『산림경제』를 증보한 농서로 농업뿐만 아니라 의식주 전반과 사대부의 생활문화까지 살펴볼 수 있는 17세기 말의 중요한 고문헌이다. 책의 저자인 유중림柳重臨은 영조의 내의였으며 과학자다운 안목에서 오랜 노력 끝에 『산림경제』를 증보하였다. 그는 특히 농가에 관한 서적이면 고금을 막론하고 수집하여 검토하였다고 한다. 이 책은 서문 및 목차에 이어 총 16권 12책의 방대한 분량이다.

『증보산림경제』 항목

복거 · 치농 · 종수 · 양화 · 양잠 · 목양 · 치포 · 섭생 · 치 선상 · 치 선하 · 구황 ·
가정 상 · 가정 하 · 구사 상 · 구사 하 · 구급 · 증보 사시찬요 · 사가점후 · 선택 ·
잡방 · 동구산수록 · 남사고십승보 · 신지

참고서만 900여 권, 『임원십육지 정조지』

1798년에 편찬한 책으로 16부분으로 나뉘어 있어 『임원십육지』 또는
『임원경제십육지』라고도 한다. 실학자 서유구徐有榘, 1764~1845가 말년에
저술한 것으로, 일상생활에서 긴요한 일을 살펴보고 이를 알리고자 『산
림경제』를 토대로 한국과 중국의 저서 900여 종을 참고하여 엮어낸 농
업 백과전서이다. 그 중 '정조지鼎俎志' 편이 음식에 대해 다루고 있다.
'정鼎'은 발이 세 개 달리고 양쪽에 귀가 있는 솥을 뜻하는 글자이며
'조俎'는 제향에 쓰이는 희생물을 담는 제기로써 도마를 뜻한다. 정조
지는 다시 11권으로 나뉜다. 제1권은 식감촬요, 제2권 취류지류, 전오
지류, 구면지류, 제3권은 음청지류와 과정지류, 제4권은 교여지류, 제5
권은 할팽지류, 제6권은 미료지류, 제7권은 온배지류와 절식지류 등으
로 구성되어 있다.

한편 외국 문물에 관심이 많았던 박지원은 『열하일기』에서 술집에 대
해 흥미로운 내용을 언급한다. 1789년 7월 10일 중국 성경에 도착하여
그곳의 주루酒樓에 들어간 박지원은 중국 술집의 규모와 화려함, 그 운
치 있는 풍경에 충격을 받는다. 『열하일기』에는 영세하고 형편없었던
조선의 주점을 문제 삼으며, 중국의 세련된 음식문화에 대한 박지원의
기대가 흥미롭게 펼쳐진다.

한글판 가정백과사전
『규합총서』

　『규합총서閨閤叢書』는 빙허각 이씨가 1809년에 집필한 조선시대 최고의 한글판 가정대백과사전이라 할 수 있다. 대부분의 식품사학자들은 이 책을 '조선시대 최고最高의 조리서'로 보고 있다. 빙허각 이씨는 서유본의 처로 『임원십육지』의 저자인 서유구의 형수다. 빙허각 이씨는 총명함이 뛰어나 15세에 저술에 능하였고 한문학에도 재주를 보여 서유구가 초년에 형수인 이씨 부인에게서 글을 배웠다고 한다. 조선시대 여성 학자로 우리는 흔히 허난설헌이나 신사임당만을 거론하지만 이들은 문화계의 명사고, 실학 부분에는 단연 빙허각 이씨를 꼽을 수 있다. 일반 부녀자들이 볼 수 있는 계몽 서적을 출간한 이씨 부인의 공적은 앞으로도 널리 알려져야 할 것이다. 이 책을 번역한 정양완 선생은 머리말에서 이렇게 적고 있다.

　165년 전 슬기롭던 빙허각 이씨의 손에 이루어진 『규합총서』를 요즘 말로 옮기고 어쭙지 많은 교주校註를 하면서 공부가 얕은 필자는 여러 가지 느껴움이 많았다. 정작 그 분의 향기가 짙을 '빙허각고'는 못 보았지만, 그 분의 높은 슬기와 아름다운 감성을 넉넉히 짐작할 수 있는 구절구절이 많았다. 맛깔스러운 음식, 차茶, 어여쁜 물들이는 솜씨, 수놓기, 품스러운 매듭하며, 꽃을 가꾸고 학을 기르는 대목들에서 느껴지는 운치는 칠칠 흐르는 우리나라 아낙네의 정작 멋을 나에게 느끼게 하여 주었다. 이 땅에 태어난 나에게도 이런 피가 흐르고 있으려니 깜냥 모르는 자랑을 느끼게도 해 주었다. 메진 이 가슴엔 그 분이 이렇게 향훈을 불어 넣어 주시건만, 난 내 딸들에게 무엇을 느끼게 할 것인가 소스라치게 뉘우치게 하였다.

『규합총서』의 서문에는 이 책을 쓴 이유로 '그저 자신이 모든 글을 보고 그 가장 요긴한 말을 가려 적고, 혹 따로 자기의 소견을 덧붙여 책을 만든다'고 하면서 '이것을 정리해 집안의 딸들과 며늘아기들에게 준다'고 밝혔다. 이 책은 원래 집안에서만 물려주기 위해 쓴 것이다. 하지만 현대에 많은 여성들이 이 책을 배우고 익히는 모습을 본다면 빙허각 이씨도 기뻐하지 않겠는가.

문득 생각하니 옛사람이 말하기를 총명이 무딘 글만 못하다 하니 그러므로 적어두지 않으면 어찌 잊을 때를 대비하여 일에 도움이 되리오. 그래서 모든 글을 보고 그 가장 요긴한 말을 가려 적고, 혹 따로 자기의 소견을 덧붙여 이 책을 만드니……. 이미 글이 이루어짐에 한데 통틀어 이름 짓기를 『규합총서』라 하니 무릇 부인의 하는 일이 안방 밖을 나지 아니하므로, 비록 예와 이제 일을 통하는 식견과 남보다 나은 재주가 있더라도 혹 문자로 표현하여 남에게 보고 듣게 하려 함은 아름다움을 속에 품어 간직하는 이의 도리가 아니다. 하물며 나의 어둡고 어리석음으로 어찌 스스로 감히 글로 표현하는

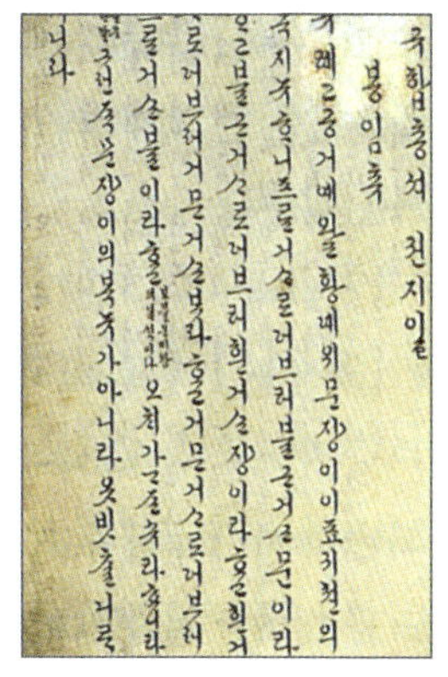

『규합총서』 본문

빙허각 이씨는 한문에도 조예가 깊었지만, 이 책은 일반 부녀자들도 볼 수 있도록 한글로 집필하였다.

방법을 생각 하리오 마는 이 책이 비록 많으나 그 귀결점을 구한 즉 이것들이 건강에 주의하는 첫 일이요, 집안을 다스리는 중요한 법이라 진실로 일용에 없지 못할 것이요, 부녀의 마땅히 연구할 바다. 그러므로 마침내 이로써 서를 삼아 집안의 딸과 며늘아기들에게 준다.

음식에서 응급처치까지 가정생활 총망라

이 책은 전체적으로 주식의酒食議, 봉임측縫任則, 산가락山家樂, 청낭결青囊訣, 술수략術數略 등 총 5편으로 되어 있다. 음식과 관계되는 부분은 첫 번째 장으로 장 담그기, 술 빚기, 밥, 떡, 과줄, 반찬 등 많은 음식을 다루고 있다. 앞에서 본 『음식디미방』과 비슷하게 음식 종류를 나열하고 있는데, 그 대강을 살피면 다음과 같다.

주식의에서는 술이 제일 처음에 나오고 그 다음으로 장醬 제품, 초醋, 밥과 죽, 차류, 김치류, 생선류, 고기류, 조류와 어류, 채소류, 과자류, 기름 짜는 법과 그 외에 조청이나 엿, 식해 만드는 법 등. 전체적으로 백 가지가 넘는 요리법을 다루고 있다.

나머지 장에서는 음식 외에 다른 가정사에 대해 꼼꼼히 논하고 있다. 두 번째 장인 봉임측에서는 옷 만들고 길쌈하기, 수놓기, 누에치기 등을 다룬다. 세 번째 장인 산가락에서는 밭 갈고 화초를 가꾸는 것이나 짐승들을 키우는 등등의 시골살림에 대해 설명하고 있다. 네 번째 장인 청량결에서는 태교나 응급처치방법 등에 대해 설명하고 있고, 마지막 장인 술수략에서는 삿된 기운이나 마魔를 내쫓는 민간 풍습을 소개하고 있다. 이렇게 실제적으로 가정생활에 필요한 것을 총 망라하고 있어 『규합총서』를 가정생활 대백과사전이라고 부르는 것이다.

음식철학이 담긴 고 조리서의 꽃

이 책은 조선후기 음식 조리법을 소개했다는 것뿐만 아니라, 음식철학을 제시한 점에서도 중요하다. 이씨 부인은 음식을 대하는 사대부들의 태도가 어때야 하는지도 소상하게 적고 있다.

첫째, 힘듦의 다소를 헤아리고, 저것이 어디서 왔는가를 생각하여 보라.

이 음식이 갈고 심고 거두고 찧고 까불고 지진 후에 공이 많이 든 것이다. 하물며 산 짐승을 잡고 베어 내어 맛있게 하려니 한 사람이 먹는 것이 열 사람이 애쓴 것이다. 집에서 먹어도 부조父祖의 심력으로 경영한 바요, 비록 비재물이나 또한 여경餘慶을 이어 벼슬하여 백성의 고혈을 먹는 것이니 가히 크게 말할 것이 못된다.

둘째, 대덕을 헤아려 섬기기를 다 할 것이다.

처음은 어버이를 섬기고, 버금으로 임금을 섬기고, 나중에는 입신하는 것, 이 세 가지를 온전히 즉 섬기는 것이 온당하고, 만일 이 세 가지가 없은 즉 마땅히 부끄러운 줄 알아, 맛을 너무 치레 말아야 할 것이다.

셋째, 마음에 과하고 탐내는 것을 막아 법을 삼아리.

마음을 다스리고 성을 길러야 하니, 먼저 세 가지와 또 한 가지를 막을 것이니, 좋은 음식은 탐을 내고, 맛없는 음식은 찡그리고, 종일 먹어도 음식이 그 생겨난 바를 아지 못한 즉 어리석으니 덕 있는 선비는 배불리 먹을 타령을 말아 허물이 없게 하라.

넷째, 좋은 약으로 알아 형상의 괴로운 것을 고치게 하라.

다섯 가지 곡식과 다섯 가지 나물이 사람을 기르니, 고기와 생선으로는 어버이를 받들어라. 얼굴이 비쩍 마른 사람은 기갈의 병이 든 것이다. 사백사병은 각 병이 된 까닭이니 그런고로 음식으로 의약을 삼아 나날이 좀 부치는 듯 먹어야 하니 이러므로 족한 줄을 아는 자는 저를 들면 늘 약을 먹는 것 같이 생각하라.

다섯째, 도업을 이루어 놓고서야 이 음식을 받아먹을 것이다.

군자는 먹는 사이에 어진 마음을 어기는 일이 없으니 저 군자는 한갓 아무 공덕도 없이 나라의 녹을 먹지 않는다 하니 이를 이름이다.

재미있고 아름다운 조리언어들

『규합총서』에는 요리에 관한 아름다운 언어가 등장한다. 이러한 말들을 보고 있으면 새삼 우리말의 아름다운 결에 잠길 수 있다. 재미있고 아름다운 문장으로 씌어진 몇 가지 조리법을 소개한다.

진달래술(두견주)

밤에 심지에 불 켜 독 속에 넣어 둘러보면 덜 된 술은 불이 꺼지고 다된 즉 안 꺼진다. 위를 얇게 곱게 벗기고 가운데를 잘 헤치면 맑은 술이 용출하여 개미와 꽃이 잔뜩 뜨고 술내가 향기로워 가히 사랑스럽다. 오지병에 가라앉혀 맑게 하면 무거운 밥알은 다 가라앉고 개미와 흰 꽃이 퍼져 뜬다.

이는 진달래술을 빚는 방법을 쓴 것이다. 술이 다 된 상태를 '개미와 흰 꽃이 퍼져 있는 상태'로 표현한 것이 아름답다.

약과 藥果

유밀과를 약과라 하는 것은 밀蜜은 사시정기四時精氣요. 꿀은 온갖 약의 으뜸

『규합총서』에 소개된 요리

종류	요리명
약주류	도화주桃花酒, 연엽주蓮葉酒, 소국주素麴酒, 과하주過夏酒, 백화주百花酒, 감향주甘香酒, 송절주松節酒, 한산춘韓山春, 삼일주三日酒, 일일주一日酒, 방문주方文酒, 녹파주綠波酒, 오종주방문五種酒方文
장류	어육장魚肉醬, 청태장靑太醬, 고추장, 청육장, 즙지이, 즙장汁醬
초류	초醋
밥과 죽	밥류 : 팥물밥, 오곡밥, 약밥 죽류 : 우유죽, 팥죽, 우분죽, 구선왕도고九仙王道糕 의이, 삼합미음, 암죽, 의이죽, 호도죽, 갈분의이
차茶류	다백희茶百戱, 계장計漿, 귀계장歸桂漿, 매화차梅花茶, 포도차葡萄茶, 매실차梅實茶, 국화차菊花茶
김치류	섞박지, 어육김치, 동가섞박지, 동침이, 동아김치, 동지, 용인 오이지법, 산갓김치, 장짠지, 전복김치
생선류	잉어, 준치, 붕어, 조기, 복어, 숭어, 쏘가리, 은구어, 오징어, 비웃젓, 교침해交沈醢, 뱅어, 농어, 문어, 송어, 민어, 메기, 가물치, 홍합, 해삼, 생복, 대구, 자라, 웅어, 게 등의 조리법
고기류	편포片脯, 약포藥脯, 진주좌반晋州佐飯, 장복이, 설하멱설, 족편, 쇠곱창찜, 쇠꼬리찜, 쇠꼬리곰, 개고기, 개찌는 법, 사슴고기, 양고기, 돼지고기, 찐돼지고기, 돼지가죽, 수정회법水晶膾法, 돼지새끼집찜, 돼지고기구이법
조류 및 게류	꿩, 봉총찜, 메추라기, 참새, 잣나무새, 연계찜, 열구자탕悅口子湯, 승기악탕勝妓樂湯, 변씨만두, 칠향계七香鷄, 화채, 전유어, 조화계란법
채소류	송이찜, 죽순나물, 승검초當歸, 동과선, 호박나물, 임자좌반荏子佐飯, 다시마좌반, 설좌반
병과류	복령조화고茯笭造化羔, 백설고白雪羔, 권전병捲煎餅, 원소병元宵餅, 승검초단자當歸團子, 유자단자柚子團子, 도행병桃杏餅, 신과병新果餅, 석탄병惜呑餅, 혼돈병, 토란병土卵餅, 남방감저병南方甘藷餅, 잡과편雜果片, 증편蒸餅, 석이병石耳餅, 두텁떡, 백설기, 기단가오, 서여향병, 송기떡, 상화, 무떡, 병자餅子, 대추조악, 꽃전, 송편, 인절미, 화면花麵, 왜면倭麵, 약과, 강정, 매화산자, 밥풀산자, 묘화산자, 메밀산자, 감사과, 연사, 연사라교, 계강과桂薑果, 생강과生薑果, 건시단자乾柿團子, 밤조악, 황률다식, 흑임자다식, 용안龍眼다식, 녹말다식, 산자편, 산자쭉정이, 앵도편, 복분자딸기편, 모과 거른 정과, 모과쪽정과, 살구편, 벗편, 유자정과, 생강정과, 향설고香雪膏, 유리류정과
기름 싸는 법	참깨, 수박씨, 차조기, 봉선화씨, 순무씨, 들기름, 묵은깨, 아주까리, 수유茱萸, 면화씨
기타	조청 만드는 법, 광주엿, 연안식해 법

이요, 기름은 벌레를 죽이고 해독하기 때문에 이르는 말이다.

유밀과를 약과라 한다고 하였는데, 『규합총서』에 소개된 '藥' 자가 든 음식에는 꿀이 빠지지 않는다. 약포, 약과, 약식이 대표적이다.

약포 藥脯

연한 고기를 기름기 없이 하고 곱게 짓다져, 기름과 좋은 달인 장(醬)과 파 생강을 곱게 다져 후추붙이를 다진 고기와 한데 섞어 꿀 조금 쳐…….

역시 약포를 만들 때에도 꿀이 들어간다. 예부터 꿀은 귀해서 일상적으로 먹기는 힘들었고 약으로만 먹었다. 『규합총서』에서는 반어적으로, 꿀을 먹기 힘든 쓴 약에 비교했다.

승기악탕 勝妓樂湯

살찐 묵은 닭의 두 발을 잘라 없애고 내장을 꺼내 버린 뒤 그 속에 술 한 잔, 기름 한 잔, 좋은 초 한 잔을 쳐서 대 꼬창이로 찔러 박 오가리, 표고버섯, 파, 기름기를 썰어 많이 넣고 수란을 까 넣어 국을 금중 감 만드는 듯하니 이것이 왜관음식으로 기생이나 음악보다 낫다는 뜻이다.

『규합총서』가 씌어지던 때에는 이미 일본 음식이 유행했던지 반가음식의 조리서에까지 등장하고 있다. 추측건데 이것은 일본 스끼야끼로 이를 스끼약, 승기악으로 잘못 알아듣고 적은 것이 아닌가 싶다.

장안의 지가를 올린 요리 바이블
『조선요리제법』

1913년, 이화여자전문학교 교수였던 방신영은 『조선요리제법』을 집필한다. 그 후 이 책은 1964년 『우리나라 음식 만드는 법』으로 나오기까지 무려 16판까지 증보하면서 출간된다. 이 책은 발간 연대상 고조리서로 보기에 무리가 있으므로 4부에 넣지 않으려 했지만 방신영 선생이 이 책을 쓰게 된 동기나 한국음식의 과학적인 체계에 따른 정리법 등은 꼭 알리고 싶었고, 식품학계의 거물이신 고 이성우 교수도 이 책을 우리 음식책 가운데 '바이블' 과도 같다고 거론한 점에 힘입어 넣었다.

1917년에 발간된 방신영의 『조선요리제법』은 '장안의 지가를 올렸다' 는 기사를 낳을 정도로 많이 팔린 책이었다. 책이 흔하지 않던 그 시절 한국음식에 대한 사람들의 지대한 관심을 알게 해 주는 대목이다. 당시로서는 처음으로 한국음식을 과학적 요리법을 소개하기도 하다. 그러나 이 책의 가치는 그 후에도 무려 16판까지 증보하는 과정을 거쳤다는 사실이다. 끊임없이 책의 내용을 바로잡고 덧붙인 방신영 선생의 자세에서 후학으로서 많은 것을 배우게 된다.

여성운동가이자 독립운동가, 방신영

여성운동가, 교육자. 서울 출생. 정신여고 졸업 후 정신, 수피아, 멜볼딘 학교에서 가르쳤다. 일본, 미국 유학, 1929년 이화여전 가정과 교수로 53년 간 봉직했다. 『조선요리법』 『한국요리제법』 등의 저서를 남겨 한국 식생활문화에 공헌했다. YMCA를 비롯해 여성운동과 독립운동에 적극 참여하였으며, 교회생활과 전도활동을 하며 말년을 보냈다.

인물사전에 나오는 방신영 선생에 대한 기록이다. 여성운동가이면서 독립운동에 참여했다는 기록이 곳곳에 나오고 있지만 식품영양학 관련 전공자들도 이 분을 모르는 경우가 많다. 그러나 이 책을 보고 있노라면, 한국음식에 대한 선생의 지극한 애정을 느끼게 된다. 다음은 서문에서 발췌한 것이다.

사람은 살기 위하여 문화를 만들고 또한 문화를 만들기 위하여 사는 것이다. 그런데 만들어 놓은 문화를 후대에 전하는 것은 문화를 살리는 한 가지 방법이다. 우리 민족의 식생활은 우리 문화생활의 가장 발달된 한 단면이다. 이 책은 단순한 우리 음식 만드는 법만을 가르치는 것이 아니라 우리의 문화와 전통을 후대에 전하여 주고 발전시키려는 노력과 피땀의 결정이라고 보았다.

1962년 서문은 백낙준 선생이 썼다. 그 내용에서 가장 중요한 것은 우리의 음식을 단순히 먹고 마시는 생존 도구 차원에서만 보지 않고

'문화'로 보고 있다는 점이다. 비록 음식을 전공하지 않았지만 그 시대 지식인들은 공통적으로 이 조리서가 '우리 문화와 전통을 후대에 전하고 발전시키기 위한 노력과 피땀의 결정체'라고 평가했다. 김활란 선생도 이 책의 가치를 높이 평가하면서, 서문에서 우리의 문화 유산인 우리 음식을 잘 알자고 피력하고 있다.

이 책의 내용이 우리 식생활에 대한 우리의 문화를 자랑하는 까닭입니다. 요새 흔히 보는 간단식, 신식, 외국식에는 물론 장점도 많겠지마는 반드시 우리는 연구하고 배워서 우리의 식생활습관을 시대에 맞추어야 할 것입니다. 그러기에는 우선 우리의 문화적 유산이요 소유인 우리의 음식을 잘 만들 줄 알고 그것을 토대삼아서 개량해 나가는 것이 좋으리라고 생각됩니다.

사랑과 사명감으로 저술한 책

이 책이 세상에 나온 지도 어느 듯 45년이 지났다. 45년 전 그때 선생님 한 분이 계셨으니 그 분은 애국지사의 한 분으로 몸을 나라에 바쳐서 애국정신을 길러주시는 한편 계몽 사업에 열중하신 분이시었다. 방방곡곡으로 다니시면서 수천만 군중을 울리시고 곳곳에 학교를 세우시고 또 지도자 양성에 전력을 기우리신 분이었으니, 이 분이 고 최광옥 선생이시었다. 오랜 감옥생활과 아울러 너무 과로하신 결과에 일찍이 세상을 떠나시게 되었다. 세상을 떠나시기 얼마 전 하루는 나에게 큰 충격을 주신 것이 동기가 되어 그 날부터 나는 붓을 들기로 시작을 하였던 것이다. 그분은 이렇게 말씀하셨다. "한적한 우리 여성 사회에 큰 도움이 되라!"

이것은 방신영 선생이 직접 쓴 서문이다. 이 글을 통해 저자가 책을

『조선요리제법』의 구성과 내용

이 책은 45년간 16판을 낼 정도 증보를 거듭하면서 과학적인 체계를 갖추게 되었다. 우리나라 음식 전반을 체계적으로 정리하고 마지막에 식단표까지 정리한 과학적인 조리서이다.

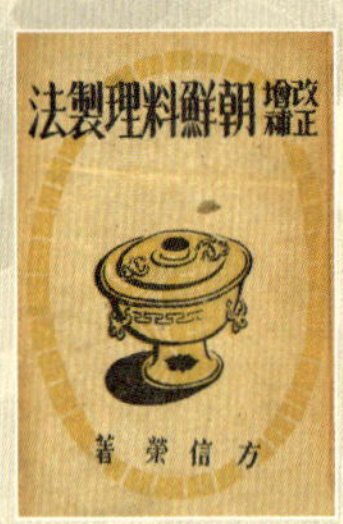

1. 고명 준비 하는 법 12종류
2. 고명 넣는 법 5 종류
3. 밥 짓는 법 18종류
4. 국 끓이는 법 45종류
5. 찌개 만드는 법 19종류
6. 지지미 만드는 법 9종류
7. 전골 만드는 법 10종류
8. 찜 만드는 법 26종류
9. 볶음 만드는 법 16종류
10. 조림 만드는 법 14종류
11. 장아찌 만드는 법 32종류
12. 구이 만드는 법 14종류
13. 산적 만드는 법 11종류
14. 전유어 만드는 법 28종류
15. 편육 만드는 법 5종류
16. 육회 만드는 법 17종류
17. 나물 무치는 법 38종류
18. 생채 만드는 법 11종류
19. 쌈 준비하는 법 9종류
20. 각종 반찬 만드는 법 21종류
21. 묵 만드는 법 10종류
22. 자반 만드는 법 8종류
23. 무침 만드는 법 7종류
24. 마른 찬 만드는 법 8종류
25. 포 만드는 법 10종류
26. 김치 담그는 법 28종류
27. 김장김치 담그는 법 19종류
28. 젓 담그는 법 16종류
29. 장 담그는 법 25종류
30. 장국 끓이는 법 24종류
31. 죽 쑤는 법 17종류
32. 암죽 쑤는 법 4종류
33. 미음 쑤는 법 7종류
34. 육즙 만드는 법 3종류
35. 편 만드는 법 40종류
36. 물편 11종류
37. 편 웃기들 13종류
38. 전병 종류 만드는 법 8종류
39. 화채 만드는 법 24종류
40. 정과 만드는 법 12종류
41. 강정 만드는 법 3종류
42. 다식 만드는 법 9종류
43. 유밀과 만드는 법 8종류
44. 약식 만드는 법 2종류
45. 숙실과 만드는 법 8종류
46. 엿 만드는 법 10종류
47. 엿강정 만드는 법 6종류

부록

1. 각종 가루 만드는 법,
2. 초, 겨자, 초장, 윤즙, 추고추장 만드는 법
3. 닭 잡는 법
4. 식단표

쓰게 된 동기와 마음가짐을 익히 짐작할 수 있다. 최광옥 선생이 여성으로 독립운동과 교육활동을 하고 있는 제자 방신영에게 우리 음식의 중요성을 일깨워주고, 이를 책으로 남길 것을 권유한 것이다.

한편 일본과 미국 유학을 다녀온 방신영 선생이었지만 책 집필에 가장 기본이 되었던 것은 조상 대대로 전해 내려온 어머니의 요리법이었다. 본문에도 '나는 나의 어머니 앞을 떠나지 않고 날마다 정성껏 차근차근 일러 주시는 대로 꾸준히 기록해 놓은 것이 나중에 보니 꽤 많았다'며 이 기억을 소중히 여기고 있다. 우리나라 요리서 가운에 바이블이라 할 만한 이 책이 어머니의 요리법, 즉 우리 조상 대대로 전해 내려온 음식문화를 바탕으로 탄생한 것이다. 우리 음식의 기본이 무엇인가를 새삼 생각하게 하는 대목이다.

5

한국음식의 미학

한 민족의 음식이 형성되는 과정은 한 편의 드라마다. 이 과정에서 우리 조상들은 모든 음식에 원리와 철학을 담아 왔다. 우리가 우리 음식을 수천 년간 즐겨 왔던 이유도 거기에 있을 것이다. 무엇보다 한 민족이 먹고 즐기는 음식에 대한 이해야말로 그 민족을 이해하는 지름길이다.

세계가 각 국의 음식 전쟁터가 되어 가는 요즘, 우리 조상들의 삶에서 탄생한 음식에 대한 문화적 이해가 필요하다. 여기서 말하는 문화적 이해란 음식의 탄생 배경, 철학, 원리, 사회·경제적 배경, 무엇보다 그 음식을 공유한 사람들의 삶을 포괄한다. 그동안 많이 접해 온 음식의 종류나 특징 및 조리법 등에 대한 설명을 떠나 음식 속에 숨어 있는 철학이나 원리를 찾아내 '맛의 미학' 으로 풀어 보고 싶었다.

우리 음식들은 이루 말할 수 없는 사연들을 제각각 가지고 태어나 사랑받기도 하고 또 사라지기도 했다. 우선 우리 민족의 생명줄인 밥에서 시작하

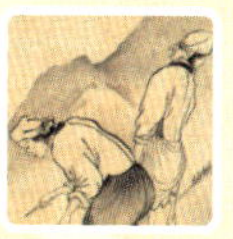

자. 동학의 2대 교주였던 해월 최시형 선생의 '밥이 하늘이다' 라는 말만 봐도 우리 민족에게 밥이 얼마나 큰 의미가 있었는지 알 수 있다. 또 국, 찌개, 수많은 반찬 그리고 떡과 술, 거기다 새로 창조되는 음식과 사라질 운명에 처한 음식들까지 긴 항해를 떠나 보았다. 이 과정에서 개인적인 무지로 빠진 음식도 많아 한국음식의 일부만을 소개했다는 아쉬움이 크다. 또 앞으로 발굴되기를 기대하는 음식들도 많다. 이런 음식들은 후학들에 의해 철학을 담은 음식으로 재탄생할 수 있기를 기대해 본다.

한식의 기본

밥

한국음식의 가장 큰 특징은 밥을 주식主食으로 하고, 그 외 국이나 반찬들을 부식副食으로 하는 주·부식형의 식사 습관이다. 이때 밥은 꼭 쌀로 지은 것만을 지칭하는 것은 아니다. 보리나 콩, 팥, 조 등 잡곡으로 지은 것도 밥이라고 한다.

한국인에게 밥은 정말 많은 의미가 있다. 동학의 2대 교주였던 해월 최시형 선생의 '밥이 한울님하늘이다' 라는 말만 봐도 우리 민족이 얼마나 밥을 소중하게 여겼는지 알 수 있다. 뿐만 아니라 '밥이 보약이다' 라는 생각도 우리에겐 아주 익숙하다.

그렇다면 밥을 짓는 대표적인 곡물, 쌀의 특징은 무엇일까? 우선 쌀처럼 별도 가공을 하지 않은 채로 오랫동안 먹어도 질리지 않는 곡물은 드물다. 서양의 대표적인 작물인 밀을 보자. 일단 밀은 쌀처럼 가공하지 않고는 먹을 수 없다. 밀은 반드시 가루로 만들어 납작한 형태로 구워 먹기도 하고 이스트 같은 팽창제를 넣고 소금이나 버터를 가미해 빵

벼농사의 시작

한반도에서 벼농사는 기원전 10~15세기경 시작된 것으로 보인다. 경기도 여주에서 이 시기에 먹었던 탄화미炭化米가 발견되었기 때문이다. 물론 이때 쌀만 발견된 것은 아니고, 탄화된 조나 겉보리도 발견되었다. 당시 발견된 쌀은 아마도 인도 갠지스 강 하류에서 비롯되어 중국을 거쳐 우리나라로 전해진 것으로 추정된다. 그러니까 우리의 식생활 형태가 주·부식으로 나뉘는 것은 벼농사 시작 이후다. 물론 벼가 들어오기 전에도 이미 다른 곡물들이 들어와 있었다. 기장과 조가 제일 먼저, 그 다음 보리, 벼, 콩 순서로 다양한 곡식이 유입되었다. 특히 콩은 우리의 식생활에서 매우 중요한 역할을 하여 한국음식이 된장, 간장과 같은 장醬문화를 이루는 데 일조한다.

으로 만들어야만 먹을 수 있다.

하지만 쌀은 완전식품에 가깝다. 단맛이 있어 먹기 좋고 소화가 잘될 뿐만 아니라 영양도 좋은 편이다. 지금까지도 많은 사람들이 한국음식이라고 하면 김이 모락모락 나는 하얗고 기름진 쌀밥을 연상한다. 그만큼 쌀밥은 우리 민족과 떨어질 수 없는 운명 같은 존재다. 사실 우리 음식의 건강성은 쌀을 주식으로 하고, 부식으로 약간의 동물성 식품이 가미된 채식 위주의 식단에 있다.

최근 들어 쌀 소비량이 매해 계속 줄어들고 있는데, 이것은 빵과 육류를 기본으로 하는 서구식 식습관이 유입되면서 생겨난 현상이다. 음식문화가 다양해지는 것은 좋지만 문제는 쌀 소비량이 줄어들수록 성인병의 발병률이 늘고 있다는 데에 있다. 쌀 소비량만큼 성인병의 발병률을 예측해 주는 정직한 지표도 없다. 쌀 소비량의 감소는 그만큼 지방 섭취가 증가해 성인병 발병률이 높아진다는 것을 의미하기 때문이다.

쌀은 왜 우수한가?

쌀은 밀보다 우수하다. 우선 쌀에 함유된 영양소들이 질적으로 우수하다. 보통 쌀은 탄수화물만 함유된 식품이라고 알고 있지만 80퍼센트 정도의 탄수화물 외에 7퍼센트 정도의 양질의 단백질이 함유되어 있다. 밀의 단백질 구성비율은 10퍼센트로 쌀보다 더 높다. 그러나 체내 이용률을 표시하는 기준인 '단백가'로 보면 밀가루는 42인 반면 쌀은 70이기 때문에 쌀 영양가가 밀가루보다 더 우수하다. 특히 쌀 단백질에는 필수 아미노산인 '리신'이 밀가루나 옥수수, 조보다 2배나 많다. 그래서 질적인 면에서는 식물성 식품 중 쌀이 가장 우수한 것으로 평가받는다. 쌀은 특히 자라나는 어린이나 청소년에게 좋다. 그밖에도 칼슘이나 철, 인, 칼륨, 나트륨, 마그네슘과 같은 미네랄이 함유되어 있고, 발암물질이나 콜레스테롤과 같은 독소를 몸 밖으로 배출시키는 섬유질이나 비타민 B1 등과 같은 다양한 영양분이 함유되어 있다. 또 쌀은 밀가루에 비해 소화가 잘된다. 탄수화물의 소화 흡수율이 98퍼센트에 달한다고 하니 남녀노소가 부담을 느끼지 않고 다 먹을 수 있는 우수한 식품인 것이다. 그래서 아기들에게도 최초의 이유식으로 쌀로 만든 미음을 준다.

우리 민족의 생명줄, 밥

밥이야 매일 먹는데 특별히 뭐가 중요한지 모르겠다는 것이 보통 한국인들의 반응이다. 흔히들 한국음식을 말할 때 된장과 같은 발효음식과 김치 같은 매운 음식을 얘기하는데, 이는 한국음식의 핵심을 보지 못한 견해다. 한국음식의 최고봉은 그 무엇보다 밥이다. 밥을 먹기 위해 김치나 간장 같은 발효음식을 반찬으로 먹는 것이지, 반찬을 먹으려고 밥을 먹는 게 아니다. 다시 말해 밥 이외의 부식들은 밥이 없으면 아무 의미가 없다.

음식을 중심으로 세계의 민족들을 구분하면 주식으로 '밀가루로 만든 빵을 먹는 민족'과 '쌀로 지은 밥을 먹는 민족' 이렇게 둘로 나눌 수 있다. 빵을 먹는 서구사회는 현재 비만 등의 성인병에 시달리고 있다.

반면 밥을 주식으로 하는 아시아 문화권은 서구에 비해 아직은 성인병에서 자유롭다. 왜일까? 이것은 밥과 빵의 영양학적 차이 때문이다.

보통 밀가루에 함유된 영양분이 쌀에 함유된 영양분보다 떨어진다고 생각하는 경향이 있는데, 꼭 그렇다고는 볼 수 없다. 수치상으로만 보면 밀가루가 더 많은 영양소를 갖고 있지만, 영양소의 질적인 면이나 흡수율의 측면에서 쌀이 더 우수하다.

밀을 주식으로 하는 사람들은 빵을 먹을 때 고기를 같이 먹어 단백질을 보충한다. 그러나 쌀에는 양질의 단백질이 들어 있어 다른 부식이 크게 필요하지 않다. 그래서 밥과 국, 그리고 김치나 반찬 한두 가지 정도로 충분한 식사를 할 수 있다. 이런 이유로 쌀을 주식으로 먹게 되면 영양 과잉 섭취를 막을 수 있는 것이다.

또, 쌀을 주식으로 하면 비만도 방지할 수 있다. 쌀은 밀가루에 비해 지방이 3.5배가량 적기 때문에 비만에 걸릴 염려가 적다. 게다가 밥을 위주로 하는 식습관을 들인 아이들은 상대적으로 군것질을 줄이게 된다. 무엇보다 밥 중심으로 식단을 꾸미면, 채소섭취량이 많아지고 육류 섭취량이 줄어들기 때문에 사전에 비만을 예방할 수 있다.

그렇다고 쌀이 무조건 다 좋은 것은 아니다. 쌀에도 문제점이 있다. 우선 쌀은 빵에 비해 휴대하기가 불편하다. 쌀은 수분을 다량 함유하고 있어 중량이 많이 나가고 여름철에는 부패하기 쉽기 때문이다. 또 밥만 위주로 먹게 되면 비타민 B2이나 일부 아미노산과 같은 영양소들이 결핍될 수도 있다.

밥을 잘 지어 먹는 방법

흔히들 우리 민족은 밥심힘으로 사는 민족이라고 한다. 그래서인지 우리 민족이 밥 짓는 법에 기울인 정성은 놀랄 만하다. 중국 청대의 장

정월대보름에 먹는 오곡밥의 효능

오곡밥은 쌀, 수수, 조, 콩, 팥 이렇게 다섯 가지 곡식을 섞어 지은 밥이다. 오곡밥은 단지 쌀이 부족해서 먹은 것만은 아니다. 음양오행설에 따른 오곡의 조화를 고려해 쌀밥에 모자란 영양을 보충하기 위해 만든 음식이다. 곡류는 도정하지 않고 먹는 것이 좋다. 이것은 비타민 등 중요한 영양소와 섬유소가 도정 시 깎여 나가는 배아에 많이 들어 있기 때문이다. 따라서 이 배아가 떨어져 나간 백미만 먹으면 이러한 영양소들을 섭취할 수 없다. 특히 현대인들에게는 오곡밥이 쌀밥보다 성인병 예방에 탁월하다.

영이라는 사람은 "조선 사람들은 밥 짓기를 잘한다. 밥알에 윤기가 있고, 부드러우며, 향긋하고, 또 솥의 밥이 고루 익어 기름지다. 불은 약한 것이 좋고 물은 적어야 이치에 맞는다. 아무렇게나 밥을 짓는다는 것은 하늘이 내려주신 물건을 낭비하는 것이다"라고 기술하고 있다.

이런 이야기가 있다. 조선시대에 어느 집 밥맛이 유난히 맛있다는 소문이 났다. 하여 다른 집 마님이 그 집의 밥맛의 비밀을 알아내기 위해 몰래 첩자를 보냈다. 그랬더니 밥물이 여느 집과 달랐는데 기이하게도 소고기 육수로 밥을 짓더라는 것이다. 소고기 국물을 동원할 정도로 우리 조상들은 밥 짓는 데 많은 관심을 쏟았다. 그래서인지 밥에 대한 표현도 매우 다양하다. 밥의 다른 이름으로는 수라임금님께 올리는 밥, 진지밥의 높임말, 메제사에 올리는 밥 등이 있다. 이렇게 밥의 종류를 섬세하게 구분해 부르는 것은 그만큼 우리 음식문화에서 밥이 차지하는 비중이 크다는 뜻이다.

밥은 하루 세 끼를 먹기 때문에 매끼 밥상을 달리하여야 한다. 우선 쌀 자체도 벼를 깎은 정도도정도, 搗精度에 따라 등급이 있다. 원곡原穀 그대로 먹는 현미부터 반쯤 찧는 반도미, 7부만 찧는 칠분도미, 그리고 우리가 가장 많이 먹는 다 깎아낸 백미 등이 있다.

이런 쌀에다 다양한 잡곡을 넣어 보리밥, 조밥, 수수밥, 옥수수밥, 콩밥, 팥밥 등과 같은 수없이 다양한 밥을 만든다. 그뿐만이 아니다. 계절에 따라서도 밥 종류가 달라진다. 봄에는 거피팥시루떡에 고물로 쓰는 팥을 섞어 만든 밥을 먹고, 여름에는 햇보리밥, 초가을에는 강낭콩밥이나 청태콩밥, 겨울에는 붉은 팥을 삶아 쌀과 함께 지은 밥이나 검은 콩밥 등을 먹었다.

계절에 따라 나는 채소나 견과류를 섞어서 만든 밥도 있다. 콩나물밥이나 완두콩밥, 무밥, 감자밥, 밤밥, 김치밥, 심지어는 굴밥까지 있다.

풍류를 겸한 구황용 밥과 비빔밥

우리 민족들이 즐겨 먹은 밥 가운데에는 여러 가지 채소를 이용한 밥이 많다. 그중에서도 특히 콩나물밥이 유명하다. 콩나물만이 아니다. 향 좋은 식물들을 넣은 밥이 조선시대 이후의 기록에 등장한다. 그 대표적인 책이 『임원십육지』인데 이 책에는 쌀과 같이 섞어 먹을 수 있는 여러 채소들이 소개된다. 가령 지금은 추어탕에만 넣어 먹는 산초나 줄풀 열매, 국경, 국화, 연뿌리와 연잎 등이 대표적이다. 우리 음식학계의 대가인 이성우 교수는 이를 일러 '풍류를 겸한 구황용 밥'이라고 표현했다. 채소를 넣어 밥 양을 늘려서 허기를 면할 뿐 아니라 은은하고 그윽한 채소의 향을 즐겼다는 것이다.

또 우리에게 사랑받는 밥 가운데 비빔밥이 있다. 비빔밥은 대한항공 기내식으로 개발된 후 '최고의 기내식'으로 선정되었고, 마이클 잭슨이 좋아하는 음식으로 소개되기도 하였다. 최근에는 할리우드의 배우들이 영양소도 많은 데다가 다이어트에도 좋아 즐겨먹는다는 소문까지 들린다. 비빔밥의 또 다른 이름인 골동반骨同飯의 '골동'은 여러 가지 물

헛제삿밥
제수 음식이던 헛제삿밥은 이제
안동 지역의 대표적인 관광음식
이 되었다.

건을 한데 어지럽게 섞는다는 뜻이다. 비빔밥은 잘
지은 밥과 몸에 좋은 온갖 채소, 그리고 소고기를 조
금 넣고 잘 섞은 음식이다. 이때 소스로 쓰는 고추장
은 다양한 맛을 연결시켜 주는 강력한 역할을 한다.

비빔밥은 건강에도 매우 좋다. 가장 건강한 음식
은 채식과 육식이 7:3정도의 비율을 이룬다. 그런데
비빔밥이야말로 이 비율이 가장 잘 지켜지고 있는
한 끼니 음식이다. 더불어 다양한 나물에 함유된 비타민과 무기질 또한
풍부하다.

비빔밥은 1800년대에 말엽의 조리서에야 등장하므로 전통음식이기
보다는 새로이 창조된, 즉 필요에 의해 새롭게 만들어진 음식인 듯하
다. 비빔밥은 사회적 필요와 욕구가 맞아 떨어져 가장 대표적인 우리
음식이 되었고, 나아가 세계적인 음식이 된 것이다.

또 그 모양새 또한 아름다워 나물을 섞기 전의 비빔밥 그릇을 보고 있
노라면 잘 가꾸어진 꽃밭을 보는 듯하다. 노란 콩나물, 하얀 도라지나
물, 나무 색을 닮은 고사리나물, 그리고 조물조물 양념해 잘 볶은 소고
기, 야들야들한 청포묵 등이 어우러지고 거기다 고명으로 색색의 달걀
지단, 완자 등이 곁들여진다. 그래서 비빔밥을 "백화요란百花燎亂하니 화
반花飯이다"라고 표현하기도 한다. 음동물성 식품과 양식물성 식품의 조화와
오방색황, 청, 백, 적, 흑과 오미단맛, 신맛, 짠맛, 쓴맛, 매운맛의 조화를 함께 지닌
음식이니 음양오행의 철학을 구현한 음식이라 해도 과언이 아니다.

이렇게 꽃처럼 아름답고, 완전히 뒤섞여 더 맛있어지는 비빔밥, 각
재료의 특성이 함께 어우러져 절묘한 맛을 내는 비빔밥을 먹고 있노라
면, 비빔밥이 우리 민족과 많이 닮은 음식이라는 생각이 든다. 함께 섞
이고 무리 짓기를 좋아하는 우리 민족의 특성, 즉 '섞임의 미학'을 가

장 잘 나타낸다.

신과 인간이 함께 먹는 헛제삿밥

비빔밥이 비교적 최근에 재창조된 음식이라면, 이것의 원조격인 골동반이 있다. 섣달그믐에 남은 음식들을 다 섞어 함께 나누어 먹는 '섣달 골동반'과 안동 지역에서 발달한 '헛제삿밥'이 대표적이다. 제삿날이면 함께 먹는 이 제사용 비빔밥은 신과 인간이 함께 먹는 신인공식神人共食의 음식이라는 의미가 있다. 이 제사용 비빔밥이 얼마나 맛있었는지 우리 조상들은 제사를 지내지 않는 평상시에도 일부러 제사 때 올리는 음식들을 만들어 비빔밥을 만들어 먹었는데, 이를 헛제삿밥이라 한다. 이렇게 탄생한 헛제삿밥은 이제 안동 지역의 중요한 향토음식이 되었다.

헛제사밥에는 각종 나물에 간간하게 찐 조기, 도미, 상어 고기 등을 곁들여 밥을 비벼 먹었는데, 제수 음식이었으므로 파, 마늘 등 양념이 강한 재료는 쓰지 않았다.

제2의 주식
죽, 국수, 만두

죽은 우리 민족과 운명을 함께해 온 중요한 음식이다. 그간 배고픈 시절 쑤어 먹던 음식으로 천대받던 죽은 최근에 최고의 영양식으로 '화려한 부활'을 하게 된다. 역사적으로 보면 밥보다 죽이 앞선다는 견해도 있다. 농경문화가 싹트면서 인류는 곡물과 토기를 갖게 되었고, 토기에 물과 곡물을 넣어 죽을 끓여 먹기 시작했다는 것이다. 이렇게 따지면 죽은 밥의 형님 격인 셈이다.

과거에도 죽에 관한 기록은 가끔 나오지만 특히 조선시대 백성들은 죽을 즐겼다. 이덕무가 지은 『청장관전서』에 의하면 "서울의 시녀市女들이 죽 파는 소리가 개 부르는 듯하다"는 말이 나온다. 이미 조선시대에 죽은 보편적인 일상식으로 즐겨 사 먹던 음식이었다. 또한 조선시대에는 아침에 밥 대신 죽을 먹었다. 『임원십육지』에도 "매일 아침에 죽 한 사발을 먹으면 위장에 좋다"라는 대목이 나온다.

조선시대 조리서에는 수많은 종류의 죽이 나오는데 크게 흰 죽과 식

흰죽 : 옹근죽, 원미, 무리죽
두태죽 : 콩죽, 녹두죽, 팥죽
장국죽 : 콩나물죽, 아욱죽, 애호박죽,
　　　　　맑은 장국죽
어패류죽 : 홍합죽, 전복죽, 백합죽
비단죽 : 잣죽, 호두죽, 타락죽, 밤죽,
　　　　　행인죽, 흑임자죽
미음 : 쌀미음, 차조미음, 메조미음, 속미음
응이 : 수수응이, 연근응이, 갈분응이, 율무응이
암죽 : 식혜암죽, 쌀암죽, 떡암죽, 밤암죽
즙 : 양즙, 육즙

물성 재료를 이용한 식물성 죽, 그리고 동물성 재료를 이용한 동물성 죽으로 나눌 수 있다. 대표적인 식물성 죽에는 콩을 넣은 두태죽과 이름마저 아름다운 비단죽이 있다. 이 외에도 미음, 응이, 암죽, 즙 등 다양한 이름으로 불리는 죽들이 있었다.

죽은 과거 곡물이 부족하던 시절 밥 대신 먹었는데, 특히 흉년이 들면 갖은 나물을 넣어 쑤어 먹어 구황식의 역할을 하였다. 먹고 나서 뒤돌아서면 바로 허기가 오던 열량 적은 죽은 다이어트가 필요한 현대에 다시 평가받고 있다. 특히 죽에 들어가는 채소나 산채는 약리 효과가 매우 크다. 우선 채소에 포함된 섬유질은 변비 예방에 효과적이고, 또 콜레스테롤을 낮춰 준다. 그 외에 여러 가지 생리활성 물질이 산채나 채소에 들어 있다.

고조리서를 살펴보면 조선시대에 이미 우리 선조들이 야생 채소의 장점을 잘 알고 있었음을 알 수 있다. 『임원십육지』에서도 무죽, 당근죽, 쇠비름죽, 근대죽, 시금치죽, 냉이죽, 아욱죽 등의 약리 효능을 잘

설명하고 있다. 이외에도 흑임자죽, 행인죽살구씨와 멥쌀을 섞어 만든 죽, 잣죽, 호두죽, 참깨죽, 마죽, 복령죽찹쌀가루와 백복령 가루를 섞어 만든 죽, 백합죽, 대추죽, 밤죽, 연밥죽, 방풍죽방풍나물의 어린 싹을 썰어 입쌀과 섞어 만든 죽, 매화죽 등이 조리서에 기록되어 있다.

일반적으로 죽은 열량이 낮다고 하지만 흑임자죽이나 잣죽, 호두죽, 참깨죽은 고열량식이다. 따라서 이러한 죽들은 소화기능이 약하고 고열량이 필요한 이들에게 안성맞춤이다. 첨가하는 재료에 따라 다양한 효과를 내는 변신의 귀재인 것이다.

한편 죽은 풍류의 음식으로도 손꼽힌다. 허균이 쓴 『도문대작』에 등장하는 '방풍죽'에 관한 기록을 보자.

나의 외가인 강릉에는 방풍이 많이 산출되는데, 2월이면 그 고장 사람들이 새벽이슬을 타고 방풍의 새싹을 따서 햇빛을 쪼이지 않는다. 잘 데긴 쌀로 죽을 쑤어 반열이 되면 방풍을 넣고 한소끔 더 끓인다. 차가운 사기그릇에 퍼 담아 따뜻할 때 먹으면 입안에 단맛과 향기가 가득하며 3일이 지나도 없어지지 않는다.

또한 『임원십육지』에는 "떨어진 매화 꽃잎을 깨끗이 씻어서 설수雪水에 삶는다. 흰죽이 익는 것을 기다려 한데 삶는다"라고 소개하는 매죽梅粥이 등장한다. 매화 꽃잎을 다른 물도 아닌 설수에 삶는 요리 과정 자체가 예술적인 행위이며, 풍류의 멋이다.

채소죽뿐만 아니라 동물성 식품을 섞어서 쑤는 죽도 있다. 우리가 잘 아는 전복을 비롯해 붕어, 조기, 굴, 홍합 등의 생선, 소고기나 닭고기 등의 육류를 넣기도 하였다.

타락죽 만들기

1. 찹쌀을 충분히 불린 후 건져서 말린다.
2. 곱게 간 찹쌀가루를 솥에 볶는다. 이때 한지를 깔고 약한 불에 볶아 색을 고르게 낸다.
3. 물을 넣고 끓이면서 우유를 푼다.
4. 물 양의 4~6배 정도 우유를 넣고 죽을 끓인다.
5. 죽이 완성될 쯤 불을 끄고 잠깐 뜸을 들인 뒤 소금과 설탕을 넣어 간을 한다.

미음, 응이, 암죽, 즙

미음, 응이, 의이, 그리고 원미 등은 약간씩 다르게 표현되지만 모두 곡물로 만든 죽들이다. 미음은 쌀을 푹 고아서 체에 거른 것이다. 걸렀기 때문에 음료에 가까워 소화가 어려운 환자를 위한 음식으로 쓰인다.

의이와 응이는 원래 율무를 재료로 썼으나 조선시대에는 어떠한 곡물이든지 갈아서 나온 앙금으로 쑨 죽이라면 모두 의이와 응이라 일컬었다. 원미란 곡물을 맷돌에 굵게 갈아 쑨 죽을 말한다. 여기에 다양한 재료를 첨가하였는데, 소주와 흰 꿀을 타서 쓰면 소주원미라고 불렀고, 소고기, 표고버섯, 석이, 느타리버섯, 파를 채썰어 끓인 죽은 장탕원미라고 불렀다. 이외에 암죽이 있는데, 이는 곡식이나 쌀 등의 가루를 밥물에 타서 끓인 것으로 어린아이, 노인, 환자들에게 먹였다. 특히 암죽은 이유식으로 손색이 없다. 알레르기가 없고 소화가 잘되어, 부족한 젖이나 우유를 대신한 훌륭한 음식이다.

궁중이나 상류층에서는 우유로 만든 타락죽이라는 죽을 먹었다. 타락죽은 우유의 한 종류인 타락으로 만든 귀한 보양식이었고, 때로 임금은 타락죽을 기로소_{조선시대, 일흔이 넘은 정이품 이상의 문관들을 예우하기 위하여 설치한 기구}의 노인들에게 하사하기도 했다.

즙은 묽은 죽과는 또 다른 것으로 소의 양이나 고기를 잘게 다져 중탕해서 짜낸 것이다. 양즙과 육즙이 있는데, 보양이 필요한 환자들의 열량 보충에 좋다. 병으로 쇠약해져서 단백질이 필요한 사람들이 먹던 대표적인 보양식이었다.

골라먹는 재미, 국수

국수는 세계 어디에서나 많은 사람들이 즐기는 음식이다. 이탈리아의 스파게티에서부터 한국에서도 인기를 끌고 있는 베트남의 쌀국수, 중국의 자장면, 일본의 우동과 소바까지 다양한 국수를 세계인들이 즐기고 있다.

우리 민족도 다양한 국수를 만들어 먹었다. 한국인에게 국수는 잔치음식이면서 평상시에 즐기는 음식이기도 하다. 궁중에서는 점심을 낮것상이라고 하여 면상을 차렸고, 백성들도 점심으로 국수를 즐겨 먹었다. 우리 민족이 즐겨 먹는 국수는 장국수일명 잔치국수를 비롯해 칼국수, 그리고 냉면, 막국수, 비빔국수까지 매우 다양하다.

유럽에서는 국수의 기원을 이탈리아의 스파게티에 두고 있지만, 국수를 처음으로 만든 민족은 중국으로도 알려져 있어 앞으로 논의가 더 되어야 한다. 우리나라에서는 지금도 국수를 '면'이라고 부르는데, 원래 '면'은 중국에서 밀가루를 칭하는 말이었지 국수는 아니었다. 중국을 통해 우리나라에 들어온 밀가루는 '진말眞末'이라고 하였는데 당시 아주 값이 비쌌다. 통일신라시대에는 면이라는 말이 나오지 않다가 고려시대에 오면 면식麵食이라는 말이 등장한다.

특이한 것은 중국에서는 국수 재료로 밀가루만을 썼지만, 우리나라에서는 주로 메밀가루로 면을 만들었다는 점이다. 과거 메밀을 주로 생산했기 때문일 것이다. 특히 냉면은 밀가루 대신에 메밀가루와 녹말가루를 사용하여 만들어 낸 독특한 우리만의 국수이다.

정리해 보면 우리나라는 밀가루, 메밀가루, 그리고 녹말가루라는 세 종류의 재료로 다양한 국수를 만들어 낸 것이다. 그렇다면 이 세 가지 재료로 만든 국수들은 어떤 차이가 있을까? 밀가루가 최상의 국수 재료로 쓰인 것은 밀가루에 함유된 단백질 성분인 글루텐이 밀가루 반죽 시에, 점성과 탄력성을 주어 면이 가늘고 길게 뽑히기 때문이다. 하지만 메밀가루는 국수발이 끊어져서 국수 모양으로 만들기 힘들다. 이러한 어려움을 해결하기 위해 메밀가루에 녹말가루를 첨가하여 만들기도 하고 또 끓는 물에 넣어 끓이는 과정을 거친다. 그래서 나온 것이 '압착면'이라는 것이다. 이는 메밀가루로 국수반죽을 만든 다음 작은 구멍으로 밀어내어 끓는 물에 넣고 익힌 뒤 찬물에 헹구어 내 만든 면발이다. 바로 이것이 우리가 좋아하는 냉면 사리의 탄생이다. 냉면은 대개 메밀가루와 녹말가루를 섞어서 재료로 썼다. 메밀가루가 많으면 질기지 않고 잘 끊어지는 평양식냉면이 되고, 녹말가루로 만들면 질기고 쫀득쫀득한 함흥식냉면이 된다.

하지만 국수는 면발의 종류뿐 아니라 육수에 따라서도 그 맛이 다양하다. 보통 우리가 부르는 '냉면육수'에 들어가는 고기국물로 만든 '육수'는 국수 국물의 일부였고, 동치미국이나 나박김치 같은 김치 국물도 재료로 많이 쓰였다. 또 꿩탕국물을 육수로 쓰기도 하였다.

무시무시한 칼국수, 축제 음식 장국수

『음식디미방』에는 칼국수로 추정되는 절면切麵이라는 음식이 나온다. 주 재료는 메밀가루이고 연결제로 밀가루를 쓰고 있다. 칼국수는 반죽한 메밀가루를 목판에 놓고 얇게 밀어서 써는데, 아마 칼로 실처럼 썰어서 칼국수라는 이름이 붙여진 듯하다. 일본의 『본조식감本朝食鑑』이

천년 한식 견문록

장국수 만드는 법

1. 양지머리를 덩어리째 파, 마늘, 통후추를 넣고 무르게 삶는다.
2. 고기는 편육으로 쓰고 육수는 걸러서 소금과 국간장으로 간을 맞춘다.
3. 달걀은 황백으로 나누어 얇게 지단을 부쳐 가늘게 채 썬다.
4. 호박은 돌려깎기를 하여 씨를 빼고 채를 썬 다음 소금에 절였다가 꼭 짜서 살짝 볶는다.
5. 석이버섯은 더운 물에 담가서 잘 비빈 다음 뒷면의 이끼를 없애고 깨끗이 씻은 뒤 가늘게 썰어 살짝 볶거나 끓는 물에 데친다.
6. 냄비에 넉넉히 물을 담아 펄펄 끓을 때 국수를 헤쳐 넣어 속까지 무르게 삶는다. 찬물에 건져 1인분씩 사리를 만들어 채반에 건져 놓는다.
7. 국수사리를 뜨거운 육수에 한 번 담가 '토렴' 한 뒤 대접에 담고 위에 오색 고명을 고루 얹는다.
8. 육수를 대접 옆으로 살며시 부어 상에 낸다.

라는 책에도 "메밀가루를 반죽하여 면봉으로 밀가루를 뿌려가면서 얇게 밀고 이것을 3~4겹으로 접어서 끝에서 잘게 썰어 나간다"는 대목이 있는데 우리의 칼국수 만드는 법과 매우 비슷하다.

그런데 조선시대의 국수는 삶아 낸 후 반드시 냉수에 담갔다고 기록돼 있다. 국수는 물에 삶아 내면 표면의 전분이 호화_{녹말에 물을 넣어 가열할 때에 부피가 늘어나고 점성이 생겨서 풀처럼 끈적끈적하게 되는 현상}되어 점탄력이 늘 뿐 아니라 국물이 흐려진다. 또 삶아 낸 후에도 열이 남아 있으면 속까지 호화가 진행되어 물을 빨아들이니 끈기가 약해져 퍼져 버린다. 하지만 냉수로 씻으면 전분에 의해 생긴 끈끈한 부분을 제거하고, 호화의 진행을 막아 면발이 쫄깃하다. 이미 조선시대에 전분의 호화 등에 관한 조리과학적 지식을 실전을 통해 알고 있었던 것이다.

한편 우리가 일반적인 국수라고 알고 있는 것은 장국수, 잔치국수 혹은 온면이라 부르는 국수이다. 결혼식 같은 잔치 때면 의례 이 장국수가 나오니 축제 음식이라 할 만하다.

이제 비빔국수를 맛볼 차례다. 보통 비빔국수라 하면 초고추장에 버무린 맵고 신맛 나는 새빨간 국수를 떠올릴 것이다. 그런데 원래 비빔국수는 그렇지 않았다. 『동국세시기東國歲時記』에는 메밀국수에 잡채, 배, 밤, 소고기, 돼지고기, 참기름, 간납소 간이나 처녑, 생선살 등으로 만든 제사에 쓰이는 저냐들을 섞은 것을 '골동면'이라고 적고 있는데 이것이 당시 비빔국수였다.

그 후 조선말기 『시의전서』라는 요리서에 '비빔국수'라는 명칭이 등장하는데, "황육을 다져 재어서 볶고 숙주와 미나리를 삶아 묵을 무쳐 양념을 갖추어 넣은 다음, 국수를 비벼 그릇에 담는다. 그리고 위에는 고기 볶은 것과 고춧가루, 깨소금을 뿌리고 상에는 장국을 함께 놓는다"라고 묘사하고 있다. 이 또한 현재 우리가 먹는 비빔국수와는 형태가 많이 달랐다.

비빔밥이 전 세계인들에게 사랑받는 음식이 되었듯이 비빔국수도 좀더 세련되게 개발하면 비빔밥 못지않은 세계적인 음식으로 거듭날 수 있을 것이다.

중국의 만두 vs. 우리의 편수

만두가 지금은 전 국민이 즐기는 음식이지만, 아주 최근까지도 중부 이북지방에서만 먹었고, 남쪽지방에서는 거의 먹지 않았다. 원래 만두는 중국의 제갈공명이 전쟁에 이기고 돌아오는 길에 강의 풍랑이 심하여 건널 수가 없자 수신水神을 위로하기 위해 주위에서 그 지역의 풍습대로 사람 머리를 제단에 바칠 것을 권하자, 꾀를 내어 양과 돼지의 고기를 밀가루 반죽에 싸서 인두人頭처럼 만들어 바친 데에서 유래했다고 한다. 하지만 현재 세계 각국에서 먹는 음식으로 다양한 형태의 만두가

수교의와 어만두
수교의는 찐만두와 비슷하고 어
만두는 만두피로 밀가루 대신 생
선살을 쓴다.

존재해 그 정확한 기원을 알기 어렵다. 세계인들이 좋아하는 대표적인 중국음식도 만두의 일종인 딤섬이지만 원래는 차와 함께 즐기는 차과자였다고 한다.

우리나라 문헌에는 「쌍화점」이라는 고려가요에 만두가 처음 등장한다. 그 후 조선시대 조리책에 나오는 만두 종류만도 80여 종에 이르니 얼마나 다양한 만두를 즐겼는지 알 수 있다.

쌍화점雙花店에 쌍화 사러 가고 신딘 회회回回 아비 내 손 모글 주여이다.

이는 '만두가게에 만두를 사러 갔더니 만두 파는 회회아비가 내 손을 잡았다' 는 뜻인데, 고려시대에는 만두를 '쌍화' 로, 조선시대에는 '상화霜花. 床花' 로 불렀다. 그러다 조선후기의 조리서에 비로소 만두라는 이름으로 등장한다.

다음은 『음식디미방』에 나오는 만두 만드는 방법이다.

메밀가루를 눅직하게 반죽하여 새알만큼씩 떼어 빚는다. 만두소 장만은 무우를 아주 무르게 삶아 덩어리 없이 으깨고 꿩의 연한 살을 다져 간장 기름에 볶아 백자, 후추, 천초가루로 양념하여 볶는다. 삶을 때 새옹에도 착착 넣어 한 사람씩 먹을 만큼 삶아 초간장에 생강즙을 하여 먹도록 한다.

보통 만두소로는 꿩고기가 일반적인 재료였지만, 생복, 꿩, 닭, 생합 등 고급스러운 재료들을 이용하기도 한다. 특히, 조선시대 인조는 전복을 넣은 만두를 좋아해서 인조의 생일에 왕자는 비와 함께 동궁에서 친

> ## 궁중 상차림에 올랐던 만두들
>
> 1719년 : 만두, 골만두, 어만두, 동아만두
> 1795년 : 천엽만두, 생복만두, 수어만두, 진계만두, 황육만두, 양만두
> 1827년 : 생치만두, 생합만두, 육만두

히 만두를 만들어 새벽부터 문안하고 올렸다는 기록이 있다.

만두는 속 맛도 중요하지만 만두피 또한 중요한데, 밀가루뿐만 아니라 메밀가루를 쓰기도 했고 이 외에 다양한 재료를 사용하였다. 어만두는 생선살을 얇게 포로 떠서 만두피로 사용한 만두이고, 동아만두는 동아라는 큰 오이 같은 채소를 만두피로 사용한 것이다. 속이 비칠 듯 말 듯한 얇은 동아피로 빚은 동아만두는 동아의 아삭아삭한 맛 때문에 그 맛이 일품이다.

그 외에 만두의 일종으로 볼 수 있는 것에 수교의, 변씨만두, 편수 등이 있다. 수교의는 쪄서 먹기도『열양세시기』에 나오는 기록 하고, 혹은 기름에 묻혀 초간장에 곁들여 먹는다『음식디미방』에 나오는 기록고 하는데 아마지금의 찐만두나 튀긴 만두의 일종이라고 추측할 수 있겠다.

변씨만두는『동국세시기』에 변씨가 처음 만든 '메밀가루로 만든 삼각형 모양의 만두' 라고 적고 있는데 병시餅匙, 즉 '수저로 떠먹는 병' 이라는 뜻이다.

변씨만두는 최근에 '편수' 라고 불리게 된다. 이 편수라는 만두는 가장 아름다운 우리식 만두다. 밀가루로 만든 만두피에 속 재료로 주로 오이와 고기를 사용하는데, 빚는 모양이 매우 특이해 보통 정성이 들어가는 게 아니다. 만들어 놓으면 밑바닥은 사각형 모양이지만 위로는 삼각뿔 모양이다. 어찌 보면 피라미드처럼 생기기도 했는데 개성 지방에

서 여름철에 많이 만들어 먹었다. 만두를 빚을 때에도 양 귀를 꽉 박지 않고 잣을 한 알씩을 박아서 삶을 때 물이 잘 드나들어 속까지 잘 익도록 했으니 대단히 섬세한 손길이 필요하다. 중국의 딤섬 요리집에 가면 그 다양하고 현란한 만두 종류에 주눅 들기도 하지만, 마음속으로 우리 편수를 떠올리면 금세 어깨가 펴지고 환한 미소가 얼굴에 번진다.

국물민족의 대표음식
국, 탕, 찌개, 전골

우리 민족은 국을 좋아한다. 한국음식 하면 가장 먼저 떠오르는 것도 밥과 국이다. 여기에 김치만 있으면 한 끼 식사로 충분하다. 오죽하면 국물 민족이라는 말까지 있을까. 국은 그 이름도 다양해서 '갱羹', '확臛', '탕湯'으로 나누어 불렀는데, 최근에는 갱과 확보다는 설렁탕, 곰탕 등 탕 음식을 많이 먹는다.

우리 음식 중에서 국처럼 다양한 음식도 없다. 국은 재료에 따라 고기와 생선을 사용하는 동물성 국과 온갖 종류의 채소를 이용하는 식물성 국으로 나뉜다. 또 맑은 국물을 이용하는 생선탕이나 신선로 같은 장국류가 있는가 하면 곰탕과 설렁탕 같은 흐린 국물류도 있고 채소에다가 된장과 고추장을 넣어 끓인 시금칫국, 냉잇국 등의 토장국까지 셀 수 없이 종류가 다양하다. 서양의 탕, 일본의 다시, 중국의 탕에 비교해 볼 때 우리 민족만큼 다양한 국물 맛을 즐긴 민족이 또 있을까?

요즘은 찌개를 즐겨 먹지만 찌개에 관한 기록은 조선시대 조리서에

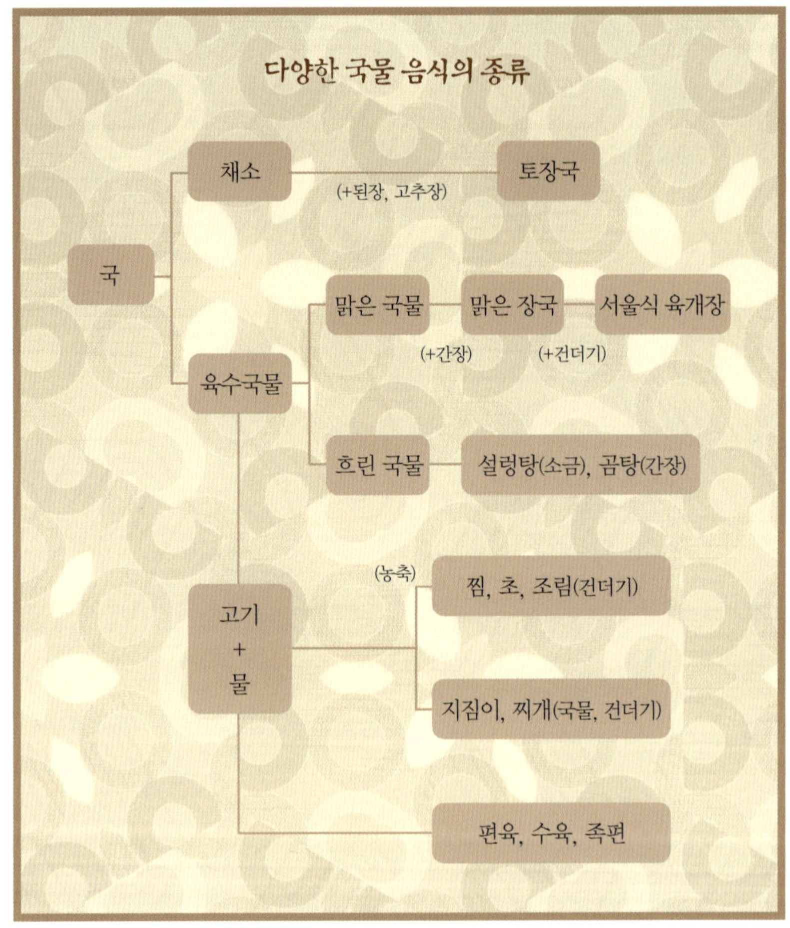

는 보이지 않다가 1800년대 후반 『시의전서』란 책에 조치라는 이름으로 등장한다. 조치는 주로 궁중에서 찌개를 일컫는 이름인데 반찬을 이르기도 한다. 그러니까 조치란 찌개와 그 외의 찜, 초, 조림 등을 다 포함하는 음식이라고 볼 수 있다. 또 조미료에 따라 간장을 넣는 것을 맑은 조치, 고추장이나 된장에 쌀뜨물로 하는 것을 토장 조치라 하고 젓국 조치도 맑은 조치라 한다. 궁중이나 상류층의 조치는 맑은 조치이나 서민들이 주로 먹던 것은 토장찌개 즉 된장찌개다.

그리고 호박지짐이, 무지짐이, 암치지짐이가 있다. 최근에 지짐이는 전유어처럼 기름을 두르고 지진 요리를 말하지만 원래 지짐이는 찌개류를 일컫는 말이었다. 『조선요리법』에서는 지짐이를 토장국류에 포함시키고 있으며, 궁중에서는 지짐이를 '감정'이라고 불렀다.

찌개와 전골은 구분하기가 쉽지 않다. 찌개는 탕보다 국물이 적어 건더기와 국물이 반반 정도로 뚝배기에 끓인다. 전골은 여러 가지 재료를 전골 냄비에 색을 맞추어 담고 육수를 넣어서 끓여 먹는 즉석 냄비요리를 말하는데, 이것을 보다 호화롭게 만든 것을 신선로라 하였다. 찌개는 미리 준비하여 밥상에 내 놓는데 비해 전골은 즉석에서 끓여 먹는 것이 가장 큰 차이이다.

한민족의 깊은 맛, 설렁탕

가장 대표적인 국류에 설렁탕이 있다. 설렁탕은 아주 간단한 것 같지만 깊이가 있다. 설렁탕은 고기를 하루 이상 고아 만들어야 하는데, 먹는 풍경도 독특하다. 그냥 밥을 말아서 후딱 해치우니 말이다.

설렁탕은 소를 큰 솥에 통째로 넣고 하루 종일 푹 끓여서 최상의 맛과 영양을 낸 음식이다. 섬세한 조리과정 없이도 음식 맛을 제대로 살릴 수 있다는 것이 놀랍다. 설렁탕 국물 맛의 특징은 단맛, 짠맛, 신맛, 쓴맛, 매운맛 가운데 어떤 맛도 도드라지지 않지만 국물이 입안에 들어오는 순간 느껴지는 깊은 맛이다. 바로 이 맛이 설렁탕 맛의 진수이자 수천 년을 이어 내려 온 민족의 깊은 맛이다. 물론 그 영양 또한 빼 놓을 수 없다.

속 풀고 마음도 푸는 해장국의 지혜

우리 민족처럼 술을 즐긴 민족이 또 있을까? 술을 먹고 난 다음 날은 간밤의 숙취로 시달리게 되는데 이러한 문제를 음식으로 풀었으니 이때 찾는 것이 해장국이다. 대표적인 해장국인 콩나물국밥, 재첩국, 선지해장국 등은 술로 쓰린 속을 뜨거운 국물로 풀어 준다.

해장국은 우리 민족에게 추억 어린 음식이기도 하다. 뚝배기에 담겨야 제 맛이 나고 이왕이면 귀가 살짝 떨어진 질그릇이 더 어울린다. 특히 뜨거운 김이 올라와야 제 맛이 나고 새벽 공기를 마시면서 먹으면 더 맛있고, 잘 익은 깍두기가 있다면 금상첨화다. 혼자 먹어도 눈치 주는 사람은 없지만, 여럿이 함께 먹으면 더 맛있다. 또 술 마실 때 안주로도 먹을 수 있지만, 다음날 속 풀이 한다고 다시 찾는 음식이 바로 해장국이다.

해장국은 또 한국 외식 문화의 첫걸음이 된 음식이다. 외식이라는 개념이 따로 없던 고려시대와 조선시대에는 주로 술을 만들어 병에 담아 파는 병술집이 있었는데, 그곳이 식사 겸 안주가 되는 해장국을 끓여 파는 주막으로 변모하면서 우리나라 음식점의 효시가 된 것이다.

사실 해장국은 한 가지 이름으로 불리지만 재료에 따라 그 종류가 다양하다. 청진동 해장국 골목에는 선짓국, 양반마을인 전주에는 콩나물국, 피난민이 많이 살던 부산에는 돼지국밥, 화개장터로 유명한 섬진강변에는 재첩국, 충청도 내륙지방에는 올갱이국, 추운 강원도 산간지방에서는 북어대가리를 두드려 끓인 북어국이 있다. 지방마다 지역특산물을 이용해 독특한 해장국 문화를 만들어 온 것이다. 이 가운데는 영양적으로 부족함이 없어 완전식품에 가까운 것도 있고, 체내 특정 부위의 생리활성을 돕는 기능성 식품도 있다. 특히 요즘 젊은 여성들이 좋아하는 다이어트식품도 있다. 해장국 한 그릇에 담은 우리 조상들의 지혜가 돋보이는 부분이기도 하다.

해장국을 끓여 먹기 시작한 우리 조상들은 최첨단 장비를 갖추고 사는 현대인보다 슬기로웠던 모양이다. 선짓국에 들어간 우거지에 장운동을 활발하게 하는 섬유소가 풍부하고, 콩나물국밥에 들어간 콩나물의 숙취 해소 능력이 뛰어나다. 알코올을 분해하는 콩나물 뿌리에 함유된 아스파라긴산의 효험을 우리 선조들은 이미 알고 있던 셈이다. 게다가 재첩국, 돼지국밥, 올갱이국에 들어간 부추는 채소 중에서 간 기능 보호에 가장 좋은 것이다. 재첩과 다슬기 역시 간 기능에 뛰어난 재료인데, 특히 재첩은 민간에서 즙을 내 황달 치료에 쓸 정도로 몸을 보호하는 기능이 뛰어나다. 북어국에 들어가는 북어도 아미노산 성분인 메티오닌이 풍부해 주독에 지친 간을 달래 주는 데 좋다.

북쪽 지방에서 많이 먹는 순대국밥에도 나름의 과학이 숨어 있다. 순대국은 철분과 칼슘과 같은 무기질뿐 아니라 탄수화물, 지방, 단백질도 넉넉한 음식이다. 북쪽 지방은 추운 곳인 만큼 추위를 견딜 수 있도록 해장국도 열량이 높은 것으로 만들어 먹어 온 것이다. 두루 살펴보니 술로 생긴 문제를 오래전부터 음식으로 풀어 왔다. 불현듯 해장국이 단순히 허기를 달래거나 숙취를 해소하는 음식이 아니라, 음주가무의 민족답게 새로이 개발한 '지혜의 음식'이란 생각이 든다.

약이 되는 국, 애탕

단군신화에도 등장하는 쑥의 강한 맛과 향기를 부드럽게 순화시킨 음식이 있으니 이름하여 애탕(쑥국)이다. 애탕국은 부드럽게 다져 양념한 소고기에 쑥을 잘 섞어 먹기 좋은 크기로 완자를 빚어 끓인 국이다. 은은하고 향긋한 향을 풍기는 애탕국 한 그릇을 대하고 있자면 마음까지 부드러워진다. 쑥만 넣어 끓인 국의 장점이자 단점이 강렬한 쑥 향이라면, 애탕은 이 향을 그다지 좋아하지 않는 사람이라도 가볍게 즐길 수 있다. 향긋한 쑥 한 그릇의 향을 천천히 음미하면서 즐긴다면 아로 마테라피가 따로 없다.

누구나 즐기는 한국인의 음식, 찌개

지위고하와 빈부격차를 뛰어넘어 한국인이라면 누구나 즐겨 먹는 음식인 된장찌개의 등장은 그닥 오래된 것은 아니다. 『시의전서』에도 골조치, 처녑조치, 생선조치 등의 조치가 소개되지만 된장조치 혹은 된장찌개란 명칭은 없었다.

생선조치 혹은 생선찌개는 최근에는 생선매운탕이라는 이름으로 더 많이 불린다. 생선매운탕은 요즘 일식집에서 흔히 맛볼 수 있지만, 예전에 서울 인근에서는 여름철이면 맑은 민어찌개를 즐겨 먹었다.

뚝배기에 보글보글 끓이는 된장찌개는 건강에 좋은 음식인데도 홀대받아 왔다. 먹을거리가 많지 않던 시절, 채소만 넣어 맑은 국을 끓이면 전혀 단백질을 공급받을 길이 없다. 그런데 여기다 콩 단백질이 풍부한 된장을 수용성 비타민이 풍부한 쌀뜨물에 풀어 함께 끓이면 더할 나위 없이 영양가 있는 국이 된다. 이렇게 탄생한 훌륭한 발명품이 토장국인데 이것이 발달하여 된장찌개가 된다. 된장찌개는 토장국에 좀 더 국물을 적게 잡아 끓인 것이다.

신선이 남기고 간 음식, 신선로

우리 음식을 대표하는 요리 중 하나가 신선로神仙爐다. 신선로의 유래는 여러 가지 있지만 홍선표가 쓴 『조선요리학』에 이런 대목이 있으니 주목할 만하다.

연산군 시대에 정희량이라는 사람은 한림 호당을 지내고 자를 숙부, 호를 허암이라고 했고, 시문에 능하고 음양학에 밝아 스스로의 운명과 수명을 점쳐서 알고 일찍이 출세할 뜻이 있더니 무오사화로 의주로 귀양 갔다가 몇 년 후 돌아와서는 이번 사화보다 더 심한 사화가 있을 것이니 깊은 산중에 들어가서 중이 되겠다면서 집을 나가 산수 간에 방랑하면서 이름을 이천년 李千年이라고 하였다. 그는 선인의 생활을 했는데 수화기제 水火旣濟의 이치로서 화로를 만들어 이것 하나만 가지고 다니면서 거기에다 여러 가지 채소를 한데 익혀 먹었다는 것이다. 후에 그가 신선이 되어 간 후에 세상 사람들이 그 화로를 신선로라 부르게 되었다.

신선로
온갖 귀한 재료가 다 들어가는
신선로는 이런 재료들이 뒤섞여
오묘한 맛을 낸다.

화로 하나 들고 걸인처럼 다니면서 여러 가지 채소를 한데 섞어 익혀 먹던 음식에서 유래한 신선로. 사실 신선로는 온갖 귀한 재료가 다 들어가 오묘한 국물 맛을 내는 최고의 음식이자, 음식 사치의 전형을 보여 주는 음식이다. 그래서 궁중에서는 신선로를 열구자탕 悅口資湯, 입을 즐겁게 하는 음식이라 부르기도 했다.

기생과 음악을 능가하는 풍류음식, 승기악탕

승기악탕 勝妓樂湯이라는 음식은 한자 뜻 그대로 풀이하면 '기생과 음악을 능가하는 탕'이라는 뜻이다. 사실 현재로서는 승기악탕이 어떠한 요리인지를 알기 어렵다. 다만 문헌을 통해서만 추측할 수 있는데 먼저, 조선후기의 잘 알려진 조리서인 『규합총서』에 소개된 승기악탕을 살펴보자.

살찐 묵은 닭의 두 발을 잘라 버리고 내장을 꺼내 버린 다음 그 속에 술 한 잔, 기름 한 잔, 좋은 초 한 잔을 쳐서 대 꼬챙이에 꿰어 박 오가리, 표고버섯과 파, 돼지 기름기를 썰어 많이 넣고 수란을 까 국을 만든다.

그런데 조선시대의 『진찬의궤』에 나오는 승기악탕의 재료를 보면 또 다르다. 숭어가 기본적으로 들어가고 거기에 또 소고기가 주 재료로 들 어간다.

숭어, 물오리, 쇠안심고기와 머리뼈, 곤자손이, 전복, 해삼, 소의 양, 목이, 황화채, 녹두기름, 참기름, 표고, 밀가루, 달걀, 생파, 미나리, 무, 잣, 밤, 호 도, 은행, 왜倭토장, 생강, 계피가루, 생강가루, 호초가루, 고춧가루 등

이학규가 조선 순조 때 김해지방의 풍속을 쓴 『금관죽지사 金官竹枝詞』 에는 '신선로로 끓여 먹던 승가기勝歌妓라는 고깃국이 있는데 이는 본디 일본에서 전래된 것'이라고 하고 있다. 그러나 반대 의견도 만만치 않 다. 최명년이 지은 『해동죽지 海東竹枝』에도 승가기가 나오는데, 최명년 은 '승가기가 본디 해주부내의 명물로서 마치 서울의 도미국수와 같이 맛이 절묘하다'고 하였다. 그리고 홍선표의 『조선요리학』에는 '성종 때 허종이 의주에 가서 오랑캐의 침입을 막으니 그 주민들이 감읍하여 도 미에 갖은 고명을 다하여 정성껏 만들어 바쳤는데, 허종은 이 미지의 음식에 승기악탕勝妓樂湯이라고 명명하였다'는 기록이 있다.

이렇게 승기악탕이라는 음식을 두고 수많은 설전이 오고 간 것을 보 고 있노라면 유래의 시시비비를 떠나, 되려 나는 조상들이 우리 음식에 기울인 정성에 감동받는다. 요즘 승기악탕은 잊혀져 가는 음식이지만 여러 기록을 통해 우리 선조들이 음식의 유래와 의미를 밝히는 데 얼마 나 많은 노력을 쏟았는지 알 수 있다.

최고의 건강 요리
나물

　우리는 음식에 관한 한 축복받은 민족이다. 세계에서 가장 건강한 식단인 채식 위주의 음식을 자랑하는 한국음식 중에서도 가장 대표적인 것이 바로 나물이다.

　나물은 크게 생채와 숙채로 나누어진다. 생채는 생으로 무쳐 먹지만 숙채는 나물을 만들 때 먼저 삶는 과정을 거친다. 삶기 전에는 양이 많지만 일단 삶고 나면 수분이 빠지기 때문에 양이 확 줄어들어, 부담 없이 많이 먹을 수 있다. 서양의 기름진 드레싱을 얹은 샐러드와는 차원이 다르다. 또 나물을 무치는 데 들어가는 재료를 살펴보면 대부분이 생리활성 효과가 뛰어난 재료들이다. 소위 우리가 양념이라고 하는 것들인데, 이것은 藥陰이라는 어원에서도 알 수 있듯 약의 역할을 한다.

　그렇다면 우리 민족은 어떤 채소를 나물로 먹어 왔을까? 조선시대 조리서에는 오이, 아욱, 가지, 토란, 고구마 잎, 상추, 두릅, 부추, 송이, 구기, 원추리, 죽순, 국화 싹, 참 버섯 등이 기록돼 있는데 이들을 통틀어 소채疏菜라고 부르고 있다. 채소, 소채와 비슷한 의미로 '남새' 와 '푸새' 라는 말이 있다. 남새는 재배한 채소를 가리키는데, 오이, 아욱, 가지, 토란, 고구마 잎, 상치, 부추, 호박, 가지, 풋고추, 박나물, 고춧잎 등을 들 수 있다. 푸새는 산과 들에 자란 풀을 통칭하며 산채와 들나물로 나뉜다. 대표적인 산채로는 도라지, 고사리, 두릅, 고비, 버섯 등이, 들나물로는 고들빼기, 씀바귀, 냉이, 소루장이, 물쑥, 달래 등이 있다. 요새는 산나물이나 들나물 중에서도 주부들이 많이 찾는 것은 비닐하우스에서 온상재배를 하여 사시사철 먹을 수 있다.

우리 민족이 즐겼던 가장 일반적인 나물 요리는 나물을 살짝 삶거나 볶아 참기름, 초, 장 같은 갖은 양념에 무쳐서 바로 먹는 숙채나물이었다. 온갖 채소가 숙채의 재료가 될 수 있지만 특히 봄이면 두릅나물을 최고로 친다. 두릅은 두릅나무의 새순으로 팔팔 끓는 물에 데쳐 초고추장에 무쳐 먹는 이른 봄 나물로 향기로운 봄을 맞이하는 상징적인 음식이었다. 또한 끓는 물에 삶아 아린 맛을 제거하는 숙채 조리법에는 과학적 사고가 깃들어 있다. 무엇보다 손으로 조물조물 무치는 이 맛이야말로 어머니의 손맛이다.

생채는 제철채소를 소금에 약간 절이거나 아니면 그냥 날것을 썰어서 초장, 초고추장, 겨자 등에 무쳐서 먹었고 주로 도라지생채, 외생채, 무생채 등을 즐겼다. 하지만 생채는 쓴맛, 떫은맛 등 아린 맛이 강해 숙채보다는 인기가 없었던 듯하지만 최근에는 건강식으로 주목받기도 한다.

이 외에도 나물로 구이나 전, 볶음, 그리고 찜까지 만들었다. 과거에는 나물이 허기와 기근을 해결하기 위한 일종의 구황식이었지만 현대에는 성인병과 비만을 해결하는 가장 효과적인 음식으로 꼽힌다. 또한 나물은 풍부한 섬유소 덕분에 최근 증가하는 남성들의 대장암 예방에도 그 효능이 뛰어나다.

고문헌에 기록된 다양한 채소들

최근 마트와 식당에서 새싹 채소가 입맛을 사로잡고 있다. 현대적인 음식으로 여겨지는 새싹 채소가 『음식디미방』에서 설명되고 있다. 안동 장씨는 이 책에서 '마구간 앞에 움을 파고 거름과 흙을 깔고 신감채辛甘菜, 산갓山芥, 파, 마늘을 심고 그 움 위에 거름을 퍼부으면 움 안에 생긴 열로 땅속의 나물 싹이 자라는데, 이것을 겨울에 썼다'고 기록하고 있다. 그러니까 새싹 채소는 겨울에 봄나물 맛을 느끼기 위해 특별히 재배한 나물이라는 것이다.

궁중에서도 이러한 새싹 채소를 가장 맛있는 음식으로 여겨 진상하기까지 하였다. 『동국세시기』의 입춘련에 적힌 내용이다.

경기도의 산골 지방에서 움파, 신감채, 산갓을 궁중에 진상하였다고 하니 봄의 맛을 알았다고 할까. 산갓은 이른 봄눈이 녹을 때 산속에 자라는 갓나물이다. 더운 물에 데쳐서 초장에 무쳐 먹으면 맛이 매우 맵고 고기와 함께 먹으면 뒷맛이 좋다고 하였다. 신감채는 움에서 기르는 당귀의 싹이다. 깨끗하기가 은비녀 다리 같다. 꿀을 묻혀 먹으면 맛이 매우 좋다고 하였다. 그리고 입춘에 무나 미나리 새순으로 반찬을 만들어 손님 대접을 하였다.

이렇듯 재배한 채소를 비롯해 산채, 들채를 가리지 않고 요리해 먹은 민족이 이 세상에 또 있을까? 사실 채소를 즐겨먹는 민족은 이 세계에 많다.

하지만 산채를 식용하는 민족은 동아시아의 중국, 일본, 한국 정도로 알려져 있다. 중국인들은 채소를 뜨거운 기름에 볶아 먹기 때문에 조리법상 산채가 가진 맛과 향을 살려내기 어렵고 기름 때문에 열량도 높다. 일본은 우메보시메실을 소금에 절인 일본 전통음식, 단무지 같이 절임 채소류를 많이 먹는다. 반면 우리나라는 산과 들에서 자라는 수많은 산채 가운데 식용을 구분해 내는 감식력이 뛰어나 가장 다양한 종류의 산채를 먹어 왔다. 요리법도 생으로도 먹고, 무쳐 먹고, 데쳐 먹고, 각종 음식에 넣어 먹는 등 다양한 방법을 고안했다.

그뿐만 아니라 각 채소별로 재배에 적합한 땅이 따로 있다는 사실까지 문헌으로 기록하고 있다. 예를 들어 '동대문 밖 왕십리 들에는 무청, 나복, 백채 등을 심었고, 청파, 노원 두 지역에는 토란을 잘 심으며, 남산 이태원 마을 사람들은 홍아를 경작하기 좋아하고, 경기 삭령 사람들은 파채를 잘 심으며, 충청남도 사람들은 마늘 심기를 좋아하고, 전라도 사람들은 생강 심기를 좋아한다'고 기록했다. 허균의 『도문대작』에도 이와 같은 설명이 자세히 나온다.

동아는 충주 것이 좋다. 전라도 장성 이남에서 죽순이 나며 이것으로 해를 담그면 맛이 매우 좋고, 황화채는 원추리를 가리키는데 의주 사람들이 중국 사람에게 배워서 잘 만들고, 맛도 매우 좋다. 지금도 원추리꽃 말린 것은 향기가 좋아 잡채의 좋은 재료가 된다. 훈채는 전라도에서 생산된 것이 가장 좋고 황해도의 것이 그 다음이며, 석채는 돌에서 돋는 순채로서 강원도 영동에서 많이 생산되고 그것이 가장 좋다. 그리고 무는 전라도 여주에서 나는 것이 가장 좋은데 맛이 배와 같고, 물이 많다. 거여목은 원주에서 나는 것이 희기가 은銀 줄거리 같고 맛이 달아서 지극히 좋다. 표고는 제주에서 생산된 것이 아름답고, 오대산, 태백산에도 있다. 토란은 전라와 경상도의 것이 좋아서 지극히 크고 서울 것은 맛이 좋으나 작다. 파는 함경도 삭령에서 나는 것이 가장 좋고 달래, 고수 풀, 머위가 가장 좋다. 마늘은 영월에서 나는 것이 가장 좋고, 또 고사리와 고비, 아욱, 콩잎, 염교, 미나리, 배추, 송이, 참버섯 등은 곳곳에서 나는 것이 모두 좋다.

그렇다면 궁중에서는 어떤 나물을 먹었을까? 조선시대의 『원행을묘정리의궤』에는 궁중의 일상식에 올랐던 나물로 박고지, 미나리, 도라지, 무순, 죽순, 움파, 오이, 물쑥, 거여목, 신감초, 녹두 나물, 동아, 겨자순, 생강순 등을 들고 있다.

원조 잡채에는 당면이 없다?

원래 한국의 전통적인 잡채에는 당면을 쓰지 않았다. 보통 잡채라고 하면 당연히 당면을 가장 먼저 떠올리곤 하는데, 실상 원조 잡채는 당면 없이 소고기 등의 육류에 온갖 종류의 채소를 함께 넣고 버무린 음식이다. 잡채에 당면을 넣은 것은 비교적 최근의 일이다.

그런데 당면을 넣고 만든 잡채가 오히려 현대인의 구미에 더 맞는 모양이다. 사실 당면을 넣지 않은 원조 잡채는 고기의 단백질과 채소의 비타민, 그리고 볶는 데에 사용된 기름의 지방은 있지만 곡류에 함유된 탄수화물은 없다. 하지만 여기에 전분 성분으로 된 당면을 이용하여,

탕평채 만들기

1. 청포묵은 얇게 떠서 곱게 채썬다. 딱딱해진 묵은 끓는 물에 데쳐 부드럽게 만든다.
2. 묵채에 참기름과 간장을 조금 넣어 밑간을 한다.
3. 소고기는 살코기를 가늘게 채 썰어 고기양념으로 무친 후 기름을 두르고 볶아서 식힌다.
4. 미나리는 잎을 떼어 다듬어서 끓는 물에 데쳐 찬물에 행군 다음 4cm 길이로 자른다.
5. 숙주는 머리와 꼬리를 떼고 다듬어서 끓는 물에 말갛게 데쳐 식힌다.
6. 달걀은 황백 지단을 부쳐서 채썬다.

한 끼 식사대용으로도 무리가 없는 음식을 창조해 낸 것이다. 이렇게 하여 우리가 즐겨 먹는 영양과 맛이 훌륭한 잡채가 만들어졌다.

화해의 음식, 탕평채

조선후기 영조는 당쟁의 뿌리를 뽑아 붕당의 폐단을 없애고 왕권 신장을 꾀하기 위하여 탕평책을 수립하였다. 이러한 탕평책의 의지를 잘 표현하고 있는 음식이 탕평채이다. 탕평채란 다름 아닌 청포묵무침인데 언뜻 조리법이 단순해 보이지만 만들기는 쉽지 않다. 먼저 녹두에서 전분을 얻어서 공들여 묵을 쑤어야 한다. 묵을 쑬 때는 불 조절을 잘해야 하고, 마지막 뜸들이는 과정도 중요하다. 아주 약한 불에서 충분히 뜸을 들여야 비로소 야들야들한 묵이 완성되는 것이다.

이렇게 만들어진 녹두묵을 잘게 썬 다음 미나리, 숙주나물과 갖은 채소와 잘 양념해 볶은 소고기, 채 썬 배를 섞어 함께 잘 버무리고 여기에 황백의 달걀지단과 김을 얹어 초간장에 새콤달콤하게 무쳐 내야 한다.

> ## 쌈 문화의 결정판, 구절판
>
> 얇팍한 밀전병에 여러 가지 나물들을 싸서 먹는 음식이 있으니 한국의 대표 음식 중 하나인 구절판이다. 구절판이란 아홉 개의 칸으로 나뉘어져 있는 그릇을 뜻하고 각각의 칸마다 제각각 개성이 다른 음식들을 담아 낸다. 주로 다양한 채소류(오이, 숙주나물, 당근), 육류(소고기, 천엽), 버섯류(석이버섯, 표고버섯), 해산물(해삼, 전복), 황백의 달걀 지단을 올린다.
> 구절판에는 음양오행의 철학이 담겨 있다. 음(식물성 식품)과 양(동물성 식품)의 음식들을 적절히 조화를 이루고, 오색과 오미의 적절한 조화를 아낌없이 보여주는 것이다. 칠기 구절판 찬합이 경주의 천마총에서 출토되어 구절판이 그 유래가 아주 오래된 음식일 수도 있다는 견해도 있다.

그런데 이러한 묵무침을 왜 탕평채라고 했을까? 고조리서에 의하면 송인명宋寅明, 1689~1746이라는 젊은 학자가 시장 앞을 지나다가 골동채를 보고 깨달은 바가 있어, 이 나물을 탕평채라 하였다는 것이다. 다양한 채소가 조화롭게 섞여 있는 골동채처럼 탕평사업도 사색 당파가 조화로이 화합하기를 기대한 것이다.

각기 개성이 다른 재료로 각각의 맛을 살리면서도 공동체의 맛을 살려 낸 음식이 탕평채이다. 요즘 정치인들에게도 꼭 한 번 만들어 먹이고 싶다.

한국인의 쌈 문화

나물 이야기를 하면서 빠질 수 없는 것이 쌈이다. 오죽하면 우리 민족을 보따리 민족 혹은 쌈 민족이라고 했을까? 채소 중에서 잎이 큰 상추, 곰취, 소루쟁이 같은 산채는 물론이고 깻잎, 호박잎, 배추잎, 미나리, 쑥갓, 콩잎도 쌈 재료로 쓰였다. 최근에는 케일, 신선초, 겨자 잎 같은 서양 채소까지도 쌈을 싸 먹는다. 예로부터 채소 쌈 중에서는 상추

조선시대 회 요리

우리가 흔히 일본음식이라고 알고 있는 회는 조선중기 백성들이 즐겨 먹었던 찬품의 하나였다. 『산림경제』에는 생선회를 먹을 때 곁들이는 겨자장 만드는 법까지 나오는데, 횟감으로는 숭어, 눌어, 쏘가리, 은어, 소어(밴댕이), 웅어, 민어, 고등어, 전복, 해삼, 대합, 굴 등을 기록하고 있다.
또 다른 생선회로 숙회가 있었는데 문어, 낙지 등을 끓는 물에 살짝 데쳐 먹었다. 또 생선이나 다양한 재료 등에 녹말가루를 묻혀서 끓는 물에 살짝 데쳐 초장과 곁들이는 어채도 있었다.

쌈을 으뜸으로 생각해 왔다. 원나라의 시인인 양윤부楊允浮는 고려인의 상추 쌈에 대해 다음과 같은 시를 남기고 있다.

해당화는 꽃이 붉어 더욱 좋고, 살구는 누래 보기 좋구나.
더 좋은 것은 고려의 상치로고, 마고의 향기보다 그윽하다.

또, 『동국세시기』에는 정월대보름날 나물 잎에 밥을 싸서 먹으니 이것을 복福쌈이라 한다고 적혀 있다.

채소로 만든 회, 미나리강회

우리 음식에는 생선뿐만 아니라 채소를 이용한 회 요리도 있다. 미나리강회나 파강회가 그것인데 채소를 끓는 물에 아주 살짝 익혀 상투 모양으로 도르르 감아 속에 편육, 계란지단, 실백 등을 박아 넣어 초고추장에 찍어 먹는다. 생선의 신선도가 회 맛을 결정짓듯, 미나리강회도 채소의 그 맛을 살리기 위해, 아무 양념도 하지 않고 살짝 데쳤다가 초고추장에만 찍어 먹는다.

미나리는 긴 겨울을 지나 처음 나올 때가 가장 맛있다. 그래서 "처갓집 세배는 미나리강회 먹을 때나 간다"라는 말도 있는데, 이때가 음력 정월보름이 지날 무렵이다. 파나 미나리에는 현대인들이 필요로 하는 비타민뿐만 아니라 생리활성물질이 풍부하다.

불의 미학, 구이

　　인류학자 마가렛 미드Margaret Mead, 1901~78는 인류의 발전을 요리의 삼각형으로 설명하면서 세계 각 민족을 불을 이용한 요리를 만들어 먹은 민족과 그렇지 못한 민족으로 구분하였다. 최근에는 불을 쓰지 않은 회와 생식이 건강식으로 꼽히기도 한다. 그러나 무엇보다 인류의 식생활 발전에 불이 기여한 바를 부인할 수는 없다. 불을 이용한 요리의 발전은 짐승과 인간을 구분 짓는 중요한 계기가 되었다.

　　대부분의 요리는 불을 이용한다. 그 중에서도 구이는 직접적으로 불을 이용한 요리라고 할 수 있다. 같은 부위의 고기라도 어떤 불에 어떻게 구웠느냐에 따라 그 맛이 다르다. 우리 민족은 불 또한 효율적으로 이용하여 다양한 요리들을 만들어 먹어 불에 직접 구워 먹는 고기구이, 생선구이 등의 요리법들이 발달했다. 산적, 지짐, 전유화, 화양적, 빈대떡 등도 구이 조리법을 이용한 음식이라고 볼 수 있다.

고기 요리의 대명사, 설야멱

한국음식이라면 흔히 떠 올리는 음식이 불고기이다. 불고기는 '불에 구운 고기' 라는 뜻으로 최근에 붙여진 이름이다. 이 고기구이는 맥적에서 유래한다. '맥' 은 중국의 동북지방이나 고구려를 가리키며 '적' 은 고기를 꼬챙이에 꿰어서 직화를 쬐어 굽는다는 뜻으로 맥적은 고구려의 대표적인 고기 요리였는데 당시 중국에서 유행하기도 했다. 또 예부터 중국에서는 중요한 잔치에 적을 내놓았는데, 고려시대에 접어들어 몽고인과 이슬람인들이 개성으로 유입되면서 '설야멱' 이란 음식이 생겨났다.

이를 고문헌에서 찾아보면 "우육을 썰어서 편을 만들고 이것을 칼등으로 두들겨 연하게 한 것을 대나무 꼬챙이에 꿰어 유장으로 조미해 기름이 충분히 스며들면 숯불에 굽는다"고 하였는데 이것이 지금의 불고기이다.

스테이크가 서구의 대표적인 고기 요리지만 그들은 고기를 익은 정도에 따라 레어, 미디엄, 웰던의 3가지 정도로 분류한다. 그런데 우리의 고기 요리법은 훨씬 섬세하다. 『해동죽지海東竹枝』라는 잭에서는 '설야멱' 은 '개성부에 예부터 내려오는 명물로서 쇠갈비나 염통을 기름과 훈채로 조미하여 굽다가 반쯤 익으면 냉수에 잠깐 담갔다 센 불에 다시 구워 익힌다' 고 적고 있다. 또 '고기가 연하고 맛이 좋아 눈 오는 겨울 밤의 술안주로 좋다' 고 하였다.

전의 유래가 된 느르미와 느름적

추석, 설 같은 명절이나 생일날이면 전 만드는 고소한 기름 냄새가

〈야연 野宴〉, 작자미상, 19세기
눈 오는 밤에 숯불에 고기를 구워 먹으며 그 맛을 즐긴 우리 민족은 최고의 요리민족이었다.

집안을 꽉 채운다. 집안 가득 퍼지곤 하던 전 부치던 냄새는 어린 시절의 추억을 불러일으킨다. 이 냄새는 튀김의 냄새와는 다르다. 또 튀김에 비해 전은 기름을 조금 두르고도 만들 수 있어 열량이 적으므로, 비만을 우려하는 현대인들의 건강에 좋다. 그래서 나는 튀김을 먹고 싶을 때 가능하면 기름이 덜 들어간 전유어를 먹으라고 권하고 싶다.

우리나라의 전통적인 조리법은 구이나 찜이다. 그런데 조선중기에 오면 구이나 찜에서 더 발전하여 '느르미'라는 음식이 등장한다. 느르미는 구이나 찜 위에 밀가루나 전분으로 만든 소스를 끼얹어 만든다. 예를 들어 개장 느르미라는 음식은 개고기를 삶아 양념한 다음 그 위에 걸죽한 밀가루 즙을 끼얹은 것이다.

조선중기의 느르미는 1700년대로 접어들면 느름적으로 변모한다. 느름적은 꼬챙이에 꿴 고기에 밀가루를 입혀 불에 구운 음식이다. 그런데 이 시대에는 누름적을 새롭게 등장한 번철에 구웠다. 번철에 굽기 위해서는 타지 않게 먼저 기름을 두르고 굽는 것이 좋다. 이것이 일종의 전煎으로 현재 우리가 알고 있는 기름에 지지듯이 구운 음식이다. 한국인의 모든 행사에 빠지지 않고 등장하는 전은 이때부터 만들어지게 되었다.

튀김보다 건강한 음식, 전유어

전은 고기, 생선, 채소들의 재료를 다지거나 얇게 저며서 꼬챙이에 꿰지 않고 밀가루, 달걀로 옷을 입혀 번철에 기름을 두르고 납작하게 지진 음식이다. 이때 양면을 납작하게 하는 것은 열을 잘 통하게 하기 위해서이다. 하지만 중국에서는 전에 옷을 입히지 않는다.

전은 다양한 용어로 불린다. 간납, 저냐, 간남肝南, 전유어, 전유화煎油花 등이다. 전유어에는 생선전유어, 해삼전, 홍합전, 생복전, 천엽전유어, 돈육전유어, 골전유어 등이 있다. 궁중의 『진찬의궤』에는 삼색 전유화 煎油花가 나오는데, 기록으로 보아 전유화는 주로 궁중에서 사용한 음식으로 보인다.

그러면 간납과 간남은 무슨 의미일까? 여러 가지 설이 있지만 간남이라는 말은 제사시의 제물로 쓰이면서 생겨난 용어인 듯하다. 즉 간남은 간적肝炙, 간 구이의 남쪽에 놓이는 제물이라는 뜻인데 후에 이 말이 간납으로 바뀌었다는 것이다. 이 간남도 옛날부터 있던 것은 아니고 대략 1500년대 후반에 나타난 것으로 추측된다. 전유어는 조리법도 간단하고 기름에 지져서 잘 상하지 않으며 맛도 좋아, 비교적 한 번에 많은 음식을 장만하기 수월했기에 제사음식으로 자리 잡을 수 있었다.

표고 · 버섯 · 풋고추 · 새우저냐
민어 · 해삼 저냐
튀김 요리보다 기름을 적게 사용해 훨씬 건강에 좋은 다양한 전 요리들

태양 꽃, 화양적

화양적은 각각의 재료를 꽂이에 꿰어 적으로 만든 것으로 '오색적' 이라 부르기도 한다. 이 음식의 변화 과정을 살펴보는 것도 재미있다. 먼저 화양적이라는 궁중음식이 있었다. 김상보 교수에 의하면 '화양적' 이라는 이름은 이 음식을 둥근 접시에 빙 둘러 담고 고명을 얹은 모습이 태양 꽃 같아 보여 붙어진 이름이라고 한다. 또 조선시대『궁중연회식 의궤』에는 수십 종의 화양적이 등장한다. 구한 말의 조리서에 나타나는 화양적의 재료는 주로 고기, 도라지, 박오가리, 밀가루, 달걀, 파 등이다. 황혜성 교수의『한국의 요리, 궁중음식』에 소개되는 화양적에는 당근, 오이 등이 첨가되어 있다. 우리가 흔히 만드는 오색적과 가장 비슷한 형태다.

나눔의 음식, 빈대떡

전유어와 더불어 우리 민족이 가장 좋아하는 음식 가운데 하나가 빈대떡이다. 빈대떡만큼 유래가 많은 음식도 드물다. 『음식디미방』과 『규합총서』에는 빈대떡을 뜻하는 '빈쟈법' 혹은 '빙쟈'라는 말이 나오는데 이는 녹두에 소로 팥이나 꿀을 넣어 만든 국화전 같은 꽃전과 비슷하였다.

빈자떡을 빈대떡이라고 한 데에는 사연이 있다. 빈대가 많던 정동의 옛 지명이 빈대골이었는데, 정동에 유난히 빈자떡 장수가 많아 빈자떡을 빈대떡으로 불렀다는 것이다. 물론 터무니없는 이야기라는 사람도 있다.

이와는 달리 다음과 같은 유래도 있다. 빈대떡이 가난한 사람을 위한 먹음직스러운 요리가 되었다 하여 빈자貧者떡이라고 불렀다는 것이다. 조선시대에는 흉년이 들면 유랑민들이 남대문 밖으로 수없이 모여들었다. 당시 부잣집에서는 이들을 위하여 빈자떡을 만들어 소달구지에 싣고 와서는 "○○ 집의 적선이요"하면서 던져 주었다고 한다. 빈대떡은 함께 나누어 먹기 위한 음식이었던 것이다.

근래 빈대떡은 외국인들이 좋아하는 한국음식으로 알려지고 있다. 녹두가루에 여러 가지 채소와 고기 등이 첨가되고 기름에 지져만들어 영양을 골고루 갖춘 영양식이면서도 맵거나 짜지 않고 고소하다. 사실 조금만 더 서양인의 입맛을 고려해서 만들어 낸다면 피자에 견줄 만한 음식이다. 빈대떡은 보통 부친다고 하여 부치개 혹은 부침개라 부르기도 한다.

세심한 조리법들
조림, 찜, 선, 초

　우리나라의 요리법 가운데 대표적인 것이 불로 익히는 조리법이다. 조림은 대개 고기를 큼직하게 썰고 간을 세게 하여 약한 불에서 오래도록 익히는 것이다. 우리가 흔히 먹는 장조림이 대표적인 조림 종류다. 조림은 쌀을 주식으로 하는 문화권에서 밑반찬으로 이용하는 음식으로, 주로 간장으로 간을 하지만 때로 고추장을 섞기도 한다.

　그런데 조림과 비슷하면서 또 다른 요리법에 초炒가 있다. 초란 조림과 같은 방법으로 요리하되 졸인 국물에 녹말가루를 풀어 넣어 익혀 그것이 엉기도록 한 것이다. 초 요리 종류로는 전복초, 홍합초 등이 있다. 조리서에서는 "국은 국물이 가장 많고, 지짐이는 국물이 바특하고, 초는 국물이 더 바특하여 찜보다 국물을 더 적게 한 것이다"라고 설명한다.

　다음으로 찜에 대해서 알아보자. 찜이라 하면 누구나 수증기로 찐 음식을 생각한다. 수증기로 재료를 익히면 재료 자체의 맛과 향기를 살리면서 재료에 고루 열이 스민다. 하지만 조선시대의 찜 요리법은 시루에 의한 수증기 찜을 말하는 것이 아니다. 서유구는 『임원십육지』에서 '수증기 찜은 증蒸으로 표시하고, 우리 요리상의 삶기 찜, 중탕식 찜, 압력솥식 찜의 경우는 증烝이라고 표기했다'고 지적하여 두 가지를 구분했다.

이와 같이 우리나라의 찜 요리법은 매우 복잡하여 시루형 수증기 찜, 압력솥형 수증기 찜, 밥솥 찜, 삶기 찜, 중탕식 삶기 찜, 증류형 삶기 찜, 습식 삶기 찜, 중탕형 건열 찜, 증류형 건열 찜, 남비 형 건열 찜, 숯불 구덩이 형 건열 찜, 잿 속 묻기형 건열 찜 등으로 다양하게 세분화되어 있다.

오이선, 호박선, 어선

선膳 음식은 오이나 호박 같은 채소를 주 재료로 한 것도 있고 생선을 주 재료로 한 어선도 있다. 오이선은 오이를 재료로, 호박선은 호박을 주 재료로 하여 오이소박이를 만드는 것처럼 소를 넣고 삶기 찜을 한 것이다. 삶지 않고 쪄 내었기 때문에 오이나 호박의 초록색이 그대로 살아 있어서 싱그러운 향을 풍긴다. 고명으로 들어간 소고기와 버섯류, 황백의 달걀지단이 함께 어우러지고 그 위에 잣이라도 뿌리면 그야말로 오방색이 함께 조화를 이룬 아름답고 화려한 음식이 되는 것이다. 무엇보다 오이와 호박의 사각사각한 맛과 고기와 버섯, 계란이 어우러져 그 맛이 비길 데 없이 상큼하다. 생선을 넣은 어선은 생선살을 넓게 저며, 소를 김밥 만들 듯 감아서 수증기 찜을 하여 만든다.

호박선 · 오이선 · 어선

우족의 화려한 변신, 족편

삶기 찜은 찜 가운데 가장 많이 이용하는 조리법으로 재료에 물을 붓고 장시간 삶아 낼 때 쓴다. 우리나라에서도 예부터 고기 등을 삶아 낼 때 많이 썼다. 한국음식이 건강에 좋은 이유도 기름에 튀기거나 굽기보다 이 천연의 삶기 법을 많이 사용하는 데에 있다. 조선시대 각종 조리서에도 고기의 상한 맛을 제거하기 위해 삶을 때 볏짚, 닥나무, 살구씨 등을 넣는 법 등 다양한 조리법이 소개되어 있다. 그런 요리 중의 하나로 냄새 나는 우족을 이용한 족편을 소개하고 싶다.

최근 족을 재료로 쓴 음식으로 가장 많이 알려진 것은 족발이다. 족발은 맛은 있지만 사실 접시에 놓인 돼지 족을 보고 있자면 모양새가 좀 걸린다. 그런데 이 우족을 이용했으면서도 아름다운 음식으로 느껴지는 전통음식이 있으니 이것이 바로 족편이다.

『옹희잡지』란 책에서는 족편을 '쇠족을 장시간 고아서 파, 생강, 잣, 후추, 깨 등을 섞어 다시 곤 후 식힌 것'이라고 기록한다. 현재의 조리법과 크게 다르지 않은데, 이와 같은 조리법을 기초로 하여 황백 달걀 지단의 황색과 흰색, 석이채의 흑색, 실고추의 적색, 파의 청색 등 오방색으로 오색찬란한 색채를 낸다.

족편은 최근 피부미용과 관절에 좋은 콜라겐 성분이 가장 많은 자연식품이다. 영양과 야들야들한 촉감과 맛을 다 갖춘 음식을 발명한 조상들의 지혜가 놀랍다.

족편

기다림의 미학

김치, 장, 젓갈

한민족의 발명품, 김치

김치는 얼마 전까지만 해도 특유의 냄새 때문에 숨기고 부끄러워했
지만 이제는 우리 민족의 자존심이 되었다. 김치는 우선 배추를 비롯한
온갖 채소에 동식물성 양념들이 어우러지고 적절하게 버무려져야 한
다. 그리고 이런 것들이 발효과정을 거치면서 몸에 이로운 유산균을 비
롯한 여러 요소들이 만들어져야 비로소 김치라 불릴 수 있다. 김치는
한국음식의 대표적인 원리인 '섞음의 미학'을 잘 보여주는 음식이며,
우리 민족 최고의 발명품이다.

특히 임진왜란 이후 일본을 통해 들어 온 고추를 김치에 이용한 지혜
는 매우 놀랍다. 고춧가루의 비타민C 성분과 '캡사이신'이라는 물질은
체내에서 항산화제 기능을 한다. 학계에서는 인간의 노화 과정을 '산
화'로 설명하기도 하는데, 항산화 기능은 이를 억제한다. 또한, 고추는
미생물의 부패를 억제하여 음식물을 상하지 않게 한다. 무엇보다 한국

> ## 김치의 역사
>
> **부족국가시대** : 순무, 가지, 부추 등을 소금으로만 절임.
> **통일신라시대~고려시대** : 장아찌 형태에 머물렀던 삼국시대와 달리 장아찌류와 동치미, 나박 김치류로 분화하여 발달함. 오이, 부추, 미나리, 죽순 등 김치에 들어가는 채소류가 더욱 다양해짐.
> **조선시대** : 조선중기 고추가 유입되어 김치의 대표적 양념으로 쓰임. 고추의 상용으로 김치에 다양한 젓갈을 넣기 시작함. 통배추 육종 재배.

의 김치는 고춧가루를 사용하기 때문에 소금을 조금 넣어도 되므로 짠맛이 덜하고 비교적 오랫동안 저장할 수 있다. 그런 의미에서 김치에 고춧가루를 사용한 것은 대단히 과학적인 지혜인 것이다.

그렇다면 김치의 종류에는 어떤 것들이 있을까? 지금까지 알려진 김치의 종류는 약 200여 종에 달한다. 서유구가 1827년에 쓴 『임원십육지』에는 네 종류로 분류된 김치가 90가지 이상 나온다. 소금에 절인 김치와 술지게미를 넣어 만든 김치를 통칭해서 부르는 '엄장채醃藏菜', 누룩이나 쌀밥을 넣어 발효시킨 식해형 김치인 '자채鮓菜', 간장이나 된장, 혹은 '초醋'에 생강과 마늘 같은 향신료를 넣어 만든 '제채虀菜', 지금 우리가 먹는 김치와 가장 비슷했던 '저채菹菜' 혹은 '침채沈菜'가 그것이다. 하지만 조선후기 이후에도 김치의 종류는 계속해서 늘어났으며, 각 지방마다 특색 있는 김치가 발달하기에 이른다. 전라도의 고들빼기김치나 개성의 보쌈김치, 공주의 깍두기 등이 모두 그런 예에 속한다.

오래 묵을수록 좋은 간장

발효음식 하면 간장과 된장을 빼놓을 수 없다. 간장과 된장의 중요성에 대해서는 더 언급할 필요가 없을 것 같다. 간장이 들어가지 않는 음식은 없다고 해도 과언이 아니며, 된장은 국이나 찌개의 맛을 결정하는 결정적인 요소다.

최근 슬로푸드가 건강식으로 각광받고 있는데 한국의 전통음식만큼 느린 음식도 세계에 드물다. 가능하다면 천천히 묵혀 먹는 것이 미덕인, '기다림의 미학'을 보여 주는 음식들이 한국 전통음식이다. "친구와 장맛은 오래될수록 좋다"는 속담도 한국음식의 특징을 잘 표현한 말이 아닌가 싶다.

우리가 장류를 이렇게 발전시킨 것은 매우 현실적인 이유 때문이었다. 냉장고가 없던 옛날에는 사시사철 먹을 저장식품이 필수적이었다. 실제로 저장성 음식들은 한국음식의 기본을 이루고 있다. 김치나 장아찌, 젓갈, 말린 나물이 대표적인 저장식이고 특히 장류는 가장 기본적인 조미료다. 또 장은 콩으로 만들기 때문에 훌륭한 단백질 공급원이었다. 따라서 장을 잘 담그는 솜씨가 바로 가족의 건강을 보존하는 지름길이었다. 우리 음식학자들이 장과 관련하여 항상 언급하는 『증보산림경제』의 한 구절을 보자.

장은 모든 맛의 으뜸이다. 집안의 장맛이 좋지 않으면 비록 좋은 채소나 맛있는 고기가 있은들 좋은 음식이 될 수 없다. 설혹 시골에 사는 사람이 고기를 쉽게 얻을 수 없다하더라도 여러 가지 좋은 장이 있으면 반찬에 아무 걱정이 없다. 가장은 모름지기 장 담그기에 신경을 쓰고 오래 묵혀 좋은 장을 얻도록 해야 할 것이다.

이 정도면 우리 조상들이 장을 얼마나 중요시했는지 알 수 있다. 『규합총서』에도 장을 담글 때 얼마나 조심하고 정성을 기울였는지를 보여

> ### 계절별 단용장의 종류
>
> 우선 봄철에는 1주일 정도 익혀 발효시킨 담북장을 먹었고, 그와 더불어 보릿가루와 콩으로 만든 보리장을 먹었다. 여름이나 초가을에는 밀, 콩, 보릿가루와 같은 다양한 재료를 이용한 여러 종류의 집장을 만들었다. 본격적인 가을로 접어들면 팥으로 만든 소두장이라는 장과 청태콩을 뭉쳐 떡 모양으로 만든 청태장을 만들어 먹었다. 겨울에는 청국장을 애용했다. 또 콩이 연한 적색이 되도록 볶아서 그것을 끓여서 띄워 만든 수지장도 있었다. 이외에도 청태콩에 햇고추를 섞어 만든 청태전시장도 있었다. 육류를 섞어 만든 어육장과 무로 만든 청근장, 7월 그믐에 콩과 기울(밀이나 귀리 따위의 가루를 쳐내고 남은 속껍질)로 만들어 14일 정도를 띄워 만든 이화장 등도 애용했다. 『규합총서』에는 고기와 생선을 함께 넣고 담는 어육장 만드는 법이 상세히 소개돼 있다.

주는 구절이 있다.

　하루에 두 번씩 냉수로 정성껏 씻되 물기가 남으면 벌레가 나기 쉬우니 조심하라. 담근 지 삼칠일21일 안에는 상가나 애를 출산한 집에 가지 말고 생리 중에 있는 여자나 잡인을 근처에 오지 말게 해야 한다.

　음식 책을 보면 간장에 얽힌 속담이나 이야기들이 많다. 가령 "한 고을의 정치는 술맛으로 알고, 한 집안의 일은 장맛으로 안다"거나 "장맛 보고 딸 준다"는 말, 또 장맛이 좋아야 집안에 불길한 일이 없다는 믿음 등은 우리 문화가 얼마나 장과 밀접했는지 보여 준다. 그래서 예전에는 밥상에 간장 종지가 꼭 올랐고, 집안 어른이 밥을 먹기 전에 으레 장맛을 보곤 했다. 이는 집안의 길흉화복을 단속하는 의미다.

　장은 만드는 데에 적어도 5~6개월 이상이 걸린다. 특히 간장은 "아기 배서 담은 장으로 그 아기가 결혼할 때 국수 만다"라는 말이 있을 정도로 오래된 것을 높이 친다. 가장 높이 치는 간장은 60년이 넘어 색깔

장 만드는 법

❶ 음력10월쯤 메주콩을 삶아 메주를 쑨다.
❷ 메주를 온돌방에 두어 발효시켜 짚으로 묶어두고 겨울 동안 띄운다.
❸ 다음해 2월쯤 잘 띄운 메주의 곰팡이를 완전히 제거한 뒤 소금물에 담근다.
❹ 숯과 고추를 넣고 볕이 잘 드는 곳에서 30~40일 동안 우린다.

이 검고 거의 고체가 된 것이다.

그러나 모든 장을 오랫동안 숙성시켜 만드는 것은 아니다. 계절별로 만들어 먹은 다양한 종류의 단용장單用醬도 있었다. 단용장이란 말 그대로 만들어서 바로 먹는 장을 말하는데, 간장을 빼지 않고 메주로 바로 만든다.

된장 발암물질설의 진상

미국의 어떤 저명한 의학논문집에 된장에 발암물질이 있다는 연구 결과가 실린 적이 있다. 메주를 띄울 때 끼는 푸른곰팡이가 '아플라톡신'이라는 발암물질을 만들어 낸다는 것이었다. 곧 우리 학계의 반격이 시작되었고 이 학설은 맞지 않는 것으로 판명 났다. 이 사건의 진상은 무엇일까?

우선 메주를 띄울 때 발암물질인 아플라톡신이 생기는 것은 맞다. 메주를 건조시킬 때 생기는 하얗고 검은 곰팡이가 그것이다. 그런데 그 학자는 하나만 알고 둘은 몰랐다.

❺ 즙액만을 떠내고 체로 거른 뒤 솥에서 다려 간장을 만든다.
❻ 즙액을 뜨고 건더기에 보리밥과 소금을 섞어 독에 눌러 담는다.
❼ 된장이 숙성될 동안 장독에 금줄을 달고 잘 보관한다.

우리 선조들은 메주를 담글 때 메주를 소금물에 넣어 곰팡이를 솔로 문대어 단단히 씻었을 뿐만 아니라, 그렇게 하고도 남은 곰팡이들은 장이 발효될 때 다 없어진다. 또 장독에 넣는 숯은 발암물질을 없애는 기능이 있다. 이렇게 해서 숙성된 된장에는 발암물질이 하나도 남아 있지 않게 된다.

그런데 그 정도가 아니다. 된장에는 발암물질이 없는 것뿐만 아니라 항암물질도 들어 있다. 일본 국립암센터의 연구 결과에 의하면 콩이나 된장에 포함된 '제니스테인'이라는 물질이 암 발생을 억제할 가능성이 높다고 한다. 도쿄 농대의 와타나베 교수는 암 예방을 위해서는 매 식사 때마다 된장국을 한 그릇씩 먹으면 좋다고 말한다. 이 된장국에 역시 암 예방효과가 있는 채소, 마늘이나 버섯을 넣으면 그야말로 최고의 '항암된장국'이 된다는 것이다.

또 주목할 만한 것은 된장에 들어 있는 지방성분은 대부분 불포화지방산이라 콜레스테롤 함유량이 낮고 콜레스테롤이 체내에 축적되는 것을 막아 원활한 혈액순환을 돕는다고 한다.

한편 조선 재래된장과 일본식 된장, 그리고 공장에서 만든 된장으로 항암 효능을 검사했는데, 조선 재래된장이 항암 효과가 제일 뛰어나다는 결과가 나왔다. 이것은 장 제조 과정에 숨겨진 기막힌 과학 때문이다. 맑은 물, 순수한 우리 콩, 천일염, 전통옹기, 맑은 햇살 등이 혼연일체가 되어 맛과 효능이 뛰어난 장이 나올수 있는 것이다.

강한 냄새로 사로잡은 청국장

청국장은 우리나라 장류의 한 가지로 지방에 따라 담복장, 품품장이라고도 하고 일본에서는 '낫토Natto'라 부른다. "청국장이 장이냐, 거적문이 문이냐"라는 말에서도 알 수 있듯, 청국장은 일반 된장보다 냄새가 자극적이어서 환영받지 못했다. 하지만 처음에는 코를 막던 사람도 맛 들이면 자꾸 찾는 것이 바로 청국장이다.

전쟁 때 만들어 먹었다고 해서 '전국장戰國醬'이라고 불리기도 했지만, 청국장의 기원은 고구려까지 거슬러 올라간다. 고구려의 옛 영토인 만주 지방의 기마민족들은 단백질을 섭취하기 위해 늘 말안장 밑에 삶을 콩을 넣고 다녔다. 이것이 바로 한반도로 내려와 백성들의 유용한 단백질 공급원이자 왕가의 폐백식품으로 애용되기도 한 청국장이다. 청국장은 한국뿐 아니라 실크로드를 따라 중국 서역 지방까지 전해지게 되었고 네팔, 태국, 인도네시아, 부탄, 아프리카까지 퍼져 나갔다. 이렇게 한·중·일 삼국이 동시에 즐기는 식품이지만 우리나라는 생으로 먹는 일본, 중국과 달리 청국장도 된장찌개처럼 찌개로 만들어 먹었다.

청국장을 담는 방법은 재래식과 개량식 두 가지가 있다. 재래식 방법은 물에 담가 불린 흰콩을 푹 삶아 낸 다음, 볏짚에 붙은 고초균을 이용하여 제조한 찐득찐득한 청국장에 약 5퍼센트 비율로 소금과 양념을 넣어 숙성시킨다. 그 맛은 고초균의 종류에 따라 달라진다. 개량식으로 만

왜간장이란?

우리가 과거에 먹던 왜간장은 발효과정을 거치지 않은 간장이다. 왜간장은 단백질을 산으로 70~80시간 정도 가수 분해시켜 아미노산을 만들어 낸 것으로 일제시대에 만들어져 왜간장으로 불렸다. 요즘 나오는 개량간장이나 양조간장은 콩에다 밀을 섞어 만든 메주를 소금물에 넣어 숙성시킨다. 밀 대신 보리를 넣기도 하는데, 밀을 넣은 것이 맛이 더 좋아 밀을 더 많이 쓴다. 횟집이나 중국집, 요즘 우리 식탁 위에 오르는 간장은 대부분 왜간장과 개량간장이다.

들 때에는 볏짚을 사용하지 않고, 공업 청국균만으로 발효시켜 만든다.

최고의 걸작품, 고추장

고추장은 고추가 전래된 16세기 이후 매운 맛을 좋아하는 우리 민족이 만들어 낸 또 하나의 작품이다. 고추장 담그는 법에 대한 최초의 기록은 조선중기에 씌어진 『증보산림경제』에 나온다. 영조 때 이표李杓가 쓴 『수문사설松聞事說』에는 전복, 큰 새우, 홍합, 생강 등을 첨가하여 순창 고추장 담그는 법이 나온다. 조선후기 저서인 『규합총서』에는 꿀, 육포 가루, 대추 등을 섞어 지금보다 훨씬 공들여 담근 고추장이 소개된다.

고추장은 우리 민족 고유의 음식이다. 비빔밥이 세계적으로 유명해진 것도 바로 고추장의 독특한 맛 덕분이다. 그런데 세계적으로 매운 소스로 알려진 칠리소스와 고추장은 무엇이 다를까? 고추장은 발효되는 동안 만들어진 질 좋은 아미노산과 유산균이 풍부하다.

한편 우리 조상들은 고추장에 별도의 건강식을 넣어 만든 약藥고추장도 즐겨 먹었다. 일설에 의하면 조선의 마지막 왕후였던 명성왕후도 약고추장을 무척 좋아했다고 한다. 약고추장은 곱게 다진 소고기에 꿀, 배, 고추장을 섞어, 약한 화롯불에 하루 종일 저어가면서 만들었다. 달

리 '약 고추장'이 아니라 '정성이 곧 보약'이라는 조상들의 믿음이 담겨
있는 것이다.

한국음식 맛의 진원지, 젓갈

우리나라의 발효음식 중에 또 하나 빼놓을 수 없는 음식이 젓갈이다.
특히 젓갈은 땀을 많이 흘리는 여름철, 짭짤한 밑반찬으로 좋다. 젓갈
에 대해서는 중국의 종합농서인『제민요술』에 젓갈의 종류, 제조 방법,
계절에 따른 숙성 방법 등이 상세히 기록되어 있다. 조기, 청상아리, 숭
어 등의 창자, 위, 알주머니를 깨끗이 씻어 조금 짭짤할 정도로 소금을
뿌려 항아리에 넣고 밀봉한 후 햇볕이 잘 드는 곳에 보관하는데 여름은
20일, 가을은 50일, 겨울은 100일 정도 지나야 잘 익는다고 한다. 어류
의 내장을 이용해 젓갈을 담그는 이 기록은 오늘날 창난젓의 제조방법
과 비슷해 중국이 젓갈의 원조로 생각되지만, 현대에 와서 다양한 젓갈
을 발전시킨 것은 한국이다.

우리나라에서도 젓갈에 관한 문헌상 최초의 기록은『삼국사기』에 등
장한다. 서기 683년 신문왕의 결혼 예물에 '쌀, 술, 된장, 해'가 언급되
어 있다. 여기서 '해'가 바로 젓갈과 식해다. 자세한 젓갈 조리법은 아
래와 같다.

1. 껍질을 벗긴 생선이나 조갯살, 새우 등을 20퍼센트 정도의 식염과 버무
   린다.
2. 항아리처럼 광선이 차단되는 용기에 넣는다.
3. 용기 윗부분을 2~3센티미터 두께의 식염으로 덮은 후 빗물이나 공기
   가 들어가지 않도록 덮개를 씌워 2~3개월 상온에서 저장한다.

　이렇게 하면 내염성 세균과 효소의 작용으로 생선 비린내가 없어지고 아미노산이 발효되면서 구수한 맛을 낸다. 이렇게 발효된 젓갈에 양념을 하면 우리가 먹는 창난젓, 조개젓, 새우젓 등이 되는 것이다. 또 젓갈을 상온에서 6~12개월 발효시켜 육질이 모두 분해되도록 한 후 끓여 살균하면 수년 간 보관할 수 있는 젓국이 된다.

소라젓, 어리굴젓, 조개젓
한국의 대표적 젓갈들로서 어패류에 함유된 단백질이 숙성·분해 되면서 최고의 감칠맛을 낸다.

　식해는 수산물과 소금 외에 밥이나 채소를 혼합하여 발효시킨 것이다. 생선에 미리 삶아서 식힌 조밥이나 쌀밥, 고춧가루, 다진 마늘 등과 섞어 2~3일간 삭혀 만드는데, 발효 2주 후에는 유기산 발효에 의해 적당히 신맛이 나서 비린맛이 사라진다. 또 발효 중에 생선 뼈도 연해져서 뼈째 먹을 수 있다. 음식의 조미료로도 빼놓을 수 없는 식해 특유의 맛이 여기서 나온다.

　김치에는 주로 새우젓, 조기젓, 황석어젓, 멸치젓을, 찌개의 간을 맞추는 데에는 새우젓을, 나물을 무치는 데에는 멸치젓에서 나오는 멸장을 쓴다. 홍합을 건조할 때 만들어지는 합자장 등 동물성 단백질이 주를 이루는 장을 가지고 간을 맞추면 음식의 맛이 좋아진다. 인공조미료의 구수한 맛은 바로 이 자연 젓갈의 맛을 흉내낸 것이다.

독특한 창작품

떡

쌀로 온갖 종류의 밥을 지어 먹던 우리 민족은 '떡'이라는 독특한 창작품을 내놓기에 이른다. 떡은 채소뿐 아니라 쑥이나 대추, 승검초한약재로 쓰이는 당귀 잎 같은 한약재를 섞어 훌륭한 건강식으로 변모하고 있다. 무엇보다 떡은 '축제의 음식'이다. 명절이나 생일, 혹은 굿판이 벌어질 때면 우리 민족은 반드시 떡을 했다. 그래서인지 "귀신 듣는데 떡 소리 한다" "떡 본 김에 제사 지낸다" 등 떡과 관련된 속담도 많다. 또 "떡 해 먹을 집안"이라는 말도 있는데 이것은 집안이 편치 못할 때 귀신이 먹을 떡을 만들어 고사를 지내야 한다는 뜻이다. 이때 귀신에게 올렸던 떡은 아무리 먹어도 체하지 않는다고 해 '복떡'이라 부르고 반드시 이웃과 나누어 먹었다. 그럴 때 이웃에서 떡을 가져오면 어른들이 "웬 떡이냐?" 하고 묻던 관습이 지금까지도 전해진다.

떡에 관한 타령도 다양하다. "왔더니 가래떡, 울려 놓고 웃기떡, 정들라 두텁떡, 수절 과부 정절떡, 색시 속살 백설기, 오이 서리 기자떡, 주눅 드나 오그랑 떡, 초승달이 달떡이지” 하는 식이다. 한편 1년 열두 달 명절마다 떡을 빚어 먹어 이 행사에 관한 노래도 있다. “정월 보름에는 달떡이요, 이월 한식에는 송편이며, 삼월 삼질 쑥떡이로다. 사월 팔일에는 느티떡, 오월 단오에는 수리치떡, 유월 유두 밀전병이라, 칠월 칠석 수단이요, 팔월 가위 오려 송편, 구월 구일 국화떡이라, 이월 상달 무시루떡, 동짓달 동지에 새알심이, 섣달그믐에 골무떡이로다.”

떡의 역사와 종류

떡의 역사는 정확히 밝혀지지 않았지만 학자들은 대체로 떡이 부족국가 시절 등장해, 벼농사가 확대된 삼국시대에 이르러 발달한 것으로 보고 있다. 그렇게 보면 떡의 역사는 상당히 오래되었다. 당시 고분을 보면 떡을 찔 때 쓰는 조리 용구인 시루가 부장품으로 나오고, 가야 수로왕 때 제사음식으로 병餠을 썼다는 기록도 나온다. 그런가 하면 신라 초의 왕이었던 남해 차차웅과 석탈해에 얽힌 이야기에도 떡이 나온다. 왕위를 놓고 경쟁하던 두 사람이 왕위를 나이로 정하자고 해, 떡에 난 잇자국으로 결판을 냈다는 것이다. 또 신라 때 가야금 명인인 백결 선생이 떡을 만들 쌀이 없어 가야금을 타 떡방아소리를 냈다는 설화도 있다.

고려시대에는 떡이 더욱 발달하여 설기떡, 쑥떡, 흰떡, 꿀떡까지 그 종류가 다채로워졌고, 떡의 변형이라고 할 수 있는 다식도 만들어졌다. 그러다가 조선시대가 되면 떡은 비약적인 발전을 거듭한다.『음식디미방』에는 30가지 이상의 떡과 한과가 나오고,『규합총서』에도 무려 50여 가지 이상이 소개되어 있다.

떡의 종류는 수백 종이 넘어 일일이 열거하기가 어렵다. 다만 조리법에 따라 크게 네 가지로 나눌 수 있다. 이 기본형 네 가지에 어떤 재료가 첨가되느냐에 따라 다양한 종류의 떡이 탄생하는 것이다.

쑥편

두텁떡

시루에 안쳐 뜨거운 증기로 익혀
찌는 떡

찌는 떡

백편, 승검초편, 꿀편, 녹두편, 쑥편, 찰편, 수리치떡, 느티떡, 무시루떡, 석탄병, 잡과병, 물호박떡, 두텁떡

시루떡은 가장 흔히 먹는 떡이다. 시루떡은 시루에 쌀가루를 안치고 솥에 올려 증기로 쪄서 만드는데 이 조리법이 제일 오래 되었다. 한국 떡의 가장 기본형인 찐 떡류는 주 재료가 멥쌀, 찹쌀, 서속기장과 조 등의 곡류를 따로 쓰거나 섞어 쓰기도 한다. 부재료로는 두류, 견과류, 과일류, 약이성 초본류, 버섯류, 채소 및 향신료계피, 생강 등을 사용하고 감미료로는 꿀, 설탕 등을 넣는다. 고물로는 콩, 깨, 팥 혹은 녹두 등을 그대로 쓰거나 혹은 껍질을 벗겨 쓴다.

수리치절편

인절미

절구에 쳐서 만든 떡

치는 떡

인절미, 수리치 인절미, 수리치 절편, 개피떡, 꿀편

일명 도병이라고도 하며 시루에 낱알 그대로, 혹은 가루를 내어 찐 다음 안반이나 절구에 쳐서 만든다. 주 재료에 따라 멥쌀 도병과 찹쌀 도병으로 구분된다. 멥쌀 도병에 절편, 흰떡, 개피 떡, 색떡 등이 있고 찹쌀 도병에 인절미 등이 있다.

빚는 떡

송편, 노비송편, 색단자, 석이단자, 은행단자, 밤단자, 쑥굴리, 찹쌀경단, 수수경단

낱알 가루를 반죽하여 빚어 찌거나, 끓는 물에 삶은 다음 고물을 입힌다. 송편류처럼 빚어 찌는 떡, 단자처럼 쪄서 꽈리가 일도록 찐 다음 다시 빚어 고물을 묻히는 떡, 경단처럼 빚어 삶아 고물을 묻히는 떡 등이 있다.

석이단자

지지는 떡

흰색주악, 승검초주악, 은행주악, 대추주악, 석이주악, 진달래 꽃전, 수수부꾸미

수수경단

찹쌀, 차, 수수 등 찰기가 있는 낱알 가루를 반죽하여 모양을 만들어 기름에 지진 떡으로 주악, 화전, 부꾸미 등이 있다.

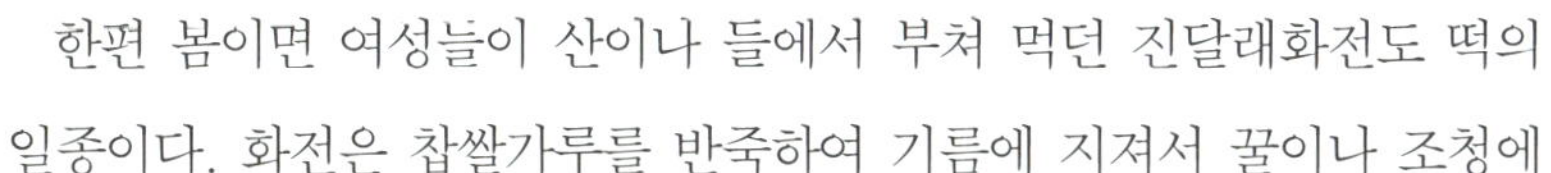
예쁘게 손으로 빚어 만든 떡

건강의 약식과 풍류의 화전

약반 혹은 약식은 말 그대로 약藥이 되는 밥, 약이 되는 음식이라는 뜻이다. 『열양세시기』에는 "찹쌀을 쪄서 밥을 만들고 여기에 참기름, 꿀, 진간장을 섞고 씨를 발라낸 대추와 껍질 벗긴 밤도 잘게 썰어 넣는다. 이것을 다시 푹 쪄서 조상의 제사에 올리고 손님도 대접하며 이웃에 보내기도 하는데 이것을 약밥이라고 한다"는 기록이 있다. 『삼국유사』에는 까마귀가 알려준 편지로 역모를 알게 되어 화를 면한 소지왕이 은혜를 갚기 위해, 매년 정월 15일에 약반을 지어 까마귀에게 먹이도록 영을 내렸다는 설화가 전해진다. 요즘 우리가 먹는 형태의 약식이 삼국시대에도 만들어졌음을 알 수 있는 대목이다.

죽아

찹쌀부꾸미

기름에 지져 만드는 떡

한편 봄이면 여성들이 산이나 들에서 부쳐 먹던 진달래화전도 떡의 일종이다. 화전은 찹쌀가루를 반죽하여 기름에 지져서 꿀이나 조청에

발라 먹는다. 진달래화전을 보고 있자면 너무 예뻐서 먹는 음식이라기보다는 눈의 호사를 위해 만든 음식이 아닌가 하는 생각이 절로 든다. 진달래화전은 입으로 먹을 때보다는 눈으로 보고 있을 때가 더 좋다.

건강한 디저트, 한과

원래 우리나라의 전통과자는 '과줄'이라 불렀다. 과줄이란 유밀과를 뜻하기도 하지만 정과, 다식, 숙실과, 과편, 엿강정 등을 포함한 전통과자를 뜻한다. 최근에는 한과韓菓라는 말로 많이 쓰지만 이는 중국의 '한과漢菓'라는 말과 혼돈될 염려가 있고, 서양과자와 구분하기 위한 새로 만든 조어이므로 개념상 정확치는 않다.

과줄의 기원을 살펴보면 재미있다. 과줄은 과일이 나지 않는 계절에 곡식가루로 과일을 본떠서 만들었다 전해진다. 그래서 조과造菓라고도 하였다. 고려시대에 와서야 과줄에 관한 기록이 보이지만, 고려 이전에 과줄을 먹지 않았다고 볼 수는 없다. 그러나 고려시대로 오면서 음다풍속과 함께 조과류는 급속도로 발전한다. 특히 유밀과가 불교행사에 많이 쓰였고 이와 함께 다식도 발달한다.

조선시대에 이르러서도 과줄은 어상을 비롯한 통과의례 상차림에 올려야 할 필수음식 중 하나였다. 나아가 왕실을 중심으로 한 상류층의 기호

"

오미자편

매실편

포도·살구편

과일의 종류에 따라 다양한 과일편을 만들 수 있다.

식품으로도 각광을 받았다. 민간에서는 강정이 널리 유행했는데 특히 정월 초하룻날 많이 해 먹었다. 과줄이 이렇듯 성행하자 조정에서는 과줄 금지령을 내리기에 이르렀다. 조선왕조법전의 집대성으로 일컬어지는 『대전회통』에는 "헌수, 혼인, 제향 이외에 조과를 사용하는 사람은 곤장을 맞도록 규정한다"라는 기록이 있다.

의례음식과 기호식품으로 각광받던 과줄은 1900년대에 이르러 설탕과 양과자가 수입되면서 쇠퇴하기 시작한다. 게다가 6·25 전쟁 이후에는 국민 경제가 어려워져 기호식품을 생각할 여유가 없었다. 그러다가 전후 복구가 끝나고 차츰 경제가 나아지고 생활 수준이 향상됨에 따라 기호식품, 그중에서도 건강에 좋은 기호식품에 대한 관심이 높아지게 되었다. 이에 밀가루와 설탕을 주재료로 대량 생산한 양과자보다는, 곡물, 꿀, 종실류깨, 잣, 호두 등를 재료로 하여 수공업으로 만든 과줄이 새롭게 환영받기 시작했다.

한과는 과학적으로 보아도 매우 우수하다. 첫째, 잘 상하지 않는다. 장기 보관에 필요한 방부제를 쓰지 않아도 잘 변하지 않는 비법이 그 제조 과정에 있다. 강정은 찹쌀을 발효시킨 다음 기름에 튀기기 때문에 잘 상하지 않고, 각종 정과류도 조청이나 설탕에 오래 졸여 만들므로 그 맛이 쉽게 변하지 않는다. 둘째, 영양 면에서 우수하다. 대개 꿀, 곡물, 종실류 등의 천연 재료와 승검초, 행인, 복분자, 송홧가루 같은 한약재를 쓰므로 건강에 좋다. 셋째, 모양이 아름답다. 과줄 가운데 특히 다식은 아름답기 그지없고 그 형태와 색깔 또한 다양하다.

유밀과, 과일편

통일신라시대에 불교 행사의 제물로 사용하기 시작한 유밀과는 고려시대에 귀족층에서 기호품으로 크게 유행하였다. 충렬왕 22년에 고려

왕실이 몽고의 공주를 왕비로 맞을 때 유밀과를 잔칫상에 올렸다는 기록이 보인다. 이것은 당시 유밀과가 사치스러운 기호식품이자 사랑받는 간식이었음을 말해 주는 것이다.

급기야 명종 때에 와서 유밀과 재료인 기름과 꿀이 동이 나자 유밀과 금지령을 내리고 그 대신 나무열매를 쓰게 했다. 공민왕 때에도 유밀과 금지령을 내리고, 과일을 쓰도록 한 일이 있었다. 유밀과는 지금의 약과류로 『성호사설星湖僿説』에 따르면, 이것을 처음 만들 때에는 밀면으로 여러 가지 과일 모양으로 빚었다고 한다.

서양의 과일 젤리는 과일즙에 동물성 젤라틴을 사용하여 굳혀서 질감을 야들야들하게 한다. 반면 한국의 앵두편은 식물성 전분으로 엉기게 하여 만든다. 식물성 전분은 여러 종류의 곡류전분에서 얻을 수 있지만 녹두전분으로 만들었을 때 가장 부드럽다. 과일편은 오미자, 살구, 딸기, 앵두 등 온갖 종류의 제철과일로 우선 과즙을 낸 뒤 여기에 녹두녹말과 꿀, 혹은 조청을 넣어 약한 불에서 은근하여 졸여 엉기게 한 다음 차게 식혀 낸다. 동물성 단백질인 젤라틴이 들어간 서양의 과일 젤리와는 그 부드러운 맛에서 격을 달리한다. 사실 과일편은 쉽게 맛과 색을 낼 수 있는 음식은 아니다. 비교적 쉽게 엉기는 젤라틴과 달리, 녹말은 엉기게 할 때 불의 세기를 잘 조절해야 하고, 마지막 뜸을 정성껏 들이지 않으면 맑고 투명한 색을 낼 수 없다.

느긋하게 즐기는 조청과 엿의 맛

거대한 사탕수수밭 농장을 세우고 원주민들을 노예로 삼은 역사가 있던 서양은 유난히 단맛에 집착한다. 물론 우리 선조들도 단맛을 즐겼다. 세계의 많은 민족들이 모두 즐기는 꿀 외에, 오로지 한국인들이 느긋하게 즐긴 단맛이 있었으니 이것이 바로 조청이다.

한과의 종류

유밀과

강정 : 찹쌀과 물을 섞은 물에 담갔다가, 콩물과 술로 반죽하여 쪄서 말린 다음 기름에 튀겨 고물을 묻힌 것

약과 : 밀가루에 참기름, 술, 꿀을 넣고 반죽한 뒤 약과 판에 박아 기름에 지져 익힌 것

매작과 : 밀가루 반죽을 얇게 밀어 썬 다음 칼집을 넣어 뒤집어 모양을 만든 후 기름에 튀긴 것

다식

송화다식 : 송홧가루를 꿀과 조청으로 반죽한 뒤 다식판에 박아낸 것. 색이 곱고 향이 좋음

흑임자다식 : 검은 깨를 볶아 찧어 조청과 꿀에 반죽한 뒤 다식판에 박아 낸 것

승검초다식 : 승검초가루와 송홧가루를 섞어 꿀과 조청으로 반죽한 뒤 다식판에 박아 낸 것

녹말다식 : 녹두녹말을 꿀과 오미자 물에 반죽하여 다식판에 박아 낸 것

밤다식 : 황률가루를 반죽하여 다식판에 박아낸 것

정과

연근정과 : 연근을 썰어 삶아 끓인 설탕물과 조청에 졸여 낸 것

생강정과 : 생강을 저며서 삶아 찬물에 헹궈 끓인 설탕물과 조청에 졸인 것

행인정과 : 쓴맛을 뺀 행인(살구씨)을 조청에 졸인 정과로 다른 정과의 웃기로 사용함

과편

복분자편 : 복분자딸기를 삶아 걸러 그릇에 담아 굳힌 것

살구편 : 살구를 삶아 걸러서 설탕과 꿀을 넣어 졸여 굳힌 것

앵두편 : 앵두를 끓여 걸러서 설탕과 녹두녹말을 넣어 졸여 굳힌 것

숙실과

생란 : 생강즙을 짜낸 생강건지를 꿀과 조청에 졸여 빚어 잣가루를 묻힌 것

조란 : 다진 대추를 쪄 계핏가루를 섞어 빚은 다음 잣가루에 굴린 것

숙실과	율란 :	삶아 찧은 밤에 설탕, 꿀, 소금, 계핏가루를 섞어 빚은 다음 잣가루를 묻힌 것
	밤초 :	깐 밤을 끓인 설탕물에 졸인 것
	대추초 :	대추를 통째로 쪄 계피, 꿀, 황설탕 끓인 물, 참기름 등을 넣고 중탕한 다음 꼭지에 잣을 박은 것
	잣박산 :	잣을 꿀이나 엿물에 버무려 판판한 곳에 펴서 굳힌 것
엿강정	콩엿강정 :	콩을 얼려 볶아 중탕한 뒤 조청에 버무려 만든 것
	땅콩엿강정 :	볶은 땅콩을 중탕한 뒤 조청에 버무려 굳힌 것

설탕은 사탕수수나 사탕무의 즙을 그대로 농축시켜 단맛을 낸다. 그러나 조청은 그 원료부터 다르다. 곡류를 엿기름으로 당화시켜 가마솥에서 약한 불에 오래오래 기다려 가면서 고아, 독특한 향이 있고 그 맛이 은근하고 부드럽다. 그렇게 만들어 보관하였다가 한과류나 밑반찬류의 조림에도 쓰고 1년 내내 각 가정에서 떡을 찍어먹을 때에도 상에 올렸다. 그간 우리가 단 음식의 대명사로 먹어 왔던 엿은 조청을 더 오래 고아서 되직해진 것을 식혀 딱딱하게 굳힌 것이다.

내게는 조청에 관한 특별한 기억이 있다. 지금은 고인이 되신 이천 강인희 선생님 댁의 넓은 뒷마당에서 함께 조청을 고아 볼 때의 일이다. 조청이 다 되어 갈 때쯤 선생님께서 하시던 말씀은 내가 한국음식에 갖는 애정의 뿌리가 되었다.

"조청이 가장 잘될 때는 부글부글 끓는 조청이 그 끝마무리로 위로 얇은 한 겹의 홑치마를 뒤집어 쓸 때이지요."

이 표현은 조청을 직접 고아 보지 않으면 모른다. 이때가 가장 완벽하게 곡물의 당화가 이루어지는 시점인 것이다.

우리 민족의 대표적인 음청류

진달래화채 : 녹두녹말을 묻혀 데친 진달래꽃과 오미자 물을 부어 잣을 오미자 물에 띄운 음료

가련화채 : 녹두녹말을 입혀 데친 여린 연잎을 오미자 물에 띄운 음료

배화채 : 꿀에 잰 배를 오미자 물에 띄운 음료

밀감화채 : 밀감 알맹이를 설탕에 재웠다가 꿀물이나 오미자 물에 띄운 음료

복숭아화채 : 꿀에 재운 복숭아편을 오미자 물에 띄운 음료

보리수단 : 삶은 보리쌀에 녹두녹말을 씌워 다시 삶아 찬물에 헹구어 오미자 물에 띄운 음료

창면 : 녹두녹말로 얇은 면을 만들어 채 썬 후 오미자 물에 띄운 음료

산딸기화채 : 산딸기를 고아 만든 물에 산딸기를 띄운 음료

앵두화채 : 씨를 뺀 앵두를 꿀물에 띄운 단오 음료

배숙 : 배에 후추를 박아 꿀물이나 설탕물에 삶은 음료

향설고 : 껍질을 벗긴 문배에 후추 몇 개를 박아 생강차에 넣고 끓인 음료

유자화채 : 설탕에 재워 둔 유자 알맹이, 유자 채친 껍질, 배를 설탕물에 띄운 음료

원소병 : 찹쌀가루를 여러 가지 색으로 반죽하여 소를 넣고 빚어 삶은 다음 꿀물을 부어 먹는 음료

떡수단 : 잘게 썬 가래떡에 녹말가루를 묻혀 삶아 찬물에 건져 꿀물에 띄운 화채

식혜 : 되직한 흰밥이나 찰밥에 엿기름 가루를 우린 물을 부어 삭힌 음료

수정과 : 생강과 계피를 삶은 물에 곶감을 담근 겨울철 음료

탄산음료와 비교가 안 되는 음청류

우리 민족은 원래 물을 사랑한 민족이다. 그래서인지 예부터 다양한 차 문화를 이루어 왔다. 당나라를 통해 유입된 차는 고려시대에 융성한 불교의 영향으로 음다문화의 절정을 이루었다. 그러나 이러한 문화는 조선시대에 불교가 배척되면서 사라지게 되었다. 그래서 음료로 작설 및 건조시킨 잎, 또는 약용 인삼을 사용하는 경우가 드물다. 인삼으로 끓인 차는 상류층에서만 애용될 뿐이었고, 백성들은 숭늉과 물을 마셨다. 하지만 역설적으로 이러한 차 문화의 쇠퇴는 어디에 내놓아도 손색 없는 음청류가 발달하는 계기가 된다. 즐겨 마신 음료로는 세면, 청면, 화면, 수면, 수단, 수정과, 가련수정과, 화채, 상설고, 숙실 등이 있다. 요새 많이 먹는 콜라나 사이다 같은 탄산음료와는 비교가 안 될 정도로 아름답고 건강한 음료들이다.

음주가무의 민족
술 이야기

　학자들은 전 세계적으로 최초의 술은 과일주였던 것으로 추정한다. 과일은 별 다른 제조 과정을 거치지 않아도 술이 되기 때문이다. 과즙에 함유된 당분이 껍질에 있는 천연 효모와 작용하여, 과즙에 함유된 당분이 알코올과 이산화탄소로 분해된다. 그러다가 농경시대에 이르러 곡류가 본격적으로 생산되면서, 곡식으로 빚은 곡물 양조주가 생겨난다. 우리나라는 농경문화가 오래된 만큼 당연히 포도주 같은 과일주 전통보다는 곡물을 이용한 곡물주 전통이 깊다.

　그런데 곡물은 과일과는 달리 가만히 둔다고 발효가 되는 것은 아니다. 곡물주를 만들기 위해서는 우선 그 안에 들어 있는 전분을 당화하여 알코올 발효과정을 거쳐야 한다. 이때 당화하기 위해 넣는 것이 바로 누룩이다. 누룩은 곡물을 반죽해 놓으면 곰팡이의 포자가 붙어 발효되면서 생기는데, 술 제조에 없어서는 안 될 '술의 어머니'와도 같다. 『서경書經』에서 술을 만들 때 쓴다고 한 '국얼麴蘖'도 바로 누룩이다. 또 중국의 한漢대에 벌써 밀로 누룩을 만들어 사용했다는 기록이 있고, 『제민요술』에서도 밀로 누룩을 만드는 방법이 자세히 나온다.

옛이야기 속의 술

『위지동이전魏志東夷傳』에 의하면 추수를 끝낸 뒤 열리던 영고, 동맹, 무천 등의 제천의식 행사 때, 백성들이 밤낮으로 식음食飲하였다는 기록이 나온다. 즉 이때의 음飲은 술을 일컫는 것으로 추측되는데, 이때부터 음주가무를 즐기는 풍습이 있었던 것 같다.

17세기 초, 이수광이 쓴 『지봉유설』이라는 책에도 재미있는 술 이야기가 나온다. 삼국시대에 여인들이 곡물을 씹어 만든 술을 '미인주' 라 불렀다는 것이다. 곡물을 입 안에 넣고 씹으면 침 속에 있는 프티알린 ptyalin이라는 전분 분해 효소에 의해서 당화 작용이 일어난다. 미인주는 가장 원시적인 당화법으로 만든 곡물 술인 것이다.

삼국시대에는 술 빚는 기술이 아주 능숙해져 중국의 서적에도 삼국의 술에 대한 기록이 많으며, 백제의 수수보리는 일본까지 전파되었다고 한다. 일본의 역사서인 『고시키古史記』에도 응신천황이라는 사람이 수수보리가 만들어 준 술을 먹고 취해서 불렀다는 노래가 전해지기도 한다. 후에 이 수수보리는 일본의 주신酒神이 된다.

한국 술의 3인방, 탁주·청주·소주

송나라 때 서긍이 쓴 『고려도경高麗圖經』에 따르면 "고려 술은 맛이 독하여 쉽게 취하고 빨리 깬다"고 하였는데, 이것이 아마도 누룩과 멥쌀을 함께 넣어 만든 청주淸酒로 보인다. 또 "백성들은 좋은 술을 얻기 어려워 맛이 진하고 빛깔이 짙은 것을 마신다"고 하였는데 이는 막걸리인 탁주를 가리키는 것 같다.

청주(위)와 막걸리 거르는 모습

고려사람들이 마셨던 청주는 『동국이상국집東國李相國集』에 보면 멥쌀과 누룩을 섞어 발효시켜 나오는 술밑을 눌러서 짜서 만든다. 청주는 도수가 12~18퍼센트 정도 되는 맑은 술인데 한 번에 겨우 네다섯 병밖에 얻지 못하는 단점이 있었다. 따라서 청주를 쉽게 맛볼 수 없던 백성들은 술밑에서 청주를 떠내지 않고 그대로 체로 걸러내 나오는 탁주를 마셨다. 이것이 바로 백주白酒라고 불리던 막걸리다.

『본초강목本草綱目』에는 "소주는 예부터 있었던 것이 아니고 원대에 비로소 만들어지게 된 것이다"라는 기록이 있으므로, 원의 지배를 받던 고려시대에 소주가 전해진 것으로 추측된다. 당시 소주를 빚는 방법을 보면 먼저 큰 가마솥에 숙성된 막걸리의 술밑을 붓고 가마솥 뚜껑을 거꾸로 덮는다. 이때 솥 안에 그릇을 하나 띄워 놓고 뚜껑의 손잡이가 그릇 안에 들어가도록 한다. 불을 때서 술이 끓으면 솥뚜껑의 오목한 곳에 냉수를 부어 식힌다. 솥뚜껑 꼭지에 수증기가 물방울이 되어 모여서 솥 위에 띄워 놓은 그릇에 고이게 되는데 이것이 바로 전통식 소주다. 고려 말에 몽고군이 주둔하였던 개성, 안동, 제주도가 지금도 소주의 명산지로 유명한데, 특히 안동소주는 그 독특한 맛과 향기로 전통의 맥을 이어가고 있다.

그 밖에 고려시대의 시문에는 이화주, 화주, 파파주, 백주, 방문주, 춘주, 천일주, 천금주, 녹파주 같은 술이 등장하고 있어 그 종류가 매우 다양했음을 알 수 있다. 또 청주는 흔히 약주라는 이름으로 불렸는데, 약재를 넣은 술이 아닌데도 이렇게 불린 이유가 몇 가지 있다. 조선조 중종 때 술을 잘 빚는 이씨 부인이 살던 '약현'이라는 동네 이름을 따 '약주'로 불렸다는 설이 있다. 또 우리나라 최고의 농학서인 『임원십육

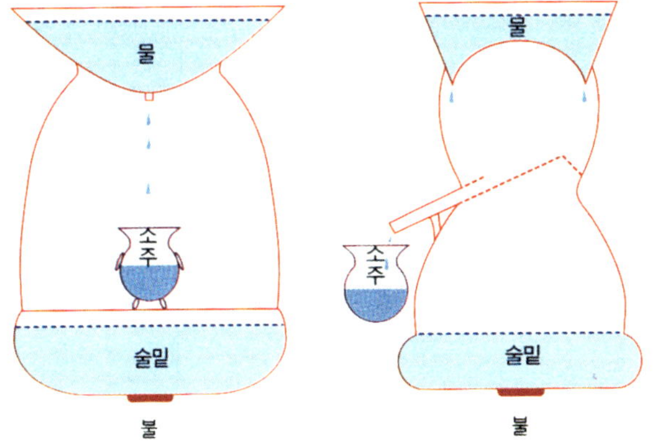

소주 고리
왼쪽 그림과 같이 솥에 숙성된 막걸리 술밑을 붓고 찬물을 부은 솥뚜껑을 거꾸로 덮는다. 이렇게 갖춘 뒤 불을 때면 수증기가 생기면서 물방울이 되어 밑에 있는 그릇에 담긴다. 이것이 바로 소주다.

지』에 따르면 좋은 청주를 빚던 인조 때 관리 서성徐渻의 집이 약현에 있었기 때문에, 그 집 술을 약산춘이라 불렀다는 설도 있다.

특별한 술, 가향주와 약용주

우리 선조들은 계절 감각을 살린 다양한 전통주를 빚어 왔다. 향이 좋은 꽃이나 과일, 열매 등 자연 재료를 첨가한 술을 가향주라 부른다. 또 『임원십육지』에서는 꽃잎이나 향료를 넣어 빚은 약주를 향양주香釀酒라 일컬었는데, 이는 순곡주의 재료에 향기 나는 재료를 넣어 함께 빚거나 이미 만들어진 곡주에 이를 첨가한 술이다. 가향주의 향을 내는 재료로는 진달래, 도화, 송화, 송순, 연잎, 매화, 동백꽃, 국화 등이 있다. 철따라 가향주를 즐기는 것은 자연의 변화를 즐기는 것과 같다. 즉 자연의 변화를 술에 반영하여 독특한 술 문화를 만든 것이다.

약용주는 통상 빚는 술에 약재와 기타 부재료를 함께 넣고 일정 기간 익힌 술이다. 이러한 약주는 고려시대 이후 여러 문헌에 자주 등장하는데 오가피, 구기자, 창포, 송엽, 죽엽, 지황, 인삼 등 단일 약재를 넣어 빚기도 하고, 도소주도라지, 방풍, 산초, 육계를 넣어서 빚은 술, 자주, 동양주, 국

조선시대 술의 분류

상용약주 : 청주, 백하주 등
특수약주 : 호산춘壺山春, 백일주百日酒, 약산춘藥山春, 법주 등
속성주류 : 일일주一日酒, 삼일주, 칠일주 등
탁주 : 이화주, 막걸리 등
백주白酒 : 청주와 탁주의 중간단계의 술로 흰색을 띠는 탁주에 가까움
감주甘酒 : 누룩 대신 엿기름을 사용해 달게 만든 술
이양주(異釀酒, 숙성과정 중에 다른 재료를 사용하는 술) : 와송주臥松酒, 죽통주
竹筒酒 등
가향주류(加香酒類, 꽃잎이나 향료를 이용하는 술) : 송화주松花酒, 두견주(진달
래 술) 등
과실주 : 포도주, 송자주松子酒 등
소주 : 찹쌀소주, 밀소주 등
혼양주混釀酒 : 과하주過夏酒 등
약용소주 : 진도의 홍주 등
약용약주 : 구기주, 오가피주 등

*이성우 교수의 『임원십육지』에 따른 분류

화주처럼 여러 가지 약재를 같이 달이거나 쪄서 빚기도 한다. 이때 약
재 성분을 우러나게 하기 위해 대개 소주를 넣는다. 약재는 대부분 소
주에 담그지만, 때로는 약재를 섞은 술밑을 고아서 소주를 얻기도 한
다. 평양의 명주로 알려진 감홍로는 "소주를 고아서 받는 그릇 바닥에
꿀을 바르고 지치를 넣어 만드는데, 맛이 달고 빛깔이 연지와 같다"고
『임원십육지』에 씌어 있다. 배와 생강을 넣어 빚은 '이강고'는 전주의
명주다. 그 밖에 후추, 인삼, 구기자, 오가피, 마늘, 솔잎, 대추, 생지황,
꿀, 도라지, 더덕 등의 약재를 쓰기도 한다.

이러한 약용주가 일반화된 것은 조선조 중엽 허준의 『동의보감』이 편
찬된 이후부터다. 그 이전에는 약재가 비싸서 사대부를 비롯한 상류층

에서만 빚어 마셨는데, 동의보감 '잡병편雜病篇'에 자생약재의 효능과 처방이 수록됨에 따라, 일반 서민들도 주변에서 쉽게 구할 수 있는 약재를 질병 치료와 예방 목적으로 넣어 마셨다.

술과 술집에 관한 흥미로운 이야기

우리 민족은 얼마나 술을 좋아했는지 나라의 곡식을 축낼 정도로 술을 빚어 먹어, 조정에서 이를 강력히 규제할 정도였다. 조선전기에 가장 빈번하게 발효된 법령 중의 하나가 '금주령'이다. 국가가 수시로 금주령을 발동하여 음주를 금한 것이다. 그럼에도 불구하고 조선전기는 그야말로 '음주의 시대'였다. 각 관청마다 술 창고가 딸려 있었을 뿐 아니라, 사신 영접 등의 행사에도 술이 빠지지 않았다. 『중종실록』에 따르면 품계가 높은 서울의 아문과 육조 소속 각 관청에서는 자체적으로 술을 빚어 물처럼 마셨기 때문에, 원래 술을 팔던 판매에 종사하던 각 관아의 노복들이 생업을 잃기도 했다고 지적했다. 또 "서울 시내 각 시장에 누룩을 파는 곳이 7~8군데 있고, 거기서 하루에 거래되는 술의 양이 쌀 1천여 석에 이른다"고 하였다. 이 때문에 흉년을 핑계로 관청의 주고술 창고를 혁파하지만 그렇다고 술 소비량이 줄어들지는 않았다 한다.

특히 영조는 강력히 술을 규제했다. 반대로 정조는 영조대의 가혹한 금주령이 별 효과가 없었음을 간파하고 오히려 규제를 푸는데, 이때 술집이 폭발적으로 증가하여 『정조실록』에 "서울 시내에 큰 술집이 골목에 차고, 작은 술집이 처마를 잇대었다"고 할 정도였다.

조선후기 술집이 발달한 가장 큰 이유는 경제적 발전과 화폐의 발달 때문이다. 18세기 조선은 화폐가 본격적으로 사용되고 도시 상공업이 발달하였으며, 농업분야에서도 기술적 진보로 인하여 잉여생산물이 생

1900년대 초 무악재에 있던 주막의 풍경

겨나는 등 경제규모가 크게 확대된다. 이러한 변화가 궁극적으로 생활을 여유롭게 하고 시정의 술집이 출현하게 된 요인이다.

일제시대에는 경제가 어려워지고 살림이 피폐해지면서 주점들이 서울의 종로와, 청계천을 중심으로 자리 잡게 된다. 특히 음식점이 많이 늘어났고 음식점 중에서도 '선술집'이 가장 많이 늘어나게 되었다. 이러한 주점은 1930년대가 되면 밥집으로 변모한다. 밥과 술이 늘 함께 다니는 우리의 독특한 반주 문화는 술집이 밥집이 되고, 또 밥집이 술집을 겸하는 형태를 이루었다.

그런데 이 시기에는 대규모 양조업체가 생겼을 뿐만 아니라 주세를 받았기 때문에, 각 지방에서 만들던 향토주가 점차 사라지게 된다. 이때 발동된 주세령酒稅令이 5차에 걸쳐서 개정되면서 집에서 소규모로 술을 만들던 사람들은 몰락의 길을 걸었다. 이런 상황이 가속화되어 1932년에는 자가 양조 업체가 하나만 남게 되었고, 2년 뒤에는 이것마저 사라진다. 양조업자들만 융성해 가고 각 지방에 있었던 명주들은 모습을 찾아볼 수 없게된 것이다. 아울러 지속된 밀주 단속도 향토주가 자취를 감추게 하는 계기가 된다.

이런 사정은 광복 뒤에도 그리 달라지지 않았다. 광복이 되었지만 각 가정에서는 자유롭게 술을 빚지 못했다. 곡식이 부족했기 때문에 쌀로 술을 빚는 것은 아예 생각할 수도 없던 것이다. 소주는 잡곡을 원료로 하는데 '비곡주 정책'이 강화되면서 그나마 쓰던 잡곡도 쓸 수 없게 되었다. 그 대신 고구마와 당밀을 이용하게 되어 술의 질이 뚝 떨어졌고, 서민들은 소주를 외면하게 된다.

막걸리와 약주는 소주보다 더 환영받지 못했다. 1965년에 '순곡주 제조금지령'이 내려지면서 막걸리에 쌀 대신 외국에서 도입된 밀가루나 옥수수를 쓰면서, 더 이상 술맛을 기대할 수 없게 된다. 사정이 그렇게 되니 서민들은 막걸리를 외면하고 발효과정도 없이 주조한 희석식 소주를 좀더 선호하게 되었다. 이에 비해 중산층은 맥주와 양주를 더 찾게 되었다.

1980년대로 들어서면서 정부관계자들이 우리나라 고유의 술이 사라진 현실을 뒤늦게 깨닫고 '일도일민속주一道一民俗酒' 개발 정책을 실시하게 된다. 이것은 물론 1986년의 아시안게임과 1988년의 올림픽을 염두에 둔 것이었다. 그 결과 안동소주 같은 재래명주가 다시 세상에서 빛을 보게 되었다.

이렇게 술의 역사만 보더라도 우리 민족의 역사를 한눈에 조망할 수 있다. 민족의 운명과 함께 해온 술! 술의 역사는 곧 민족의 희로애락이 깃들어 있는 귀중한 음식문화의 정수다.

사라져가는 음식과 새롭게 창조된 음식

　지금까지 우리 음식들을 살펴보느라 먼 길을 달려왔다. 하지만 본문에서 자세히 언급하지 못한 사라져 버린 전통음식도 수없이 많다. 그 가운데에서도 여기서는 장김치와 감동젓무, 숙깍두기, 섭산적을 언급하려 하는데, 이것들은 최근까지도 서울 지역 반가에서 많이 먹었을 뿐만 아니라 영양과 맛이 우수하다. 아직도 이 음식을 기억하는 분들에 의해 계속 계승되었으면 하는 바람이 있다.

　반면 시대의 변화에 맞춰 새롭게 탄생한 음식도 있다. 한때 뉴스를 장식했던 LA갈비, 속 푸는 데 좋은 부대찌개와 생선매운탕, 한국인에게 사랑받는 길거리 음식 떡볶이가 대표적이다. 이들은 어떤 배경에서 태어나게 되었는지 살펴보자.

떡과 즐기는 장김치

　장김치는 말 그대로 간장을 이용해 담근 김치다. 장김치는 요즘 우리가 먹는 국물이 자박하게 들어간 나박김치와 비슷하다. 그런데 이 나박김치를 물김치라고 부르는 사람들이 많다. '물김치'가 아니라 '나박김치'가 올바른 이름이다. 장김치는 바로 이 나박김치와 비슷한데, 간이 삼삼한 집간장에다 밤, 대추나 잣 같은 약효가 높은 좋은 재료를 함께 넣고 여기에 채소를 담가 만든다.

정월 초하루에 장김치와 떡을 같이 먹으면 맛도 한층 부드럽고 소화가 잘된다.

선물용 음식, 감동젓무

감동젓무는 '감동젓'이라는 특별한 새우젓갈을 기본으로 이용한 무김치다. 이 김치가 특별한 이유는 여기에 해삼이나 전복, 잣 등과 같은 매우 고급스러운 재료가 들어가기 때문이다. 그럼 왜 이렇게 비싼 김치를 만들었을까? 이 김치는 주로 서울 반가에서 특별히 신세진 분들께 고마움을 표시하고자 할 때 선물로 보내던 음식이다. 손수 음식을 만들어 보내는 마음도 아름답지만, 정성을 다한 김치를 받았을 때의 마음은 또 얼마나 풍요로웠겠는가?

노인용 음시인 숙깍두기, 섭산적

한국음식은 기본적으로 유교에 기반한 의례음식이 발달하였다. 예를 들어 노인을 배려하는 숙깍두기 같은 음식도 어른을 공경하는 유교문화에서 나온 것이다. 깍두기는 치아가 부실한 노인들이 씹기 곤란한데, 이를 보완한 음식이 숙깍두기다. 무로 깍두기를 담기 전에 한 번 쪄 부드럽게 하여 깍두기를 담근 것이다.

또 소고기를 넓게 저며 양념한 산적은 아주 질 좋은 소고기가 아니라면 질기기 십상이다. 이 단점을 보완하여 노인들이 씹기에 좋도록 만든

음식이 섭산적이다. 소고기를 곱게 다진 다음 부드러운 두부와 섞어서 양념해, 창호지를 깐 석쇠에 구워 올리는 것이다.

세로로 자른 고기, LA갈비

LA갈비는 이제 우리 국민의 보편적인 음식이 되었다. 그러나 왜 LA 갈비라고 부르는지에 대해서는 정확한 설명이 없다. 단지 미국 로스앤 젤레스의 한인들이 먼저 먹기 시작한 것에서 유래했다고만 알려져 있다. 원래 갈비는 구이용으로 쓰려면, 가로로 자른 다음 손질해야 한다. 그런데 이 갈비는 전통적인 절단 방식인 가로가 아닌 세로로 자르니 별 다른 손질 없이도 구이가 가능해졌다. 영어로 세로를 뜻하는 'Lateral' 에서 'LA' 갈비라는 이름을 사용하게 되었다는 설도 있다.

퓨전요리의 최고봉, 부대찌개

부대찌개는 6·25전쟁으로 어렵던 시절 우연히 만들어진 음식이지만, 후세대로 이어져 오며 사랑받는 먹을거리로 자리 잡았다.

대표적인 서양음식인 햄, 치즈 등과 함께 대표적인 한국음식인 김치, 고추장, 고춧가루, 두부, 떡가래 등 두 대륙의 서로 다른 맛이 한 냄비 속에서 국경과 세대를 초월하여 별미로 승화된다. 전 세계적으로 이보 다 확실한 퓨전요리는 찾아보기 힘들 것이다. 최근 일본과 미주지역으 로 활발한 진출을 보이고 있는 김치의 여세와 함께 세계적인 음식으로 발돋움하는 움직임도 있다.

부대찌개는 한국 여인들의 천부적인 눈썰미에서 비롯됐고 지금도 계속 새로운 맛으로 거듭나고 있다. 먹을거리를 소중하게 여길 줄 아는 우리 민족의 타고난 성품이, 미군부대에서 나온 재료들로 세계가 인정하는 퓨전요리를 탄생시킨 것은 아닐까.

더 빨갛게, 더 맵게, 매운탕과 떡볶이

매운탕은 원래 민물생선인 천어川魚를 이용하는데 그 중에서도 메기, 붕어, 쏘가리를 으뜸으로 친다. 그러나 최근에는 바다 생선인 민어, 대구, 도미, 준치 등을 많이 이용하기도 한다. 여기다 조개, 굴이나 계절 향채인 양파, 미나리, 붉은 고추, 쑥갓, 깻잎, 배초향, 파, 마늘과 두부, 호박 등을 넣어 끓인다. 이때 젓국으로 간을 맞추기도 하고 고춧가루를 몇 숟가락 넣어 얼큰하게 하기도 하지만, 우리 선조들이 먹던 매운탕은 지금같이 시뻘겋게 매운 것은 아니었다.

이와 비슷한 음식으로 요새 아이들이 즐겨 먹는 간식인 ‘매운 떡볶이’를 들고 싶다. 물론 아이들은 ‘매운 떡볶이’라 부르지 않고 떡볶이라고 부른다. 그런데 굳이 내가 ‘매운 떡볶이’라고 하는 것은 원래 전통적으로 먹어 온 떡볶이는 고추장을 전혀 넣지 않고, 간장으로 조리한 맵지 않은 떡볶이였기 때문이다. 떡에 고기나 채소를 넣고 간장양념으로 찜처럼 조리한 이 옛날식 떡볶기를 요즘은 ‘궁중떡볶이’라고도 부른다.

부록

한국의 대표적인 고 조리서
한국 식생활사 연표

한국의 대표적인 고조리서

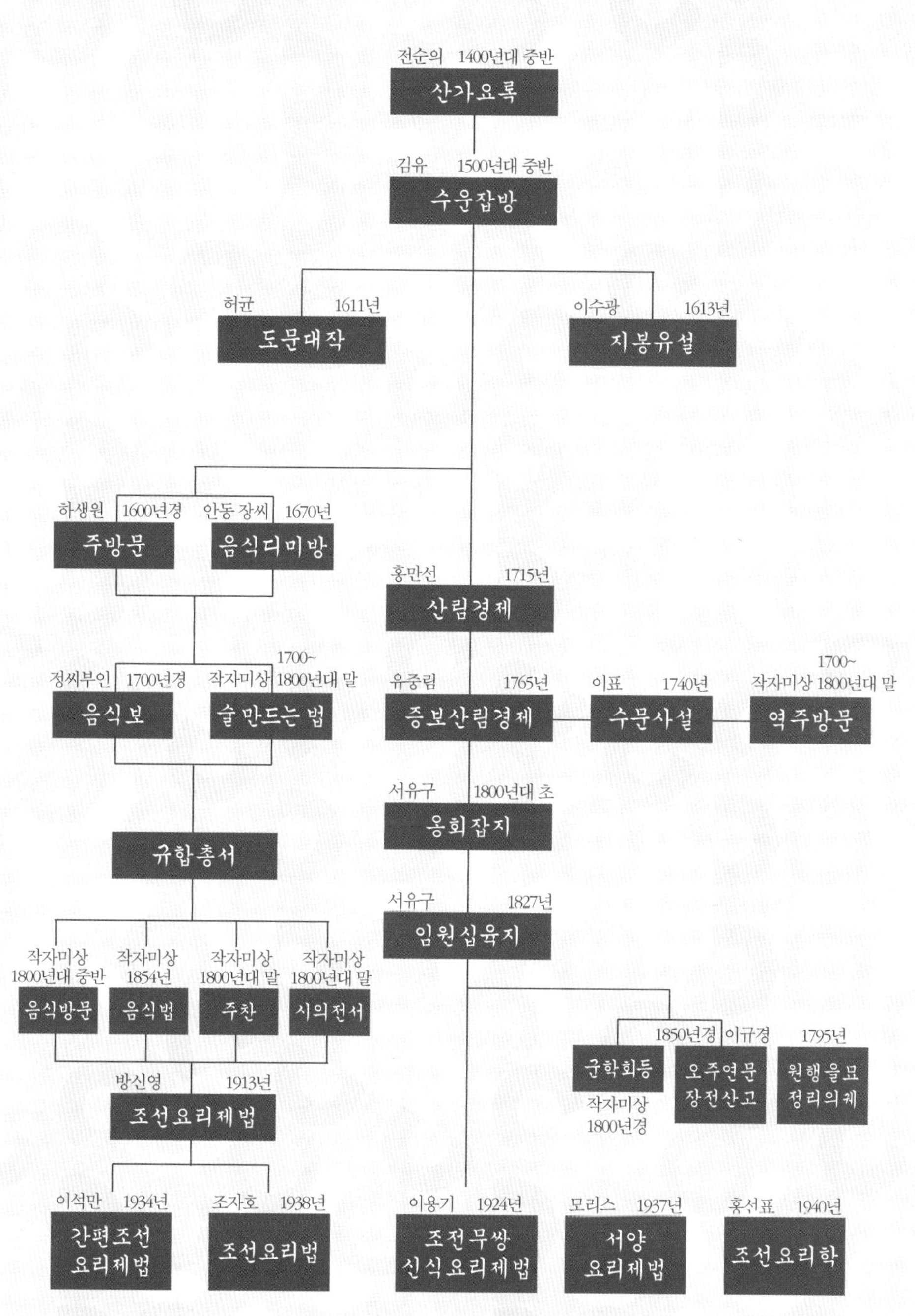

한국 식생활사 연표

연도		식생활 내용
BC	8000년 이전	한반도 구석기 시대
	5000년경	한반도 신석기 시대
	2333년	단군 조선 건국
	1500년경	한반도 벼농사 시작
	108년	소금 사용
	57년	신라 건국
	1년	고구려 성립
AD	18년	백제 건국
	20년	백제, 온조왕이 농업과 양잠을 권장함
	28년	신라, 유리왕이 빈민 노인에게 음식과 옷을 제공함
	47년	고구려, 포경 시작
	108년	백제, 흉년으로 인육을 먹음
	145년	신라, 가뭄과 식량난을 겪던 백성들에게 조를 배식함
	488년	신라, 대보름에 약밥을 지어 까마귀에게 제사를 지냄 (약식의 기원)
	490년	신라, 최초로 시장을 개설
	505년	신라, 최초로 얼음 저장
	529년	신라, 살생을 금함
	551년	신라, 팔관회법 설치
	599년	백제, 살생을 금함
	611년	고구려 승려 담징이 일본에 건너가 연자매와 물레방아를 만들어 정곡과 제분 기술을 전함
	707년	아사자가 많아 1인당 조 3승씩 배식함
	760년	진표율사가 쪄서 말린 쌀을 양식 삼아 명산편력에 들어감
	828년	당나라에 건너갔던 대렴이 차의 씨앗을 가져와 지리산에 심음
	918년	고려 건국
	938년	고려 태조, 최승도에게 염분을 줌

연도	식생활 내용
949년	개국 초기 개국공신들에게 미곡을 내림
988년	부도법浮屠法에 의해 1, 5, 9월을 3장월長月로 정하고 도살을 금함
1011년	영빈관, 희선관 등 객관客官 설치
1016년	왕자 탄생을 기념하여 현종이 염분과 어량魚梁을 하사함
1021년	절에서 주조를 금함
1036년	중신들에게 얼음을 하사하는 제도가 마련됨
1052년	문종이 굶주린 백성들에게 곡물과 장醬을 배식함
1066년	3년간 도살금지령을 내림
1154년	금나라에서 양 2,000마리를 보내옴
1160년	여행객에게 밥과 국을 하사함
1192년	유밀과 사용 금지
1291년	고려의 요청으로 몽고가 강남미 10만 석을 보내옴
1293년	원나라, 강남미 20석을 보내옴
1296년	몽고에서 열린 태자의 혼인잔치에 본국의 유밀과를 차림
1297년	온 백성에게 얼음 저장을 허락함
1309년	국가가 소금을 전매함
1320년	원나라 황태후에게 해초와 건포를 바침
1325년	소와 말의 도살을 금지하고 이를 닭, 돼지, 거위, 오리 고기로 대신하게 함
1338년	금주령을 내림
1348년	굶주린 백성에게 진제도감을 두고 죽을 제공함
1392년	고려 멸망, 조선왕조 건국
	궁중의 음식을 담당할 사옹방과 술을 담당할 사온서를 세움
1397년	염분, 어량의 세금을 결정함
1398년	도살금지령 실시
1403년	개와 매 사냥을 금함
1422년	기근으로 각 도에 진세소를 둠

연도	식생활 내용
1447년	다방을 사준원司尊院으로 명칭을 변경함
1491년	제기祭器를 개조하기로 함
1494년	쌀값 폭등으로 전국에 강도가 횡행함
1511년	진휼청 설치
1528년	의복, 음식의 사치를 금함
1540년경	김유, 조리서 『수운잡방需雲雜方』을 간행함
1544년	『구황촬요救荒撮要』 간행
1570년	전국적인 대 기근
1605년	호박이 전래됨
1614년	이수광, 『지봉유설』 간행
1615년	고추와 담배가 전래됨
1638년	몽고에서 농우 181마리를 사들여 평안도 각 고을에 하사함
1651년	공작미公作米를 쓰시마의 솜과 교역
1696년	전국적으로 아사자가 속출하여 수만 명에 이름
1733년	금주령을 내림
1756년	금주령을 내림, 흉년으로 도성에 들어온 기아민들을 죽을 쑤어 구호함
1757년	노처녀 노총각들에게 쌀과 돈을 주어 결혼시킴
1759년	금주령을 어기는 자는 사형에 처하기로 함
1763년	조엄이 고구마를 들여오고 강필복이 재배를 장려함
1778년	완두와 동부가 전래됨
1780년	유득공이 중국에서 낙화생을 들여옴
1806년	호남에서 양식이 떨어진 56만 명에게 구호곡 2만 5,000천여 섬을 하사함
1807년	영남에서 양식이 떨어진 9만여 명에게 구호곡 6,000여 섬을 하사함
1814년	한양에 양곡 고갈로 소동이 일어남
1824년	감자가 전래됨

연도	식생활 내용
1841년	소 도살 엄금
1849년	인삼의 암거래 단속
1852년	삼남의 방곡 금함
1854년	소 도살 금지
1859년	함경 감사 조병식, 방곡령을 공포하여 양곡 수출을 금함
1890년	커피, 홍차가 전래됨
1892년	서양사과가 전래됨
1901년	방곡령 발포, 혜민원 설치, 안남미 수입
1908년	동양척식주식회사 설립, 홍삼 전매법 공포
1910년	조선왕조 멸망, 이즈음 육식이 크게 유행하며 도살된 소가 17만 5,947두에 이름. 돼지 8만 6,101마리, 개 1만 5,935마리, 기타 산양 등은 1천 몇백 마리에 달함
1912년	토지조사령 공포됨
1914년	조선호텔 낙성
1920년	증산미 계획, 면실유 공장 설립
1922년	『조선식료품발달지』 발간
1937년	서울우유협동조합 설립
1955년	미 공법 제480호에 따라 미국의 잉여 농산물 도입
1962년	국제연합식량농업기구FAO 한국 협회에서 '공식 한국인영양기준량' 마련
1963년	분식과 보리 혼식 장려
1974년	양곡 위주의 식량 수급 계획이 종합식품계획으로 바뀌어 감
1970년대 중반	농협중앙회가 직영하는 슈퍼마켓 설립
1980년경	서양 과채류 양이 급속도로 증가
1985년	제4차 개정 한국인 영양권장량 발표

참고문헌

강명관, 『조선후기 한시와 회화의 교섭』, 한국한문학연구, 2002

강인희, 『한국의 맛』, 대한교과서주식회사, 1990

＿＿＿, 『한국인의 보양식』, 대한교과서주식회사, 1992

＿＿＿, 『한국의 떡과 과즐』, 대한교과서주식회사, 1997

강인희, 『한국식생활사』 제2판, 삼영사, 1990

김광억, '음식의 생산과 문화의 소비: 총론', 《한국문화인류학회지》 26집, 1994

고려대학교 민족문화연구원, 『한국 민속의 세계 제5권』, 창작마을, 2001

국립민속박물관, 『한국세시풍속자료집성―조선후기 문집편』, 민속원, 2005

국립중앙박물관 편저, 『조선시대 풍속화』, 한국박물관회, 2002

김만조·이규태 공저, 『김치견문록』, 디자인하우스, 2008

김미혜, 「조선후기 문학과 회화에 나타난 한국음식문화 연구」, 호서대학교 박사학위
논문, 2007

김상보, 『한국의 음식생활문화사』, 수학사, 2004

＿＿＿, 『조선시대의 음식문화』, 가람기획, 2006

김숙년, 『김숙년의 600년 서울음식』, 동아일보사, 2001

김유 저, 윤숙경 편역, 『수운잡방, 주찬』, 신광출판사, 1998

김재수, 『한국음식, 세계인의 식탁으로』, 백산출판사, 2006

박록담, 『전통주』, 대원사, 2004

방신영, 『조선요리제법』, 신문관, 1917

＿＿＿, 『음식 만드는 법』, 청구문화사, 1952

＿＿＿, 『우리나라 음식 만드는 법』, 청구문화사, 1954

빙허각 이씨 저, 정양완 역, 『규합총서』, 보진재, 1975

서유구 저, 이효지·정낙원 외 역, 『임원십육지 정조지』, 교문사, 2006

안동 장씨, 황혜성 편저, 『규곤시의방 해설본(음식디미방)』, 한국인서출판사, 1980

오세영·이헌 공저, '한국인의 공동체의식과 식문화에 대한 소고', 《한국식생활문화학
회지》, 19권 5호 :556~65쪽, 2004

유영대, 『판소리의 소설적 전개』, 집문당, 1993

윤서석, 『한국음식─역사와 조리법』, 수학사, 1992

______, 『우리나라 식생활 문화의 역사』, 신광출판사, 1999

윤숙경 편저, 『우리말 조리어 사전』, 신광출판사, 1996

이규숙, 『이계동 마님이 먹은 여든 살』, 뿌리깊은 나무, 1984

이규태, 『재미있는 우리 음식이야기』, 기린원, 1991

이석만, 『간편 조선 요리 제법』, 삼문사, 1934

이성우, 『조선시대 조리서의 분석적 연구』, 한국정신문화연구원, 1982

______, 『한국요리문화사』, 교문사, 1985

______, 『한국고식문헌집성』, 수학사, 1992

______, 『한국식품문화사』, 교문사, 1997

이효지, 『시의전서』, 신광출판사, 2004

정순자, 『한국조리』, 신광출판사, 1990

정혜경·이정혜, 『서울의 음식문화─영양학과 인류학의 만남』 48쪽, 서울학연구소, 1996

조동일, 『한국문학통사 3』, 224~32쪽, 지식산업사, 2005

조자호, 『조선요리법』, 광한서림, 1938

조후종, 『우리음식이야기』, 한림원, 2001

조흥윤, '한국음식문화의 형성과 특징', 《한국식생활문화학회지》, 13(1):4-5쪽, 1998

주영하, 『그림 속의 음식, 음식 속의 역사』, 사계절, 2005

______, 『음식전쟁 문화전쟁』, 사계절, 2006

주영하·김소현·김호·정창권 공저, 『오주연문장전산고를 통해 본 조선후기 생활문화』, 돌베개, 2005

최준식·정혜경 공저, 『한국인에게 밥은 무엇인가』, 휴머니스트, 2004

한복진, 『조선왕조 궁중음식』, 화산문화, 2002

______, 『우리 음식 100가지』, 현암사, 2005

한희순·황혜성·이혜경 공저, 『이조궁정요리통고』, 학총사, 1957

황혜성, 『한국요리백과사전』, 삼중당, 1976

가바리노, 한경구·임봉길 공역,『문화인류학의 역사』, 일조각, 1995
시드니 민츠, 조병준 역,『음식의 맛, 자유의 맛』, 지호, 1998
로저 키징, 전경수 역,『현대문화인류학』, 현음사, 1984
Barthes, R, *Toward a Psychology of Contemporary Food Consumption*,
Baltimore: Johns Hopkins University Press, 1979
Hall, E. T., *Beyond culture*, New York: Doubleday, 1976
Levi-Strauss, C., *The Raw and the Cooked*, London: Cape, 1970
Macclancy, Jeremy, *Consuming Culture*, London: Chapmans, 1992.
Samovar, L. A., Porter, R. E., Jain, N. C., *Understanding Intercultural
Communication*, Belmont : Wadsworth Publihing Compan, 1981

고문헌

김매순,『열양세시기烈陽歲時記』, 1819
김유,『수운잡방需雲雜方』, 1500년대 중반
서유구,『임원십육지林園十六志』, 규장각본, 1840
유득공,『경도잡지京都雜志』, 1800
유중림,『증보산림경제增補山林經濟』, 1766
이석만,『간편조선요리제법』, 1934
_____,『신영양요리법新榮養料理法』, 1935
빙허각 이씨,『규합총서閨閤叢書』, 1815
_____,『술방문 고대규합총서』, 1815
_____,『부인필지婦人必知』, 1915
이용기,『조선무쌍신식요리제법朝鮮無雙新式料理製法』, 1920
안동 장씨,『음식디미방』, 1670
전순의,『산가요록山家要錄』, 1400년대 중반
조자호,『조선요리법朝鮮料理法』, 1938
찬자미상,『규곤요람閨要覽 듀식방』(고려대본), 1854

찬자미상, 『술 만드는법』, 1700년대
찬자미상, 『술빚는법』, 1880
찬자미상, 『시의전서是議全書』, 1854
찬자미상, 『신간구황촬요新刊救荒撮要』, 1660
찬자미상, 『규곤요람』(연대본), 1854
찬자미상, 『윤씨음식법』, 1854
찬자미상, 『음식방문』, 1860
찬자미상, 『음식보』, 1790
찬자미상, 『이씨음식법』, 1890
찬자미상, 『주방문酒方文』, 1968
허준, 『동의보감東醫寶鑑』, 1613
홍만선, 『산림경제山林經濟』, 1718

지은이 정혜경

이화여자대학교 식품영양학과를 졸업하고 동 대학원에서 이학박사 학위를 받았다. 미국 미시간주립대학교의 방문교수를 지냈으며, 현재 호서대학교 식품영양학과 교수로 재직중이다. 한국식생활문화학회 회장을 맡고 있으며, 농림수산식품부의 식품산업진흥 심의위원과 한식세계화 자문위원으로도 활동하고 있다.

한식을 과학화하기 위한 노력으로 김치품질 측정기, 기능성 솔잎 맛김, 한방맥주 등의 제품 특허를 받았고 한식의 기능성 우수성 연구에 매진하고 있다. 서양의 영양학을 공부했지만 한국음식이야말로 세계 최고의 건강식이라는 확신을 가지고 늘 한국음식 전도사를 자칭하고 다닌다.

현재 KBS1 라디오 〈문화 한마당〉의 '맛있는 세상'에 출연하고 있으며, 지은 책으로는 『한국음식 오디세이』, 『식생활문화』(공저), 『정혜경 교수가 들려주는 우리음식 이야기』, 『한국인에게 막걸리는 무엇인가』(공저), 『서울의 음식문화』, 『한국인에게 밥은 무엇인가』(공저), 『지역사회영양학』(공저) 등이 있다.

천년 한식 견문록

2013년 3월 15일 초판 인쇄 ▪ 2013년 3월 20일 초판 발행

지은이 정혜경
펴낸이 류제동 ▪ 펴낸곳 파프리카

전무이사 양계성 ▪ 편집부장 모은영 ▪ 제작 김선형 ▪ 홍보 김미선 ▪ 영업 이진석·정용섭·송기윤
출력 현대미디어 ▪ 인쇄 삼신인쇄 ▪ 제본 과성제책사

주소 413-756 경기도 파주시 교하읍 문발리 출판문화정보산업단지 536-2
전화 031-955-6111(代) ▪ 팩스 031-955-0955
등록 1960. 10. 28. 제406-2006-000035호

홈페이지 www.kyomunsa.co.kr ▪ 이메일 webmaster@kyomunsa.co.kr

ISBN 978-89-363-1344-9 (03590) | 값 20,000원 * 잘못된 책은 바꿔 드립니다.